西安城市高层综合体发展研究

陈景衡　著

中国建筑工业出版社

图书在版编目（CIP）数据

西安城市高层综合体发展研究／陈景衡著.—北京：中国建筑工业出版社，2016.10

ISBN 978-7-112-19764-4

Ⅰ.①西…　Ⅱ.①陈…　Ⅲ.①城市规划—高层建筑—建筑空间—建筑设计—研究—西安　Ⅳ.①TU984.241.1

中国版本图书馆CIP数据核字（2016）第213357号

　　本书针对建筑与城市研究学科的藩篱提出了城市高层综合体的概念，将其纳入城市建筑的类型研究框架中，探讨城市高层综合体在城市总体构架、中观尺度城市空间、微观建设地段设计三个层面的作用，并结合西安的实践展开具体研究，探讨了基于西安城市特点的城市高层综合体的发展策略与设计方法，并对西安的典型、重点、有特色的城市地段的城市高层综合体建设进行了示范性探索。

责任编辑：许顺法
责任校对：王宇枢　李美娜

西安城市高层综合体发展研究
陈景衡　著
＊
中国建筑工业出版社出版、发行（北京西郊百万庄）
各地新华书店、建筑书店经销
北京京点图文设计有限公司制版
北京市密东印刷有限公司印刷
＊
开本：787×1092毫米　1/16　印张：15¼　字数：299千字
2016年9月第一版　2016年9月第一次印刷
定价：**39.00元**
ISBN 978-7-112-19764-4
　　　　（29272）

前　　言

"城市的未来就是地球的未来"。对于人口大国中国而言，2011年城市人口已经过半，城市发展面临高度密集化与都市区蔓延的双重挑战。

从西方城市的现代发展经验中我们看到，在20世纪中期曾出现"郊区化蔓延"、"城市中心衰落"的"逆城市化"现象，70年代在公共交通等大规模基础设施的建设支持下，城市中心复兴，建筑与城市走向融合发展。今天，大家都已认识到城市建筑综合、集约、群组、巨构、嵌入、融合的城市化发展是城市走向高效集约的一种重要途径，尤其在亚太地区高密度城市发展中成为一种普遍选择，这一现象对既往的城市建筑设计提出了从理念到方法的新挑战。

本书尝试从城市密度、厚度提升的角度梳理城市建筑高层化现象，提出了"城市高层综合体"的现代城市建筑类型概念，以技术性、现代性、城市性三个递进层面来理解其含义，探讨城市高层综合体在城市总体构架、中观尺度城市空间、微观建设地段设计三个层面的作用与潜力，并落位于西安展开城市高层综合体设计研究。

西安属于中国迈入城市化加速期的"二线城市"，建成区基础弱，更新快，轨道交通发展刚刚起步，城市构架正在拉开；同时西安还拥有丰富多样的历史文化遗产与宏大独特的历史空间架构。城市空间正处于整体转型的关键时期，机遇与挑战并存，城市高层综合体布局与带动发展恰逢其时。具体研究工作的展开以GIS为数据平台工具，通过构建城市高层综合体布局对城市空间影响因子体系，区分其在城市中的建设重点控制地段、鼓励发展地段、限制建设地段和灵活可控的白色地段；坚持以形态设计为操作思路，提出基于西安城市特点的城市高层综合体的发展策略，对典型、重点、特色城市地段的城市高层综合体规划设计进行了示范性探索。

感谢西安建筑科技大学的雷振东教授在研究瓶颈期提供的规划研究思路建议。书中所整理的研究内容其基础工作历时长，成文改动多。特别感谢在出版过程中许顺法编辑所给予的专业帮助与支持。本书出版由国家自然科学基金青年项目"预接轨道交通的城市高层综合体公共空间双适应性设计方法研究"（51408467）资助。

目　　录

1 导言

历经近3000年的发展，描述城市的预言从未如此相似
城市环境与人的关系也从未如此疏远

1.1 从高层建筑研究中脱颖而出的城市高层综合体

从20世纪90年代开始，中国城市进入了加速变革阶段——在持续近30多年高速增长的经济发展裹挟下，城市除了建设量的积累与人口规模扩张，还经历了劳动密集产业规模迅速膨胀，服务产业转型升级，农民入城务工潮，流动人口大军等城镇化冲击，发展热点与矛盾不断转化升级。在此背景下，城市空间被动转型——面积成倍扩张，城中村遍布，汽车交通迅速普及，对外交通路网几何级增长，城市空间结构伴随内部高架、环线、轨道交通迅速发展的结构性重构……，堪称世界城市发展史上最惊心动魄的变革。

直接从现象来看，高层建筑是现代城市演变中的重要角色——高层建筑的普及迅速改变城市面貌。城市中每一处"拆"字后面大都对应着即将拔地而起的几栋高楼。与现代城市理念伴生的高层建筑，作为现代"新"城市发展的图腾，是追求高效率、高效益、密集化城市形态与都市景象的典型代表，是一种最具普遍性的现代建筑。追根溯源，高层建筑形成、发展、演化与城市密度集聚模式的改变相生相伴，进而影响了城市建筑整体的"量、形、质"的发展路径。在高层建筑的类型研究中，已有不少学者注意到了高层建筑的这种城市性特质，从建筑与城市关联性的角度提出了建筑与城市一体化的研究专论，高层建筑与城市的关联模式是现代高层建筑研究的重点内容。

但是，当研究深入面对城市建设现实，针对城市建设的具体决策以及建筑设计的应答时，现有围绕"建筑个体与城市整体的协同需求"的解释性研究难以应对目前城市高层建筑风格各异、选址随机、整体无序、设计水平参差不齐的建设现状，更何况在全球互联网时代背景下，随着由生产向消费过渡而发生的全社会范围的变革，城市公共生活行为模式正在激烈变化，城市空间还将面临新形势下诸多新的需求与挑战。高层建筑研究亟须构建一个新城市背景下具有时空连续性的整体研究构架。

基于这样的城市背景，本研究试图通过对高层建筑历史演变的梳理，揭示出高层建筑作为一种城市发展现象，其历史的必然性与演化趋势，梳理高层建筑与城市物质环境关联的相互作用机制及关键环节，并尝试用城市设计的整体

1

观察角度与思维模式，坚守传统的形态思维逻辑，推动高层建筑城市整体性的实现。

在这个过程中，研究工作经历了数次方法、思路的大调整，最终聚焦在城市高层综合体这一研究对象之上。本书最终所呈现的研究内容是建立在对高层建筑在新城市时代背景下的概念剖析与重新建构上的。主要基于对高层建筑类型"城市性"内涵的梳理：其"城市性"来自于叠加、复合的形态功能组织特征与高度集聚的公共性使用状态——这种"城市性"差异形成了高层居住建筑与高层公共建筑的类型含义差异，传统高层建筑笼统的基于形态构成模式的概念被进一步分化。原有的高层公共建筑更新主要以城市高层综合体形式进行，以城市高层综合体建筑为代表的城市密度的再次集聚发展趋势，应和了消费时代的城市公共空间"符号体验"的新需求，正在广泛深刻影响城市公共空间的发展与形态重构，赋予城市高层综合体建筑独有的城市构架潜力；研究工作围绕上述理解构建高层建筑城市研究框架的基础与发力点，将研究工作重点从城市与建筑的相关性转化为具体关键的建筑类型研究。

历史上，高层建筑的普及曾催化了现代城市空间的垂直集聚现象，城市密度的重新分配进而影响了城市生活方式，将城市发展历史推向现代。而当今，已经有学者预言了城市"建筑体"的发展趋势，大型综合体建筑的普及，城市轨道交通等基础设施建设全面展开使得城市中的建筑空间连绵交错，城市正变得越来越"建筑化"。城市级的高层综合体已逐渐成为大城市空间发展转型的关键环节。在此意义上，可以说城市高层综合体代表了城市密度的新型重组与集聚模式，是城市发展的又一次历史选择，也是实现"少费多用"可持续城市发展理想的一种途径。

1.2 西安城市转型中高层综合体建筑的发展机遇与研究典型性

历史文化名城西安，古今交融、新旧并陈，既拥有丰富的人文历史资源与自然生态资源相互依存的城市历史格局，又是中国西部经济布局重心，伴随经济产业整体转型进程，新产业带动下城市空间更新力量强劲。当前西安城市形态发展处于轨道交通发展起步，城市空间转型的关键时期，城市空间资源利用的转型背景与条件已经形成，但仍然基本延续传统的城市空间管控模式，城市平面急剧扩张。因此从研究角度来看，机遇与挑战并存，西安独具城市整体性发展的平台基础与潜力，在轨道交通正在推进实施的过程中，充分梳理城市空间资源，未雨绸缪，以城市高层综合体布局探索整合城市空间发展的可持续发展道路恰逢时机。

同时，西安作为我国典型的二线城市，正处于加速城市化转型阶段，提出了明确的国际化大都市的城市发展目标，规划期末人口近千万。其城市综合体发展研究是我国城市密度集聚模式研究的一种重要类型样板。其研究典型性具体涉及如下三方面：

（1）空间是城市这一经济实体的重要发展资源之一。我国大规模加速城市化冲击长期存在，如何利用空间将是未来二三十年我国大中城市都要面对的严峻考验。国内经济发展先行之地如深圳市、广州市正面临空间发展的新挑战——目前这两市市域建设用地储备严重不足，经济高速发展的强大惯性使得城市空间资源配给压力巨大——空间资源整合问题已经上升到这些城市发展安全的高度。

历史上，欧美城市城市化规律中"纳瑟姆曲线"❶显示：以30%、70%为界划分为三个阶段：第一阶段城市化水平较低，发展速度较慢的初期阶段；第二阶段人口向城市迅速集聚的中期阶段，城市化快速推进；第三阶段是进入高度城市化的后期阶段，城市人口增长趋缓甚至停滞（图1-1）。目前我国的一线城市正在迈过70%的门槛，而绝大部分二线城市的城市化水平正处于第二阶段，集聚性发展的特征明显。城市化水平从20%提高到

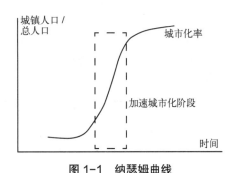

图1-1 纳瑟姆曲线

来源：李津逵.中国：加速城市化的考验[M].
北京：中国建筑工业出版社，2008：6

40%，英国花了120年时间，美国花了80年时间，而我国只花了22年时间；加之我国城市东西发展程度不均衡，基础较差，各种社会矛盾与问题累积。因而我国二线城市空间发展面临严峻的人口与环境的双重发展限制，其密度提升迅猛，在建筑全寿命期中所面临的需求矛盾难以兼顾，复杂的联合开发建设经验缺乏，城市空间资源整合意识弱，普遍存在低质量、高闲置的现象。

西安应和了我国二线城市空间资源利用模式转型发展整体背景，城市化水平刚刚突破50%。近十年，城市总体规划经历了三次大的调整修编，仅城市建设用地规模增长了近五成。其城市高层综合体发展代表了二线城市空间集聚

❶ 李津逵.中国：加速城市化的考验[M].北京：中国建筑工业出版社，2008：6。世界城市化发展有个共同规律，这就是著名的"纳瑟姆曲线"，它是1979年由美国城市地理学家纳瑟姆（Ray.M.Northam）首先发展并提出的。纳瑟姆曲线表明发达国家的城市化大体上都经历了类似正弦波曲线上升的过程。这个过程包括三个时期：城市水平较低、发展较慢的初期阶段（城市化水平在30%以下），曲线平缓；中期的加速阶段（城市化水平在30%～70%之间），曲线陡升；后期的成熟阶段（城市化水平在70%以上），曲线再次趋于平缓。该曲线有两个拐点：30%和70%。在30%的时候，这个国家的工业化进程开始启动，30%～70%的高速发展阶段正是这个国家的工业化和现代化进程；当城市化水平达到70%以后，这个国家就基本上进入了现代化社会。

模式的一种典型类型。

（2）轨道交通迅速普及引发城市再一次密集发展的空间重构机遇。像西安这样的二线城市现实难以直接套用起源于西方的建设发展模式，尤其在城市化中应特别注意城市中心的衰落、无序蔓延等逆城市化的城市发展弯路，而城市高层综合体发展研究对于整合城市中心地段，对于城市更新模式的探索具有重要的示范研究意义。

西方城市的发展形态研究长期以来积累了较完备的理论体系和经验知识，城市化经历了郊区化蔓延、逆城市化、城市中心区复兴、新城市主义等发展实践，探索了以邻里单元为基础的城市发展模式（TND）以及以公共交通为主导的城市用地控制模式（TOD）等实践方法。

相比较而言，西方城市高层建筑建设与城市的关联已经有了一定的基础，属于渐进的温和推进型发展。加拿大的蒙特利尔20世纪70年代已发展了较完备的地下捷运轨道交通及地面步行系统（图1-2）❶。

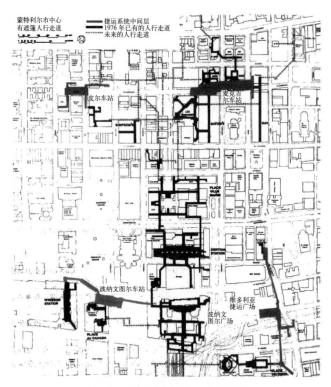

图1-2 蒙特利尔市中心步行系统

来源：美国城市土地协会．联合开发——房地产开发与交通的结合 [M]．
北京：中国建筑工业出版社，2003：164

---

❶ 美国城市土地协会．联合开发——房地产开发与交通的结合 [M]．北京：中国建筑工业出版社，2003。

但是我国的二线发展城市，原有的城市公共设施基础大多不成体系，从发展历程上来看，会面临一个量质并转的空间集中转型的时期。以西安来讲，基于城市外延扩大与公交优先的城市基础设施建设正在进行二次构架，同时高层建筑的发展快速密集化：根据 2010 年西安第四轮总规预测，主城区规划期末人口密度将达到 107 人 /hm²，系列重大城市项目建设——轨道交通建设、世园会园区及相应公共设施建设、浐灞水域整治、市政府北迁、铁路客运站北迁、大明宫国家遗址公园及道北地区更新、西安纺织城地区综合发展区建设等等不断牵动整体城市构架发展，每年建设量惊人。其中高层建筑出现爆发式的增长势头——仅以城市在开发中的城中村改造为例：2007 ~ 2010 年三年期间进行的二环内 72 个城改项目总建设面积超过 2000 万 m²，涉及人口达 14.5 万，总投资约 268.9 亿元，都以高层建筑替代原有的中低层建筑。其他形式的如传统商业街区更新中，高层综合建筑等所占比例超过总建设面积 95% 以上❶，高层建筑大面积占据和置换原有的城市区域。

西安正处于轨道交通的建设期，既有内部更新也有外界扩张。高层建筑即将会迎来新的建设高潮，城市高层综合体研究集中了建筑与城市整体发展问题，有助于为高速转型的中国二线城市发展整理出清晰的建设控制方式。

（3）中国城市在经济、社会、交通多重压力下，正在经历快速、被动、深刻的空间形态重构，这一迅速的结构转型既是挑战也是机遇。互联网时代信息、物质交换模式的变化使得城市群体公共行为规律与传统城市不同，城市空间的场所性内涵有了新的变化。现代城市中公共空间绵延成为都市建设发展的一种趋势，建筑的发展走向了高层化、综合化、集群化、复杂化的城市化方向。从西安高层综合体尤其是商业综合体及轨道交通枢纽综合设施的近十年演化发展状况来讲，其空间职能、利用模式、链接模式、体验需求都提示出城市公共空间操作所具有的新的潜力。

以此为背景，研究锁定西安城市，围绕"城市高层综合体"这一新的城市建筑类型概念，面向当前我国城市建设中建筑的城市整体性普遍缺失的现实问题展开研究，回应在城市适度紧缩导向下，可持续性城市更新技术途径的研究主题。

1.3 城市高层综合体的研究传统与视角

基于高层建筑、综合体建筑、城市建筑体在现代城市中的发展演化，本书提出了"城市高层综合体"的研究概念，这一概念是高层建筑城市研究在"城市世纪"的延伸与拓展。由于其生成难以找到精确的历史原型，对其含义的理

---

❶ 根据本书 4.4.3 节西安市两个城市更新改造项目推算。

解是由高层建筑的城市研究转化而来，因此高层建筑发展及趋势演化的历史脉络梳理是研究基础之一。高层建筑发展历史相关的研究基础、高层建筑的城市研究构成研究课题基础的核心。

而综合化及城市性发展的研究是高层建筑转化演变的核心，因而城市设计、综合体建筑与城市发展的相关研究也是本书重要的研究基础。

1.3.1 有关高层建筑的研究基础

从芝加哥学派19世纪后期突破建筑高度的技术限制，将高层建筑建造推向成熟化、产业化开始，高层建筑一直作为一种具有技术前沿性的特殊形态建筑类型开展研究，奠定了其围绕实际工作展开的研究传统，设计研究工作实践性与工程性十分突出。在相当长时期内研究成果的阶段式发展特征完全伴随高楼建造技术的演进与城市发展脉络。

（1）三个地域的建设勾勒高层建筑在世界范围内的发展研究历史

1）美国

美国在高层建筑发展史上是浓墨重彩的重要角色，现代高层建筑首先是在美国得到巨大的成功，奠定了整个世界高层建筑的发展基础。围绕高层建筑本体的研究传统始自美国芝加哥学派。

同时，美国是现代城市理想空间的试验田，现代城市研究对新旧大陆的思考都投射在了美国城市的发展中。回顾其短短的现代城市发展史，可以在格网城市、竖向城市、汽车交通城市这三种理想城市模式中理解高层建筑的城市性。以下是美国高层建筑建设、研究发展的主要方面：

a. 芝加哥学派（Chicago School）：历史上第一次系统总结了高层建筑的设计、结构构造、形式问题。开创了高层建筑本体的研究传统，并深远地影响了世界高层建筑的设计与建造。

b. 摩天楼、国际式：美国是摩天楼这一称谓的诞生之地，摩天楼发展的四个阶段❶——芝加哥创作阶段、折中阶段、现代阶段、后现代阶段，代表了高层建筑发展的主要历史。其中第三阶段中发展起来的"国际式"更是影响了全世界高层建筑的现代化进程。

c. 分区规划与阳光法案：高层建筑的初期盲目建设给城市带来诸多不利的影响，20世纪60年代以后城市规划师和建筑师们把注意力从创造抽象形式导向了综合地理解城市与设计，重新认识高层建筑和城市的关系。规划师在制定城市的总体规划和分区规划时更加重视高层建筑建设与城市环境的关系，其代表是旧金山城市设计和纽约的区划法规。

d. 高层建筑和城市环境协会（Council on Tall Buildings and Urban Habitat,

---

❶ Richard Plunz. A history of housing in New York city[M].New York：Columbia University Press，1992.

CTBUH）：20世纪70年代美国成立了高层建筑和城市环境协会。高层建筑发展初期直至20世纪70年代，长期处在实践前沿的工程技术探索状态，由美国土木工程师学会于20世纪80年代组织编撰了五本一套的高层建筑工程专著**❶**：PC卷——高层建筑的规划和环境标准，SC卷——高层建筑的体系和概念，CL卷——高层建筑的标准及荷载，SB卷——高层钢结构的结构设计，CB卷——高层混凝土和砌体结构的结构设计。高层建筑和城市环境协会成立后在上述书目的成果基础上出版了《高层建筑设计》。之后陆续出版了《高层建筑设计和构造中的现浇混凝土》《围护结构》《高层建筑的防火》《钢框架中的半刚性连接》《高层建筑的冷加工钢材》《高层建筑的结构体系》等七部专著，并持续组织年会与展览，推动了世界高层建筑的实践探索与交流。

2）欧洲

高层建筑19世纪末于欧洲英国出现之后，发展较为缓慢。相较美国而言，欧洲高层建筑的发展一直较为谨慎，对工业革命城市无序发展的警惕与强调城市保护的传统曾使很多国家在快速城市发展阶段立法限制建筑高度，但是对高层建筑发展影响重大的几个概念都是在欧洲大陆上酝酿产生的。

a. 欧洲学者对高层概念的现代化贡献：勒·柯布西耶的"光辉城市"构想深刻地影响了高层居住建筑与现代城市的构想；密斯·凡·德·罗和格罗皮乌斯等现代主义大师是摩天楼"国际式"风格发展定型的重要推动者。

b. 战后高层住宅的发展普及：二战之后，欧洲国家普遍爆发了大面积居住需求，使得高层建筑技术与工程经验在欧洲迅速普及推广。

c. 意大利塔楼的探索：著名的米兰维拉斯卡塔楼、米兰皮瑞利大厦代表了欧洲20世纪50年代的高层建筑成就，零星的高层建筑在城市轮廓线中孤单显现，是现代城市发展的抱负与精神象征。

d. 20世纪80年代以后欧洲的高层建筑研究与实践探索：欧洲的停顿一直持续到20世纪70年代。此时，现代建筑的环境控制的评价管理技术已经完成体系化，建筑结构、设备技术的发展也相当成熟。20世纪80年代开始，意大利米兰、那不勒斯、博洛尼亚、热那亚都先后兴起高层建筑的热潮，西班牙巴塞罗那1992年建成的奥运会中心马普弗雷办公楼，荷兰阿姆斯特丹和鹿特丹密集的港口建设，德国法兰克福的城市中心区高层建筑群，德国柏林中心区重建，法国巴黎拉德方斯新区高层建筑群，世界阿拉伯文化研究中心等具有世界影响力的高层建筑及建筑群陆续在欧洲出现。欧洲的高层建筑迎来一次发展高潮。这一轮高层建筑发展建设是在较为成熟的现代城市环境中建造的，不存在盲目、失控的问题，质量普遍较高，对高层建筑的发展起到了很好的促进作用。

---

❶ 美国高层建筑与环境协会. 高层建筑设计 [M]. 北京：中国建筑工业出版社，1999：3-4.

e. 20世纪末城市高层建筑发展与转型不断推进。在新千年城市建设热潮中，高层建筑由高度挑战引发的建造技术更新不再是研究的重点，而其与城市整体发展的关系，与可持续、绿色人居环境发展理念的适应性，所采用的绿色技术探索成为发展前沿。德国学者巴泽尔（Mario Campi Basel）2000年完成的《摩天楼——种现代都市的建筑类型》❶一书对于新世纪理解高层建筑提出了社会行为的综合解释，并对高层建筑的城市建筑本质作了揭示。

3）日本及太平洋地区

随着太平洋地区经济的崛起，城市高层建筑的热潮在20世纪末转移到亚洲太平洋地区。香港的汇丰银行、中国银行，吉隆坡的双子塔，迪拜著名的七星帆形酒店，上海的金茂大厦、环球金融中心等都成为高层建筑发展的重要标志，显现了亚太地区高层建筑的创作繁荣与其所在地区的城市发展水平。

日本是亚太地区中高层建筑建设起步较早的国家，由于地处地震多发的岛屿，国土面积、自然资源有限，加之技术成熟而综合实力强，因此，高层建筑有强烈的社会需求与发展基础，在突破抗震技术门槛的限制之后，20世纪70年代日本高层建筑发展非常引人注目，先后建设了一系列著名的作品，如东京都厅舍建筑群、横滨标志塔、东京电信中心等。同时，对于高层建筑的抗震、防火，以及集合住宅的研究也走在世界的前列，代表了当时亚太人口密集城市高层建筑的发展前沿。

4）总体

从以上简要的梳理可以发现，世界高层建筑的研究发展前沿随着重大工程项目迁移，从美欧到亚太的总体发展路径。这与世界经济格局、城市总体发展背景不能分开，也说明了高层建筑发展的社会性。

另一方面，以美国高层建筑和城市环境协会（CTBUH）定期的国际交流会议主题（见附录A）变化中可以看到，高层建筑技术发展的重点从建造技术本身转向了城市环境安全、友好、低碳、节能；而研究前沿正日益脱离单体的研究范畴，走向与城市总体环境的共生共建。

（2）国内高层建筑课题的研究历史

高层建筑在我国的发展仅有短短80年历史。自国外引入后，研究重点从初期单体技术及形态研究逐渐转化为普及后对其与城市关联性的关注，大致可以分为以下三个阶段：

1）初期阶段

从20世纪20年代引入建成高层建筑开始，直到20世纪80年代初期高层建筑的本土化发展与技术普及为止，分为两个时期，第一次集中建设发展从

---

❶ Mario Campi Basel Skyscrapers：An Architectural Type of Modern Urbanism[M].Berlin：Bir khauser-Publishers for Architecture，2000.

8

20世纪20年代开始至20世纪30年代中，表1-1罗列了中国20世纪30年代前后建造的高楼，于1921年在上海建造的字林西报大楼（10层）现改名为友邦大厦，是国内最早建成的高层建筑 ❶（图1-3）。这一时期高层建筑多由殖民国家的建筑师来华设计，直接移植海外的技术与理念。

中国30年代前后建造的高楼 表1-1

建造时间	1921	1923	1923	1929	1930	1931	1933	1934	1936
建筑名称	字林西报大楼	和平饭店	锦江饭店	上海大厦	中国银行大楼	国际饭店	大陆商场	毕卡第公寓	爱群大厦
房屋层数	10	10	13	22	17	24	10	15	13

来源：吴景祥主编.高层建筑设计[M].北京：中国建筑工业出版社，1987：7。

之后，历经国内战乱与新中国成立国后国内经济建设的20年艰难曲折，高层建筑发展几乎停滞，1959年建成的国庆十年十大工程之一北京民族文化宫，主体13层，是那时期少量建设的高层建筑代表。20世纪70年代中后期由于对外经贸发展的需要，在北京、广州零星建成的几幢高层宾馆、公寓，成为国内现代高层建筑探索发展之路的开端，其中包括1968年建成的27层广州宾馆（图1-4）、1973年建成的16层北京外交公寓，1974年建成的17层北京饭店新楼（图1-5），1976年建成的32层广州白云宾馆。

从20世纪80年代开始，随着经济建设水平的稳步提升，高层建筑发展重启，开始了第二次较为集中的建设发展。中国第一部高层建筑防火规范于1982年颁布（GBJ 45—82），第一部高层建筑的结构规范于次年颁布，成为高层建筑大规模建设与设计研究的重要技术基础。这一时期高层建筑的代表——广州白天鹅宾馆（图1-6）以其中庭故乡水等岭南传统庭院要素的融入，开创中国高层建筑的现代空间地域化风气之先。

2）第二阶段

从20世纪80年代中后期至90年代末。这时期高层建筑研究与发展主要围绕空间功能适应性、建筑结构一体化问题展开，重点是对与功能相对应的具体结构体系的选择与标准层平面设计研究。以钢筋混凝土高楼结构体系在中国的普及与推广为代表。凸显了高层建筑因其垂直高度发展所要求的支撑技术产业化历程。

1987年中国建筑工业出版社出版的由吴景祥主编的《高层建筑设计》一书，是我国较早以专著的形式全面介绍高层建筑的论著，简述了高层建筑的发展历史，并以建筑使用类型、建造系统分类详细分析高层建筑设计内容，首次全面

---

❶ 雷春浓编著.高层建筑设计手册[M].北京：中国建筑工业出版社，2002。

图 1-3　上海友邦大厦（字林西报大楼）

来源：360doc 个人图书馆：硖川居士

图 1-4　广州宾馆

来源：alontherun.blog.163.com：Allen

图 1-5　北京饭店

来源：齐鲁社区：潭超群

图 1-6　广州白天鹅宾馆

来源：网易摄影：Himson

提出了高层建筑设计工作框架。

20 世纪 90 年代随着国内高层建筑的陆续建成，我国建筑界及相关行业对高层建筑设计建造的技术概念逐渐系统并走向成熟。以北京、上海、广州、深圳为前沿阵地，各省会城市通过量的积累与直接感受，对高层建筑的认识与实践逐步提升；同时，在城市发展理论研究中，对其"双刃剑"的评价逐渐成形，并且有针对性地展开具体研究。1997 年中国建筑工业出版社出版，由雷春浓教授编写的《现代高层建筑设计》一书，在分析对比使用与建造特征的基础上，明确提出高层建筑的概念设计，以区分其与一般的建筑设计流程及创作方法的不同，同时对其与规划、城市环境等相关内容进行了具体的总结。2002 年，雷春浓教授出版的《高层建筑设计手册》以工具书的形式全面总结了高层建筑设计所涉及的规划、设计、技术各方面问题。

1997 年翻译出版的美国高层建筑与城市环境协会编著的专著《高层建筑设计》，突破了传统用规范规定高层建筑高度这一定义的局限性，明确提出高层建筑的定义核心是其高度所带来的影响，而研究者不仅关注建筑自身的问题，还"关心城市环境中高层建筑的作用以及高层建筑对城市环境的影响"，并进一步解释"这种关心也包括对于为人类生活和工作提供适宜空间的所有问题进行系统的研究，它不仅涉及技术方面的问题，同样也考虑社会和文化方面的问题"，虽然是译著，但成为国内高层建筑理论研究重要的经典。

2001 年出版的《高层办公综合建筑设计》总结了最具类型典型性的综合办公高层建筑设计体系，第一次提出综合功能的高层建筑概念，并全面地对内外环境关系及设计难点要点展开论述 ❶。

3）第三阶段

主要是世纪之交的十年（1996 ~ 2006 年）发展。这一阶段配合中国城市的"转型期"，高层建筑逐渐在全国地县级城市得到大规模普及与发展。

30 年飞速发展所累积与遗留的矛盾已经逐渐形成了全新的社会经济环境基质，高层建筑的功能角色及定位因而有了新的变化，所面临的问题与矛盾已基本脱离建造技术层面。高层建筑的创作实践也有了新的发展与分化，高层居住建筑成为建设量最大的建筑类型，高层公共建筑发展趋势主要集中在高层综合体建筑与超高层建筑两个方向。

在学科研究中，高层建筑与城市一体化的研究成为重点 ❷，其中关于高层建筑底部与城市空间融合等成为研究的热点 ❸。

4）当前

对高层建筑研究已逐渐脱离单体形态而走向城市融合，上升到历史意义的研究高度，走向了反思与总结。哈尔滨工业大学梅洪元教授、梁静博士所著的《高层建筑与城市》❹ 以纵横两条线索，对高层建筑的发展历史与现状进行全面完整的梳理，提出高层建筑与城市的协同关系。在高层建筑与城市设计关系的研究方面，东南大学王建国先生指导的李琳硕士学位论文《城市设计视野下的高层建筑》❺ 站在规划管控的角度，研究高层建筑布局对城市的影响，提出了高层建筑与城市关系的研究视角。从诸多有关高层建筑的论文、专著不难看出，高层建筑的研究已经成为一个跨学科的综合研究。

---

❶ 许安之，艾志刚. 高层办公综合建筑设计 [M]. 北京：中国建筑工业出版社，2001。

❷ 张宇. 论城市设计与高层建筑的近地空间 [D]. 天津：天津大学，2001。

❸ 张振彦. 城市与建筑的共生——具有城市意义的高层建筑控制方法探析 [D]. 太原：太原理工大学，2004。

❹ 梅洪元，梁静. 高层建筑与城市 [M]. 北京：中国建筑工业出版社，2009。

❺ 李琳. 城市设计视野中的高层建筑——高层建筑决策、规划和设计问题探讨 [D]. 南京：东南大学，2005。

截至 2009 年 11 月，中国知网期刊全文数据库以"建筑科学 / 高层建筑 / 高层建筑设计"这样的学科分类检索路径检索到的论文数量共有记录 763 篇，其中硕士论文 73 篇，有关城市主题词的论文为 61 篇，其比例超过 83%❶。高层建筑的研究成为城市建筑研究的典型代表，对其现象的总结与设计思考集中在其城市特征上。

1.3.2 其他相关研究基础

将高层建筑现象的研究提升到城市层面上来认识是这一课题的迫切需求，目前在此方面还没有找到直接对应的权威性理论系统，也没有成熟的分析工具可直接借用，而这一部分内容的构建又是开展城市高层综合体研究的基础性工作，因而在城市高层综合体研究中首先需要一个相对完整的研究体系与基础平台。由此本书对研究分析中所依托的城市与建筑关系的相关研究成果进行了简要梳理编织，书中有限的关于建筑城市整体性方面内容的总结认识提取自以下研究成果：

（1）针对城市建筑的研究理论

最有代表性的是罗西在 1965 年完成的《城市建筑学》❷中针对城市建筑体的研究，以城市建筑概念来解释建构城市建筑发展的综合问题。本研究基于这样的城市设计认识观，将综合性的大型公共高层建筑定义为城市高层综合体，也基于此逻辑，提出将高层居住建筑区而不是高层住宅本身纳入城市建筑框架，两者共同构建完整的城市高层建筑研究体系。在设计方法上，受到他将建筑类型学与城市形态学结合在一起考虑的启发，将城市高层综合体建筑对应城市层面的形态关联与西安大遗址形态现实对接。

《小小地球上的城市》❸一书则为建筑城市具体工作提供了很好的借鉴示例，该书是理查德·罗杰斯先生 1995 年在 BBC 所作的"蕾斯报告"的后续出版物，其中系统地汇集了报告中的主要城市发展思想，并通过他的团队对上海陆家嘴城市设计竞赛所作的探索及相应的研究、思考与设计具体展示出来。本书中进行的部分西安重点地段示范分析所持有的理念与思路受到了理查德·罗杰斯先生工作方法的启发。

（2）综合体建筑的相关实践及研究

从洛克菲勒中心开始，在超大街区的历史发展中，我们可以感受到现代

---

❶ 检索条件：发表时间 between（1980-01,2009-11-24）并且题名 = 中英文扩展（高层建筑）数据库：中国图书全文数据库、中国重要报纸全文数据库、中国博士学位论文全文数据库、中国学术期刊网络出版总库、中国优秀硕士学位论文全文数据库、中国重要会议论文全文数据库、中国年鉴网络出版总库、中国专利数据库、中国标准数据库、国家科技成果数据库、国外标准数据库、德国 SPRINGER 公司期刊数据库其中以城市空间为关键词再检索到论文 97 篇，以城市设计为关键词再检索论文 91 篇，以底部、近地为题名词再检索到论文 19 篇。

❷ 阿尔多·罗西. 城市建筑学 [M]. 北京：中国建筑工业出版社，2006：31。

❸ 理查德·罗杰斯. 小小地球上的城市 [M]. 北京：中国建筑工业出版社，2004：2-42。

综合体建筑参与城市场所生成发展的力量。这一现象是与现代城市政治、经济、社会的根本重构一同伴生的——"存在于现代经济的巨大资本储备能够使私人或公众机构或两者的组合，都能得到对较大范围的都市土地的控制权。而且从中获利。"❶城市密度的集聚沿着垂直方向发展形成高建筑，而综合密集的功能集约则形成了现代场所最重要的改变，在高层发展集群、综合、巨构的整体趋势中，综合的效应整合了高、大、全、厚、密的建筑体整体质量提升。这种密度的集聚充分发挥了综合和融合的优势，化解了隔绝、孤立、符号化的高层建筑痼疾。因此，大量现代综合体实践研究是本书中重要的概念理解基础。

（3）有关城市空间的形态与认知解释

回顾历史中对城市空间形态的研究，借用美国学者罗杰·特兰西克《寻找失落的空间——城市设计的理论》❷一书的总结，在城市设计的形态控制与手法方面，传统的城市设计理论可以概括为图底、连接、场所三种理论。其中有如下几种探索非常重要。

1）城市形态历史发展研究。《城市形态》❸、《延伸的城市》❹等研究从历史发展的线索中研究城市的演变机制，观察分析其中隐含的共同规律，对本研究理解城市中发生的新变化提供了有益的参考。

2）城市空间解释评价机制与意义研究。其中美国著名城市设计理论家凯文·林奇 (Kevin Lynch)《城市意象》❺一书中说明："城市设计理论研究的特点在于最直接场所体验的研究"，提出城市分析的五项要素，即边缘 (Edge)、街道（Street}、区域（District）、节点 (Node)、标志 (Landmark)。这一成果被城市空间的研究者、设计者奉为宝典，每论必谈。另外，弗朗西斯·培根所著的《城市设计》❻、简·雅各布斯所著的《美国大城市的生与死》❼等城市理论讨论不仅提出各自的空间对策，还指出城市设计研究最终的价值：不只是为了满足今天的需要而进行体形组合，而是要关心人的基本价值与权利——自由、公正、尊严。

另外，《后现代城市主义》《整体的城市主义》❽的作者南·艾琳博士，几乎对所有的城市研究作了涉猎与整理，为理解梳理城市理论提供了简明的研究线索，本研究借用了其关于城市整体性的理论发展总结。

❶ 艾伦·科洪．建筑评论——现代建筑与历史嬗变 [M]．北京：知识产权出版社，中国水利水电出版社，2005：68-88。

❷ 罗杰·特兰西克．寻找失落的空间——城市设计的理论 [M]．北京：中国建筑工业出版社，2007。

❸ 凯文·林奇．城市形态 [M]．北京：华夏出版社，2001。

❹ 詹姆斯·E·万斯．延伸的城市 [M]．北京：中国建筑工业出版社，2007：5-7，23。

❺ 凯文·林奇．城市形态 [M]．北京：华夏出版社，2001。

❻ 艾德蒙·N·培根．城市设计 [M]．北京：中国建筑工业出版社，2003。

❼ 简·雅各布斯．美国大城市的生与死 [M]．北京：译林出版社，2006。

❽ 南·艾琳．后现代城市主义 [M]．上海：同济大学出版社，2007：12,87 ～ 90。

(4) 对城市空间的形态分析工具

空间句法研究将城市、建筑中的空间感知作为一种基于计算机技术可以模拟分析的技术，将空间问题转化为数学模型，突破了传统建筑学对空间认知的主观性、随机性的研究思路，《空间是机器》❶一书不仅介绍了这样的空间研究体系，并且从空间本体研究的角度提出了对空间认识的理论基础，这一部分内容启发了本书城市高层综合体的研究，将规律性、统计性的内容转化为空间思考的前提条件。城市空间是一个较建筑空间更为复杂的研究对象与领域。东南大学空间研究系列丛书将空间句法研究拓展到中国的城市实践❷。本研究基于这样的工具思考逻辑，运用 GIS 技术对西安城市空间使用前提作了具体分析，成为城市综合体研究框架中空间构建的基础工作。

1.3.3　研究成果综述

（1）目前已形成的有关高层建筑本体研究成果主要可以分为下述四块内容。其中高层建筑在城市中不断分化与逐渐加深的相互影响将是下一轮高层建筑发展的主要推动力，从以往的研究课题中分析，研究的重点与热点可以归纳为六个方面，研究前沿与重点从技术与单纯建筑体设计转向建筑城市协同，并在城市层面上同综合体建筑发展紧密结合。

1）高层建筑研究成果：一是高层建筑类型本体研究，重点是技术发展与空间功能建构；二是从传统建筑学设计研究思维入手关注高层建筑近地空间建构可能，因其是高层建筑与城市秩序相联系最重要的形态部分，在设计实践中往往是问题或矛盾的焦点所在，也是功能延伸空间变化的核心之处；三是高层建筑形态、地域性、意义的研究，这部分研究通常与建筑实践、建筑方案评析结合较为紧密；四是同城市规划、城市设计、城市管理的接轨。

2）高层建筑与城市问题研究的重点和热点：

第一：关于高层建筑近地部分空间设计的研究，面对城市公共空间与建筑空间融合及建筑自身功能发展的需求，探索总结底部与城市秩序连接的具体手法。

第二：以方法论的角度离析高层建筑设计的逻辑，提出建筑设计的层次分析等概念方法，摸索建筑与城市连接的设计目标控制方法。

第三：高层建筑作为城市空间要素的研究，为建筑设计、城市设计及构成的城市空间的评价与理解提供基础。这一方面内容将必定延伸至城市设计研究。

第四：面向城市建设管理、实施等专项研究，如建筑综合开发、建筑管控、与交通基础设施之间关系的研究等。现代城市发展的综合性特征对整体性发展提出很高的要求，各个系统协同工作，互为平台与制约因素，因此尤为强

---

❶ 比尔·希利尔. 空间是机器——建筑组构理论 [M]. 北京：中国建筑工业出版社，2008：87。

❷ 段进. 空间句法与城市规划 [M]. 南京：东南大学出版社，2007。

调各系统间相互配合。以交通为例，交通体系的发展变化对城市空间的改变是结构性的，影响深远，其中"关节性"建筑的培育与规划对接是一整套的系统工程，需要各个环节的支撑，特别是延伸与落实到建筑设计环节。

高层建筑的布局研究比较 表1-2

研究主题	研究者	研究时间	技术手段	研究范围	具体研究技术方法
长沙市为例的高层建筑布局规划与方法研究	中南大学罗曦、郑伯红	2007.5	GIS	长沙市域	构建功能、景观、经济、生态四大类14个小类的因子影响框架，利用城市谷歌地图航片还原建筑高度，借助地理信息系统权重进行评价
长沙市湘江两岸滨水区高层建筑规划布局研究	湖南大学聂承锋、朱忠东、侯学钢	2007.11	GIS	长沙市湘江两岸	同上
高层建筑布局与城市形象研究—以长沙市为例	中南大学朱顺娟、郑伯红	2008.5	文字梳理分析	长沙市域	城市空间、时间、形象脉络分析
城市设计视野下高层建筑	东南大学李琳	2003	GIS	南京老城区	根据影响高层建筑布局的多种因子，将老城区划分若干地块，进行多因子评分，得出综合评分，确定各地块高层建筑的高度与布局关系
南京为例的高层建筑地域景观特征研究	陶亮、朱熹钢	2006	文字	南京	土地级差地租、城市历史形态、文化生活习惯、规划干预、交通可达性
烟台城市高度控制的规划	洪再生、朱阳、孙万升	2005	文字	烟台市	城市景观的保护和加强、土地利用的经济性、用地地质条件、其他
宁波市高层建筑布局研究	范菽英	2004	文字梳理	宁波市	区位、经济、交通、历史文化保护、空间形态控制
太原高层建筑合理化布局研究	太原理工大学苏敏静	2006	文字梳理	太原市	借鉴美国高层建筑与城市环境协会六点
GIS在青岛市高层建筑空间布局专项规划中的应用	夏青、马培娟	2008	GIS	青岛市	城市风貌、城市功能、视觉景观、历史文化、交通可达、土地价格、建设潜力、工程地质、机场净空9类37子项

参见：朱顺娟.高层建筑布局与城市形象研究——以长沙市为例[D].中南大学，2008；侯学钢.长沙市湘江两岸滨水区高层建筑规划布局研究[D].长沙：湖南大学，2007；苏敏静.太原高层建筑合理化布局研究[D].太原：太原理工大学，2006；夏青，马培娟.GIS在青岛市高层建筑空间布局专项规划中应用[J].测绘通报，2008.4：31～34；范菽英.城市高层建筑布局研究——以宁波市为例[J].规划师，2004.20；35；张赫.城市摩天时代——基于数理模型的高层建筑建设布局决策研究[D].天津：天津大学，2008；阳毅.高层建筑与城市场所建构[D].上海：同济大学，2007；洪再生；朱阳；孙万升；杨玲.烟台城市高度控制的规划研究[J].城市规划，2005.10：32～34。

第五：从城市管理及规划的角度分析高度规划或进行高层建筑的布局研究，这是近五年研究的热点，表1-2综合了国内各城市高度研究成果及研究技术手段。天津大学陈天教授指导张赫的硕士论文《城市摩天时代——基于数理模型的高层建筑建设布局决策研究》❶在南京、烟台两市高度规划研究基础上建立了系统的三级的影响因子模型。

第六：高层建筑与城市空间研究，同济大学吴长福教授指导阳毅于2007年3月完成的建筑学硕士学位论文《高层建筑与城市场所建构》❷从城市空间建构的角度梳理了高层建筑问题，直接将高层建筑作为一个城市设计研究现象与对象进行系统的梳理。

这些有益的理论思考与实践探索成为新时期高层建筑设计研究的课题研究基础，高层建筑发展在高效、和谐的城市建设发展综合目标下还面临许多难题。在哪里建高层建筑？如何建？怎样评价和调控引导高层建筑在城市中的发展是这一综合问题中的基础核心问题，对它的解答必定涵盖传统的城市建设三大学科，不仅包含了上述各方面的研究，同时将高层建筑设计方法及内容与城市空间评价与管理问题对接在了一起，辐射出更多的社会综合问题。

（2）对于高层建筑与城市研究主题，还有散落的大量的实践探索。

比如雷姆·库哈斯（Rem Koohoas）的社会学城市空间发展预言❸，理查德·罗杰斯关于紧凑城市的思考，建筑设计者围绕建筑设计进行的研究等。这些问题在第二、三章的理论梳理中都有所展开。

（3）最为重要的研究基础还包括关于城市空间与形态的富有成效或者独具创见的认识。

这些建筑学科最核心的问题从建筑学专业发展开始就不断有人进行探索，城市建设进入现代纪元后，单纯空间的形态设计问题不能涵盖飞速变化的城市社会经济内容，空间研究逐渐脱离了直观设计"目击而道存"的物质研究传统，走向了多维与综合。

现实的复杂性使得研究城市的理论核心越来越走向经济社会的全面综合，更偏向政策性举措研究，这一研究趋势脱离了建筑学以设计（形态）为核心手段解决问题的传统，使得矛盾焦点更为错综复杂。对于城市设计学科而言，其立学之本是力图使"设计"这一过程更为具体有效，因而更为重视对"空间"的形态研究传统。正是基于这个学科认识基础，本书将城市中的高层建筑这一课题研究纳入城市设计的研究范围之内。

城市设计是对城市的体形环境所进行的形态统筹设计。这一概念似乎被各界人士所接受与理解，然而应该看到，现代城市设计经过近半个多世纪的发展，

---

❶ 张赫. 城市摩天时代——基于数理模型的高层建筑建设布局决策研究 [D]. 天津：天津大学，2008。

❷ 阳毅. 高层建筑与城市场所建构 [D]. 上海：同济大学，2007。

❸ Rem Koolhass，Bruce Mau. S，M，L，XL[M]. New York：The Monacelli Press，1995.

早已不仅限于体形环境的范畴。应该强调的是，城市高层综合研究不只是为了满足今天的需要而进行体形组合，而是要站在推动城市整体宏观目标上，关心城市空间与建筑空间设计的具体原则、方法、对策与途径，包含对现代创新与现实条件之间矛盾的对接、化解与整合。这部分研究基础关系本书研究的立题之本，既有研究基础已在前面作了简要归纳，并在第三章论述本书框架时根据城市高层综合体研究作了仔细梳理与介绍。

总体上来讲，高层建筑设计研究已从独立的单体研究走向了纳入城市体系的研究，已从具体的类型研究走向了学科研究的高度与范围。这些研究为城市角度的高层建筑发展现象的解释提供线索，也是城市高层综合体概念提出与构架研究的工作基础。

1.4 本书的研究对象与视角

1.4.1 研究对象

针对新世纪高层研究发展现状与演化趋势，本书将城市高层综合体作为研究主体，区别于一般的高层建筑，城市高层综合体特指融合在城市整体发展运营秩序中具有较强公共认知、使用、忆取性的综合功能高层建筑。其所引发和呈现出的城市高集聚强度是构成这一建筑类型城市性内涵的核心，就像城市中的"混沌吸引中心"；如何利用它平衡开发压力，增益城市整体性是城市高层综合体设计研究的主旨所在。

1.4.2 研究视角

受限于传统学科划分，研究面临的第一个挑战来自于对研究领域的准确界定。本书认为，建筑与城市之间的关系实际上就是建筑的组成部分。由于没有成熟、严密的研究参照体系，因而可以广义地划入城市设计研究体系中。研究中牵涉对城市建设三大学科（建筑学、城市规划、城市设计）研究内容的综合与梳理，对这一问题的把握难度与广度非一项学术研究可以驾驭，而且远超本书的研究范围，无益于对论题的阐释，因此这一部分的探讨主要是回归城市与建筑现象本身，而不囿于某一学科的框架内。为此，本书第三章进行了与相关研究的关系梳理及说明，总结了已有的研究成果。研究视角以城市与建筑关系为主线，在此基础上对相关的建筑设计理论作了较大范围的梳理、提炼。

研究也特别以西安为具体研究载体，以避免论述流于庞杂空泛。西安是中国历史文化名城，2009 年规划定位为国际化大都市，处于大都市化转型的关键时期，对城市高层建筑的研究而言是一个具有典型性与代表性的理想研究对象。

1.5 本书研究目标与内容

1.5.1 研究目标

城市高层综合体这一城市建筑类型概念界定有助于把握城市高层建筑发展中的前沿问题。本书将研究工作落位于西安，旨在通过城市高层综合体城市级影响力，探索综合干预正处在转型期的城市发展进程的可能性与具体方法。具体研究目标有以下三点：

(1) 追索高层建筑的城市化发展与含义演化，从城市的角度解释城市高层建设现象，构建城市高层综合体作为城市建筑的理论研究框架。

(2) 通过这种典型的城市建筑现象的研究，关注城市建设与建筑设计过程中二者连接与融合的方式、方法，引导城市建筑的有效集聚与创新。

(3) 以西安市为研究示范，探索如何通过城市高层综合体整合与构架实现以下目标：

去除——高层建筑集聚导致的城市环境无序发展弊端。

摒弃——城市高层建设发展中的观念禁锢。

补充——城市高层综合体管理、评价、研究程序。

修正——城市建筑发展的结构框架。

提升——城市整体构架的整体特色。

实现城市建筑体的整体性发展。

1.5.2 研究内容

主体研究分为以下四个部分。

第一部分总结了高层建筑在城市中发展演化的历史，并指明城市特性的继续深化将是城市世纪高层建筑的历史选择与主要发展特征。

第二部分从技术性、现代性、城市性三个递进层面，提出城市高层综合体的概念，并针对这一新的城市建筑现象作了相关理论的梳理，架构以城市建筑理论为基础，点线面结合的建筑类型研究框架。

第三部分针对西安的城市高层综合体这一研究对象在本书的第四、五、六章分三方面进行了研究。其中，第四章指出西安具有丰富独特的历史文化特色空间与现代城市结构高度叠合的地域发展特色，目前正处于都市化加强与城市外溢同时进行，轨道交通建设将迅速激发空间转型的历史转折点；并结合西安城市高层建筑发展现状格局及趋势总结，综合分析了城市高层综合体发展的矛盾与问题、机遇与潜力。第五章围绕西安城市中具有不同性质及发展特征的地段，与世界范围内具有代表性和典型性的城市高层综合体发展实例进行比较。

第六章引入 GIS 数据整理分析工具，参考层次分析的方法，构建包含 5 大类、12 小类、24 项的影响因子体系，对西安城市高层综合体的布局问题进行专项研究，区分了西安城市高层综合体建设重点控制地段、鼓励发展地段、限制建设地段和灵活可控的白色地段。

第四部分基于情态和谐的城市建筑发展观，总结了城市高层综合体的发展策略与基于西安城市特点的城市高层综合体设计方法，并根据前述研究结果对西安典型、重点、特色城市地段的城市高层综合体建设进行示范性探索。

最后以示范性探索实践反思上述理论设想。

1.5.3 研究框架

现代研究最擅长与重要的技巧就是将问题分拆，再各个击破，而对于城市这个整体问题的研究却应从整体入手分析，分层实施干预。城市高层综合体概念提出的重要意义之一就在于将城市与建筑研究缝合在一起。根据这一理解，结合具体的西安城市高层综合体研究对象，研究工作的框架如图 1-7 所示：

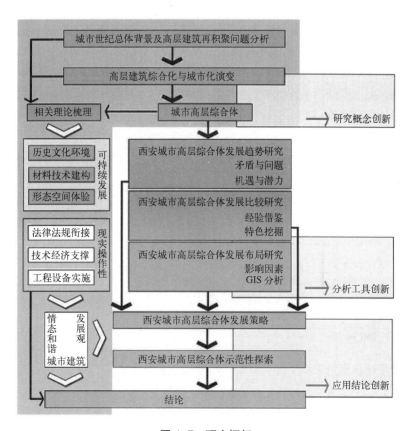

图 1-7 研究框架

1.6 研究中牵涉的基本概念

1.6.1 高层建筑

狭义的高层建筑定义完全以高度为核心,各国有不同的具体规定。在我国,《建筑防火规范》以27m与24m为限划分标准,规定建筑高度大于27m的住宅建筑和建筑高度大于24m的其他非单层建筑属于高层建筑[1]。

在美国高层建筑与环境协会编著的《高层建筑设计》一书中提出高层建筑并不以高度或楼层数为其具体定义,重要的准则在于它的设计是否受到"高度"的影响。高层建筑应定义为是一种"因它的高度强烈地影响其规划、设计、构造和使用的建筑"[2]。

本书中所研究高层问题强调城市视野,因而其定义参考后者,并作为城市高层综合体概念发展的基础。

1.6.2 综合体建筑

《美国建筑百科全书》:综合体建筑是在一个位置上,具有多个功能的一组建筑。

《中国大百科全书 / 建筑、园林、城市规划分卷》:综合体建筑是指由多个使用功能不同的空间组合而成的建筑。综合体建筑,其合理性在于节约土地,缩短交通距离、提高工作效率、发挥投资效益等。

芝加哥综合体创始人伯特兰·戈德堡(Bertrand Goldberg):(综合体)"是一种空间的结合物,用于全部的生活,其密度如此之高以至于获得了一种苛求的力量,我指的是存在于人类能量中的那种密度,他是自我更新的,经济和有生命力的"。

综合体建筑的豪布斯卡(HOPSCA)六种业态组合:酒店(Hotel)、写字楼(Office)、公共空间(Park /Public Space)、规模商业(Shopping Mall)、俱乐部(Club)、公寓(Apartment)

在城市开发控制的流程中与现实的操作中,城市高层综合体概念核心呈现为城市土地(地段、地块)的高强度开发与强公共性,并强调开发使用、运营的集聚优势,追求1+1 ≥ 2的聚合效益。

1.6.3 城市建筑

城市建筑概念来源于意大利新理性主义建筑理论家与建筑师罗西《城市建

---

[1] 中华人民共和国质量监督检验检疫总局,中华人民共和国住房和城乡建设部 . GB 50016–2014 建筑设计防火规范 [S]. 北京:中国计划出版社,2015。

[2] 美国高层建筑与环境协会 . 高层建筑设计 [M]. 北京:中国建筑工业出版社,1999:3-4。

筑学》一书，他特别指出了在城市共同生活舞台上，建筑概念中包含的超越物质实体外的建设、理解、形成、流传、记忆、成为类型、使用的过程，以及由此而来所凝聚的情感，成为重大事件的载体，形态的传承等内容，并且针对这种理解，创造了类比的方法，挖掘了类型学设计的创造力。罗西使用的"建筑"一词最早是用"建造"，更指向一种汇集过程，强调的是过程。在书中第一章罗西指出："城市建筑包含两种不同的意义：一方面，它表明城市是一个巨型人造物体，一种庞大而复杂且历时增长的工程和建筑作品；另一方面，它指城市某些至关重要的方面及城市建筑体，其特征和城市本身一样，是由他们自身的历史和形式来决定的。"中文里动词"建筑"与名词"建筑（体）"是一样的，恰恰也传达了双关的含义。齐康教授主编的《城市建筑》❶系列丛书中对城市建筑一词有了中文的解释与传达，强调了建筑的公共性。这也成为建筑"城市性"含义的主要内容。因此，本书借用城市建筑学研究中指出的首要建筑要素的"历时性"与"强城市公共性"特性，以"城市"为定语来命名建筑类型，形成"城市高层综合体"的概念。

1.6.4 城市高层综合体概念

面对高层建筑未来综合集约的发展趋势，强化、综合了上述城市建筑的概念，本书提出的城市高层综合体概念，特指融合在城市整体发展运营秩序中具有较强公共认知、使用、忆取性的综合功能高层建筑。

其理解的要点包括以下三个层面：①高密度、大规模、巨体量高层公共建筑体；②综合性建筑，包含了不少于三种以上的业态；③其辐射影响力、带动力、认知程度超越单体建筑及地块限制，是城市级的建筑体，其空间、功能、设施与城市相融合。

---

❶ 齐康. 城市建筑 [M]. 北京：中国建筑工业出版社，1999：3-4。

2 高层建筑综合化与城市化演变

高层建筑是需要而非奇想的产物
综合化与城市化是高层建筑历史发展的一种必然
代表了城市密度的再一次重组与集聚

2.1 从高层建筑走向城市高层建筑

2.1.1 高层建筑城市化历程

高层建筑的内涵特质与概念演化过程与城市发展过程同步，可以划分为以下6个周期：

（1）萌芽产生

工业革命后城市社会产业结构巨变奠定了建筑高层发展的总体社会需求基础，同时这一时期桩式基础、混凝土与钢框架等结构施工技术、空心砖墙等轻质建材的普及，电梯的发明及广泛使用等建筑结构与设备技术支撑条件也已培育成熟，高层建筑以垂直交通为核心的竖向空间功能建构逻辑模式逐渐发展成型。

（2）定型成长

随着现代城市产业转型与车行交通方式确立，城市的辐射影响力、发展带动力大幅提升，城市区域范围不断扩大，中心的集聚效应也以几何级递增。以北美经济发达城市芝加哥、纽约为代表，随着城市向大都市转变，高层建筑迅速发展，不断提升品质，空间、形态、技术均日益成熟，林立高耸的高层塔楼逐渐成为都市生活的标志与象征。

（3）发展分化

高层建筑自身高效集约的特质与现代主义城市设计追求以功能为主的发展理念相契合，在城市化发展中期阶段成为构建城市发展理想模式的重要建筑类型。其原型以勒·柯布西耶的光辉城市构想为代表，并在战后欧洲城市重建的急迫社会居住需求中大面积推广使用，这时期的发展以高层居住建筑普及为主要特征。高层建筑概念开始分化，并深刻地影响现代城市功能结构与内涵的转化。

（4）异化阻滞

欧美经济全面复苏，以美国城市发展为代表，城市进入私人汽车时代，规模持续膨胀。城市中心的辐射影响作用被不断稀释，城市通勤距离不断增加，城市工业陆续外迁，同时社会阶层逐渐分离，居住要求随之分化，郊区居住文化盛行，大量居住外溢，进一步加剧了城市中心区的逐渐衰落。城市的这种急剧变化发展也导致中心区建筑的衰落，中心区聚集的高层建筑发展受到阻滞，带来一系列的城市问题——大量居住建筑闲置、遗弃，空间环境品质下降，尤以高层居住小区突出，沦为滋生犯罪的温床。随着社会集体对现代主义理念的全面反思，高层建筑逐渐被看作冰冷、功利、机械的现代主义设计观念的代表，发展受到质疑。

(5) 综合集约

随着城市规模等级的不断提升，都市化进程持续发展。在对"逆城市化"问题回应及"可持续发展模式"的探索中，新城市主义、整体城市主义等思想涌动。集中办公区、地铁、轨道交通、BRT 等高效公共交通方式的发展以及城市中心功能转型，城市中心区开始探索全面复兴的新道路，功能分区淡化，强调多功能复合，鼓励适当密集的紧凑发展模式，高效和谐成为城市发展的新主题。中心区大型高层建筑综合体出现，并与城市整体运转体系结合在一起，出现了"节点建筑"、"环节建筑"，城市中的步行网络被重新编织，不断延伸与演化，集约高效的城市高层建筑成为都市密集形态的广泛发展模式。

(6) 走向全面城市融合

在大都市化城市发展背景中，高层建筑宏观上与城市区域扩张伴随。一方面，在邻里单元基础理念下，高层居住区以建筑群的方式构成新的城市基础结构单元；另一方面，在城市中心及运转关键节点处，综合开发、联合开发的高层综合体逐渐成为主要的观念更新形式，在整体上出现集约、高效、群组、立体、共生、巨型等一系列符合城市紧凑、集约发展趋势的特征。在设计上打破单体建筑的认识框架，突破、连接、并置、交结传统城市的不同层次。在具体的微观空间环境塑造中，参与拟合、链接步行系统，重构连绵的建筑化城市中心区。

高层建筑历史发展的六个进程与城市发展历史阶段的背景条件变化密不可分，前三个进程是在城市化上升期的总体背景中完成的，以建筑技术日益成熟为主要的发展内容，形成了现代高层建筑的基础建筑类型特征，主要以高层建筑的本体发展为核心，与城市的关系被动单纯，可以概括为高层建筑发展第一阶段——产生探索阶段；与城市环境隔离的高层建筑在逆城市化的过程中发展受挫，同时高层公共综合建筑带来了城市与建筑发展的新格局，二者之间差异加深，概念意义也随之分化，这是高层建筑经历的第二个发展阶段——过渡转型阶段；而后高层公共综合建筑在城市中心区复兴的发展机遇中走向综合集约发展的历史轨道，成为重要的城市建筑，高层建筑的社会性特征因此被广泛认同，这一阶段可以概括为城市高层建筑的第三个历史发展阶段——再生成熟阶段；在新的城市世纪中，日益城市化的高层建筑走向了集群、共生、立体、多维，可以笼统地归纳为第四个阶段——全面城市化阶段。四个历史发展阶段的特征与城市发展背景可以概括为表 2-1。

高层建筑历史发展阶段与城市发展背景　　　　表2-1

历史发展阶段			相对应的发展进程	发展特征或标志事件	城市发展背景
一	产生探索阶段	1	萌芽产生	芝加哥高层建筑发展为代表 电梯四项高楼建造技术为基础	城市化初期
		2	定型成长 19世纪末至20世纪初	纽约摩天楼的发展为代表 建筑既依托城市又蔑视城市	城市化
		3	发展分化 20世纪初至20世纪40年代	城市中心区的集聚与加厚 欧洲高层居住建筑普及美国 高层蔓延	城市化扩张
二	过渡转型阶段	4	异化阻滞 20世纪初至20世纪60年代	普鲁伊戈公寓拆除 高层建筑发展停滞	逆城市化、中心衰落、郊区城市
三	发展成熟阶段	5	走向综合集约 20世纪40～70年代	与轨道交通等交通设施相连 城市与高层建筑底层公共空间 相互渗透，中庭等共享空间的 普及	城市更新复兴
四	全面城市化阶段	6	走向全面城市化 20世纪60年代至21世纪初	可持续发展与绿色建筑技术 日本高层建筑发展为代表	城市世纪

注：需指出的是高层建筑的发展主要时间段及城市发展背景特征都是以欧美国家为主，其他地区如亚太地区、中南美洲包括中国的高层建筑发展受经济发展制约，城市发展处在各种不平衡状态，不具有研究的典型性，因而在这个总结中并未体现。

后两个阶段体现了城市高层建筑日益综合化及城市化加深的发展趋势。

2.1.2　高层建筑城市含义演化的两条线索

经过前两个时期的历史发展，现代高层建筑逐渐形成了正反两面的意义线索：

（1）高度的不断突破与挑战，使得不断追高的高层建筑成为突破建造技术产业、经济实力提升的象征，也逐渐发展成为现代城市生活文本与场景中重要的标识性符号。大型高层建筑逐渐成为具有城市影响力与辐射力的现代城市建筑。

其核心意义在于，尽管伴生着诸多发展问题，现代城市终于发展出了具有城市级别影响力的全新建筑类型，可以用以表征现代城市生活世界，寄托城市发展抱负。

这使得在高层建筑的发展中，第一高度始终是世人关注的焦点与兴趣点，"地标"在许多情况下就是指第一高度建筑。超高层建筑发展通常被视为地方经济腾飞的必要表达，凝结着人们对城市生活发展、现代转型的美好期许。

超高层建筑在摩天楼诞生地具有更为深刻的意义——对于纽约而言，超高层建筑不仅是建筑、地标，更是象征与纪念物。
"9·11"事件摧毁了曾经作为纽约曼哈顿地标
之一的世贸中心，世贸中心对于美国人尤其是
纽约人来说，"就像故乡的大树，从远远的海上
或空中看见它，就能找到回家的感觉"。图 2-1
所示是丹尼尔·李博斯金为世贸重建投标所作
的总体提案，这一提案中的重建计划由一组环
绕的超高层建筑构成——在世贸原址构建 5 栋
高楼，由南至北，一栋高过一栋，呈螺旋状环
立，犹如自由女神手中的火炬，最高的"自由

图 2-1　世贸中心重建中标方案
来源：http://tech.enorth.com.cn

塔"高 1776 英尺 (541.3m)，象征着美国通过《独立宣言》的 1776 年。意在表
达经历"9·11"事件的打击后，鼓励人们对纽约城市发展重拾信心的新期许。
这一提案最终中选，因其很好地在基地中形成了一个纽约的新核心区，自由塔
建筑群与在世贸中心原址处构建的纪念馆、公园、商业设施、恢复的办公空间、
酒店、地铁站在纽约的心脏共同构成了新的城市纪念碑。图 2-2 是经过数轮修
改后的自由塔新的实施方案。动态连续的集群形态没有延续，但是强调了在曼
哈顿天际线中的标识性，与世贸原址场地的纪念馆共同构成了纽约城市公共空
间的核心场所。

(a) 自由塔填补曼哈顿天际线　　　　(b) 新方案中自由塔与原世贸基地

图 2-2　纽约新世贸中心自由塔方案
来源：CRIonline

　　不仅在摩天楼的诞生地，在世界各个地方，地标性的超高层建筑常作为聚
集目光、显示政治抱负、展现经济实力与地域发展信心的标志符号。

　　图 2-3 是令全球瞩目的迪拜塔，高度达 818m（最终的准确高度仍未有官
方正式确认），楼层数量超过 160 层。世界第一高度就好像是这个屡造奇迹的
国家的梦想魔咒，为了建造世界最高的摩天大楼，迪拜政府不惜负债 800 亿美
元，甚至有传言声称此举加剧了国内金融体系的动荡。

图 2-3 迪拜塔 阿联酋迪拜
来源：国际在线

今天，在中国社会 30 年跨越发展的总体背景下，超高层建筑的发展也成为地方经济发展的指标与符号，对高度的追逐使得中国第一高度被不断刷新。图 2-4 汇集了广州、上海、重庆、南京、武汉、天津 2008 年以来实施或计划中的超高层建筑。

建筑高度超过 300m 后技术经济性一般较差，第一高楼追求的是社会影响力与无形资产效应，

上海中心
2008 年动工，2014 年建成
580m，118 层

广州东塔　广州西塔
Chow Tai Fook Center（Guangzhou）　IFC 广州国际金融中心
2009 年破土，530m，116 层　2010 年竣工，443.75m，103 层

武汉国际金融中心
规划中，约 400m，82 层

重庆嘉陵帆影　南京紫峰大厦
预计 2010 年 10 月破土，2015 年建成　2008 年竣工，约 450m，89 层
约 468m，105 层

天津——1 环球金融中心　2 天津高银 117 大厦　3 周大福滨海中心
其中"津塔"，已建成，336.9m，地上 75 层　2008 年动工，597m，117 层　2009 年动工，530m，100 层

图 2-4　中国各地第一高楼竞赛
来源：根据筑龙渲染表现网、百度百科"上海中心大厦"、"楚天金报""华中第一高楼"方案
征集意见、建筑中国、上海国资委网站、京津网——城市快报、网易新闻等资料整理

其内涵的核心是城市或企业对财力、技术、实力的表现与渲染，是现代城市中寄托情感与现实发展需求综合的纪念物。

（2）为了迅速、便捷建造而在现代城市中被大量复制的功能程式化的高层住宅以及受经济开发利益驱动无序发展的高楼，在 20 世纪给城市环境造成了极大的伤害。"光辉城市"的理想没有实现，高层建筑充斥的城市变成了"钢筋混凝土丛林"、"面貌相似的住区"，甚至"新的贫民窟"。在建筑评论家查尔斯·詹克斯的眼中，高层建筑作为现代主义罪行的代表，普鲁伊戈高层公寓的炸毁"宣告了现代主义的死亡"（图 2-5）。

(a) 普鲁伊戈公寓建成使用时情形　　(b) 1972 年普鲁伊戈公寓被炸毁

图 2-5　普鲁伊戈公寓

来源：http://www.pruitt-igoe.com；https://www.zengroup.com.cn

不仅"国际式"高层建筑改变了城市天际线，被公认为保护传统建筑与城市地段的障碍，而且图 2-6 所示的孤立的高层建筑单元与汽车交通分隔的街区，共同摧毁了传统城市曾生机勃勃的街区，改写了城市空间架构与运转模式。随着高层建筑在城市中的大规模普及，城市环境及空间体系被这种格网与垂直发展的过程格式化，城市环境被强烈地异化，城市特色逐渐模糊，建筑与城市割裂。林立的高层建筑因而被当作为现代城市病的主要症状之一。

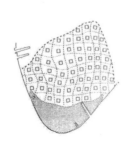

图 2-6　城市格网与高层建筑

来源：理查德·罗杰斯. 小小地球上的城市 [M]. 北京：中国建筑工业出版社，2004

高层建筑这两条正反两面的历史发展线索集中表现高层建筑与城市关系的联系与矛盾演化，建筑的垂直发展改变了建筑与城市的关系。高层建筑的普及增厚了城市本底，人们因而热切发展超高层建筑以继续卓然高耸、向上飞升的愿望；与此同时，随着城市世纪轨道交通等城市基础设施的发展以及设计规划理念对城市生活活力的关注，城市价值的渗透已成为高层建筑不断演化与发展的主要矛盾和推动力。

2.1.3 高层建筑的城市内涵分化与转变

从上述的分析可以看到，一方面高层建筑城市性内涵沿着超高、超大规模的演化方向得到强化并有所继承发展，另一方面大量孤立分隔的"普通"高层建筑，损害了城市架构的有机性。在密集的城市土地开发压力中，成为现代城市发展中的矛盾难题。

城市性的渗透能够增益场所质量，并促使建筑正面积极地与城市环境进行交流，现代高层建筑在城市化视野下，内涵有所分化。

（1）大量的居住高层建筑功能单一，空间形态孤立，经济技术限制性较强，城市性发展不充分，需要在整体住区的层面，以邻里空间单元的方式与城市发生关联。

（2）孤立的塔式高层公共建筑，在其底层空间的设计中，越来越强调挖掘其城市潜力与可能性，增益城市的整体协调性。在建筑底段的形态尺度控制中，也尤为注重延续现有的城市肌理，或强调其形态表达与城市现有环境的对话。

（3）随着城市高层公共建筑的普及，开发密度的普遍提高，以及城市发展观念的改变，大型高层公共建筑功能逐渐立体化、综合化；空间形态更为多样与开放。在城市更新中，高层建筑城市化特性有了更为丰富的发展，特别是随着城市轨道交通的建设，建筑流线同城市流线充分融合，形成了城市开放度极高的环节建筑。高层建筑正在转化为"城市高层建筑"。大型综合高层建筑的城市内涵因此在这种类型分化过程中有了较大的发展与提升，不仅为高层建筑的发展带来了突破创新的机遇，也显现出其为城市建筑总体发展带来新格局的潜力与可能。

2.2 从综合建筑走向高层综合体

2.2.1 现代城市的转型与密度集聚背景

现代城市集聚发展经历了两个重要的阶段：

第一次集中在19世纪末到20世纪20年代，以现代建筑诞生与城市公共交通出现为标志。

一方面，直接的空间增长的需求在19世纪城市工业发展转型时期一直存在；另一方面，与传统城市相比，工业革命后的城市文化、社会经济等方面对城市物质实体的影响力提升有一个质的飞跃——同以往相比，城市终于摆脱了政治、军事方面的控制，而真正成为人居环境中一个凝聚吸引的核心，人们普遍向往与赞美城市生活，城市走入了从简单的居住生活聚集向公共生活都市化的转变进程。城市建筑的形态随之变化，具体来讲，零售商业、贸易、法律、金融等行业集聚性的发展改写了城市原有的经济运转机制,大批专业领域产生,阶层阶级日益分化,工作的方式变化,对城市办公空间提出了新的密集而灵活的要求。这一阶段城市密度首次集聚,高层建筑诞生、发展,并逐渐随着城市发展而成熟。

第二次从20世纪50～70年代对城市发展的深刻反思开始,城市发展的基础性构架开始变化。由于城市无序蔓延带来新的严重问题,原有城市汽车交通方式受到了批判。同时,针对现代主义规划将城市功能割裂所引发的各种问题,城市建设开始重视各种城市中心的复兴发展,强调城市功能的复合多样,着力恢复步行街区的活力,鼓励步行交通系统建设。尤其是轨道交通的发展激发了城市中心的再次集聚,新城市主义的思想逐渐形成。

这一阶段城市中心发展主要以综合化、密集化为主要特征。如纽约市中心的曼哈顿区,汇集了著名的百老汇、华尔街、帝国大厦、格林尼治街、中央公园、联合国总部、大都会艺术博物馆、大都会歌剧院等,同时就业密度极高,长约1.54km的华尔街,在面积不足$1km^2$的范围内,就集中了几十家大银行、保险公司、交易所,以及上百家大公司总部和几十万就业人口。

因而,城市综合体建筑以突出的商业模式价值,对城市生活的良好诠释与支撑能力在城市中心的建设中扮演重要角色。在商业地产开发的策划中,大型城市综合体建筑逐渐替代了传统城市中的中心区域建筑群。在城市密度持续集聚,高层建筑逐渐普及的城市化过程中,在城市黄金地段高强度开发以及经营模式升级的更新需求下,城市综合体建筑与城市基础设施融合,进一步参与城市垂直集聚、功能综合、空间交错的立体化的过程。

2.2.2 综合集约的高层建筑发展涂写城市本底

在中心区发展更新的热潮与探索中,城市中心发展出现两个主要的特征:一是中心发展强度与场所辐射力持续增加,"CBD"等国际产业经济互动支撑的城市发展中心区概念涌现;二是伴随着现代城市公共设施的发展建设与优化,尤其是都市区轨道交通的全面普及,现代高层建筑出现集群化发展,并且与轨道交通站点、换乘点等日益紧密结合。这些变化带来了规划设计新的可能性,在现代公共生活的聚集之处,逐渐有条件构建起与传统城市中心比肩的新的现代城市生活中心场所。从图2-7中可以看到现代建筑发展改变了城市的图底关系。意大利的乌费齐广场与法国的马赛公寓共同构成了图底相异的一对城市图底,说明现代建筑的城市"质"、"量"的发展,足以同传统的城市场所相比较。

图2-8对比了传统城市与现代城市中心的景象,在中世纪的传统城市中,高耸的教堂不仅是城市中的制高点,而且是城市区域的精神核心所在,不仅是城市地域内形态空间的凝聚点,也是人们生活、心理意态、情感、精神上的重心,形态、意义、内涵统一。而在现代城市中,以图示的纽约曼哈顿核心区建

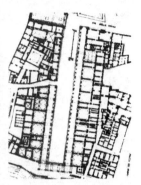

勒·柯布西耶：马赛，居住单元，1946，总平面

(a) 法国马赛公寓总平面　　(b) 乌费齐广场卫星照片　　(c) 意大利乌费齐广场平面

图 2-7　马赛公寓与乌费齐广场的图底关系对比

来源：柯林·罗拼贴城市 [M]. 北京：中国建筑工业出版社，2003：69

(a) 德国慕尼黑传统城市中心鸟瞰

(b) 英国爱丁堡传统城市中心鸟瞰　　(c) 纽约帝国大厦周边环境鸟瞰

图 2-8　传统城市中心与现代城市中心对比

来源：https：//bigs.china.com.cn;
https：//tupian.hudong.com

设状况为例，密集的活动由连绵的垂直发展高层建筑支撑，城市的本底厚度在建筑的垂直发展中增加。图 2-9 进一步显示了现代城市中高层建筑正在大量替代原有的多层建筑，城市本底在城市第二次集聚中进一步发展演化。

图 2-10 是建成于 1939 年的纽约洛克菲勒中心，图 2-10（a）是初建成时的鸟瞰照片。当时周边的建筑仍较为低平，这组建筑突出的天际线在曼哈顿区城市景象中令人印象深刻。建设所在位置隔第五大道就是曼哈顿原有的具有哥特风格的传统教堂，虽然面临经济萧条的压力，开发者、设计者还是希望

在这个区域内创造一个形态、内涵齐备的现代城市新中心。图 2-10（b）是洛克菲勒中心所在区域的平面关系示意，整个计划共占地 4.8hm²，仅核心区就跨越了由第五大道、第六大道及 48 街至 51 街之间的 6 个街区，整个区域由包括 4 栋摩天楼在内的 19 座建筑构成，每天可以容纳 25 万人次上班、观光、消费，区内除了办公楼，还包含餐厅、时尚服饰店、银行、邮局、书店等各类商业及公共设施。4 栋摩天楼底层是相通的，交错横贯之间

（a）现代城市发展初期　　（b）今天高层林立的现代城市

图 2-9　现代城市中高层建筑的图底发展转化

（a）1939 年洛克菲勒中心建成时鸟瞰　　（b）洛克菲勒中心的平面关系　　（c）2006 洛克菲勒中心鸟瞰

图 2-10　洛克菲勒中心（Rockefeller Center）纽约 1939
来源：根据筑龙图酷 GEBuilding. 百度百科洛克菲勒中心等资料整理

的是供市民使用的广场——海峡花园（Channel Garden）、下沉广场（Lower Plaza）等。其中心处体量最大的是 GE 大厦（原名 RCA），高 259m，共 70 层。包括通用电气 (GE)、美国银行、雷曼兄弟以及美国大部分传媒巨头——时代华纳，全球最知名的新闻机构美国联合通讯社（AP）、美国全国广播公司（NBC）、美国有线电视新闻网（CNN）、全美最大的出版公司麦克格罗希尔 (Mc Graw-Hill) 以及其他一大批全球知名 500 强大企业不断从这里走出或进驻。综合集约的建筑空间集聚形态汇集了城市中各种高质量活动，形成了现代城市的"量""质"齐备的中心场所。虽然今天作为世界中心的曼哈顿已经遍地都是知名的超高层经典建筑，如图 2-10 (c) 所示，但是洛克菲勒中心仍被人们誉为是"20 世纪最伟大的城市设计计划"。其设计中所强调的公共区域渗透的理念影响了城市综合体概念的发展，尤其是在建筑的大厅、广场、楼梯间等公共部分引入"市民空间"（Civic Space）的手法成为城市综合建筑群的核心组成内容，下沉广场与城市地铁设施的连接将城市的流线串接成有机的步行区域。综合多样的活动使得洛克菲勒中心成为曼哈顿区域的活力心脏，也是纽约城最富吸引力、辐射力的城市中心。

在现代城市建筑演化过程中，高层建筑以集约性、综合性、高等级、高强度、密集活动的类型优势得到了迅速推广，获得了城市意义的新发展，与综合发展的商业模式相结合，使得城市中心出现高层建筑化的发展趋势。

2.3 城市高层建筑的发展动态趋向

2.3.1 全面城市化——嵌入式发展

20 世纪 40 年代后期开始，以美国城市为代表，西方城市迈入大都市区化带动发展的都市时代，20 世纪 50 年代，美国首先提出了"城市连绵带"的新区域规划概念，城市发展在高科技产业、国际金融、贸易经济模式迅速变化的背景中迎来快速变革。大规模的西方城市重构出现在 20 世纪 70 年代，20 世纪 80 年代被称为"城市工程建造的年代"，奠定了之后建筑空间的连绵的基础。大都市中心区轨道交通与建筑空间直接连接，公共空间与建筑空间完全融合，传统城市中严格区分领域的边界无限延伸而逐渐模糊。在密集化发育完成的代表性城市，如亚洲城市香港、东京，北美的纽约、多伦多等城市，环节建筑、节点建筑、巨构建筑等城市性建筑逐渐形成并成为独特的城市建筑形态。图 2-11所示的巴黎伏瓦生规划中显示出的现代主义新城市设想图底与传统的城市图底都未能解释这些城市新时代中的变化，城市经过垂直叠加，变得更为厚密，层次更为复杂，影响城市的力量更为多样。图 2-12 是路易斯·康为费城的规划研究所做的运动图示，显示了交通及动线在城市中的无形力量影响。

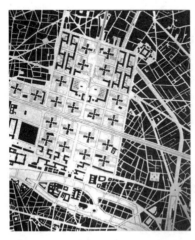

图 2-11 巴黎改建伏瓦生规划局
部 1925

来源：柯林·罗. 拼贴城市 [M]. 北京：中
国建筑工业出版社，2003：75

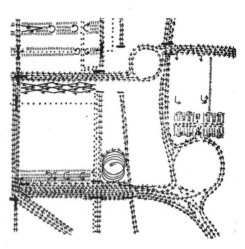

图 2-12 路易斯·康：运动图示，费城规
划研究

来源：转引自斯坦·艾伦. 点 + 线——关于城市的图
解与设计 [M]. 北京：中国建筑工业出版社，2007：62

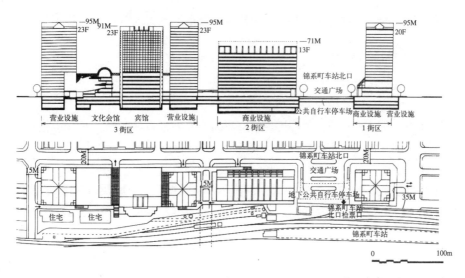

图 2-13 日本墨田区锦系町车前再开发计划（车站再开发计划）

来源：谷口汎邦主编.城市再开发 [M]. 北京：中国建筑工业出版社，2003：87

日本的东京、福冈，中国的香港、上海等城市的交通环节建筑都正在印证这种发展的力量。综合性的巨大建筑连绵体将人们的生活包含一体。图 2-13 所示是日本墨田车站再开发中计划剖面与平面示意。群组的高层建筑共享平台，构成了城市场所空间，并且与城市公共交通系统组合成为城市的公共秩序系统节点。图 2-14 所示日本福冈的博多运河城城市综合体，总建筑面积 24 万 m²，以综合功能的高层建筑群共同构成了福冈著名的城市公共中心。

城市综合体构建了真正现代意义上的城市中心，成为城市新的核心场所，现代建筑终于完整地发展出了能与雅典卫城、中世纪城市教堂比肩的城市建筑场所。在城市密集背景中，高层化的发展趋势明显，完全超越了与城市环境割裂的孤耸形态，发展出直接嵌入城市的新建筑类型。

图 2-14 日本福冈的博多运河城

来源：根据银座旅游博多运河城资料整理

可以说，使城市高层综合体建筑嵌入城市是一种目标状态，设计师应充分利用与驾驭由建筑发展出来的环境力量——解构重组城市的力量，高层综合体建筑设计目标因此首先体现在"追求建筑与城市的协同"❶。

2.3.2 城市化转变要点

（1）从建筑空间、复合空间到城市场所

建筑的城市化继续发展，功能构成日益多元化，趋于复杂交叠，建筑的核心空间也在向城市延伸，内部出现中庭空间，外部也利用架空、下沉等空间组织手法形成开放的城市场所。图 2-15 所示是 20 世纪美国亚特兰大桃树中心广场旅馆的中庭，尺度巨大，甚至超过城市空间的一般尺度，形成了垂直延展的大型公共空间，其建筑空间的公共性前所未有。图 2-16 所示是日本大宫音像城竞赛设计方案的综合功能剖面与平面示意。方案综合集约的功能与复合多样的空间，在建筑环节直接构建城市级场所空间。

图 2-15　美国亚历山大桃树中心广场旅馆中庭
来源：筑龙图酷亚特兰大 Marriott Marquis 酒店

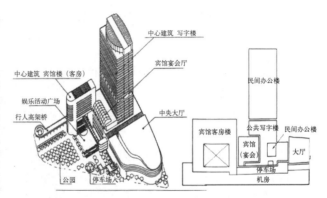

图 2-16　日本大宫音像城竞赛设计方案的综合功能
来源：谷口汎邦主编.城市再开发 [M].北京：中国建筑工业出版社，2003：82

（2）从独立的建筑单体到群体编织城市环境意象

遍地拔地而起的高层建筑逐渐改变了城市天际线，孤耸的高建筑形成的纪念碑式标志物不断长高的同时，城市的基底高度也在不断攀升，因此，城市中建筑整体高度的层次关系与高层建筑实体之间形态的对话关系都成为更加复杂而普遍的城市空间建设问题。建筑对城市的影响的层次与界面开始转移。独立高层建筑的城市关系分析已经不能准确解释城市空间的实质关系，而有效地控制与设计城市空间构成关系则需要在高层建筑集群这样一个中间层面着手分析评价。

---

❶ 梅洪元，梁静.高层建筑与城市 [M].北京：中国建筑工业出版社，2009：54。

建筑形态本身也趋于多样性发展，由原来追求"鹤立鸡群"变为追求"密度"与功能适应性。总体上更为强调与城市功能的连接与适应，尤其是商业业态的融入与城市轨道交通的结合。因而，如雕塑般建筑形态的象征性、艺术美感以及细致缜密、综合多样的建筑功能计划，进而是群体建筑的空间构成与场所构建对于建筑设计同样重要，这些大型的综合高层建筑集群逐渐成为编织整体城市构架的重要元素。

（3）从割裂的外部环境到参与界定城市街道空间与步行体系

由于城市图底关系的转换，抽象独立的高耸建筑逐渐变换成了街道空间的背景与界面。图 2-8 中所示美国纽约帝国大厦周边高层林立的城市环境，在世界范围的大城市中心区都有不同程度的表现。在现代建筑的空间形态设计中底部空间的设计控制在整个建筑策划与建设中显得尤为重要。

同时，在城市的高密度联合开发与尺度的混杂中城市动线在室内外自由转换，并不完全依靠传统的街道空间进行组织，其中高层综合体成为重要的场所、界面及中心标志，建筑空间链接整合了原继续的城市动线，成为城市步行系统及公共空间体系中的核心组成部分（图 2-17）。

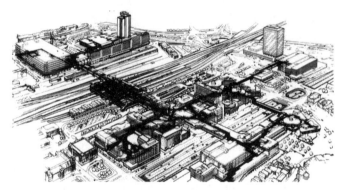

图 2-17　城市步行系统在城市与建筑中延伸交结，大型综合高层建筑是重要的场所、界面与中心标志

来源：谷口汎邦主编.城市再开发 [M].北京：中国建筑工业出版社，2003：101

（4）同城市设计管理体制的紧密关联

从城市开发角度观察，逐渐推广成型的容积率奖励制度深刻地影响了美国高层建筑的形态与功能业态发展，这一制度雏形始自美国纽约 1916 年颁布的系统的城市建设法规。

19 世纪末，由于美国经济复苏，城市建设得以迅速发展，刺激了城市不动产的开发。发展商们为了追求高额利润，纷纷增加建筑物的楼板面积和高度，不仅阻碍了周围建筑物的采光、通风和日照，也使许多街道变成高楼大厦之中的"狭谷"，城市环境严重恶化。为了维护公众利益，1916 年，纽约市实施"综

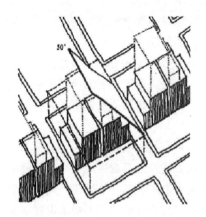 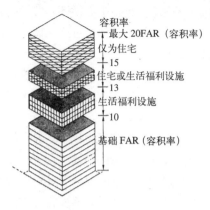

容积率
最大20FAR（容积率）
仅为住宅
15
住宅或生活福利设施
13
生活福利设施
10
基础FAR（容积率）

图2-18　美国旧金山市北市场街根
据日照制定的建筑高度控制面图示

来源：雷春浓编著. 高层建筑设计手册 [M].
北京：中国建筑工业出版社，2002：18

图2-19　西雅图：市区办公核心
区奖励

来源：约翰·彭特. 美国城市设计指南：
西海岸五城市的设计政策与指导 [M]. 北
京：中国建筑工业出版社，2001

合性土地使用分区管制"，是全美第一个施行分区管制制度的城市。这种管制是由早先的三种土地使用管理控制方法——建筑物高度控制（1909年），建筑物退缩（1912年）及使用控制（1915年）合并而成，并为配合土地使用计划将城区分为住宅区、商业区及未限制区，对建筑物也制定了不同的空地退缩规则。20世纪60~70年代，针对传统分区管制的消极管理及其产生的问题，开始注重城市环境的要求，增加了容积率、天空曝光面、空地率、作业标准等控制要求，并形成了新的管理技术思路，对城市中广场、绿地、柱廊以及一些历史性建筑物保护区域的发展和维护予以鼓励。图2-18是旧金山根据纽约经验制定的基于日照的建筑高度控制。图2-19所示是西雅图市区中核心办公区建筑设计奖励制度，以鼓励综合的高强度开发。

其中最主要的三项管理技术是：

1）分区奖励（Zoning Incentive），这是在传统的分区管制基础规则上加入替选方案的可能，目的在于鼓励私人开发商提供公共设施，由政府给予一定的优惠或奖励。如通过一定比例的楼板面积奖励，鼓励开发商为城市兴建合乎一定规定的广场、骑楼和拱廊等城市空间。

2）开发权转移（Transfer of Development Right, TDR）这一技术主要针对土地使用的公私不平等现象提出的，在执行过程中，政府扮演了积极的角色，凡土地被划定为公共设施的开发商，政府以土地发展权进行补偿，而被划为商业区等高度发展用地的开发商，须购买发展权才能进行开发活动。比如，为了使城市中历史建筑、独特的自然地形、标志性建筑等免受新开发活动的威胁，将其所占土地上的空间开发权转让到其他地段或地块中，这样不仅保护了城市的特色环境，提供了公共活动的空间场所，并从经济上保证这种保护方式的可行性。

3）规划单元整体开发（Planned Unit Develoment, PUD），这一管理技术的基本观念是：在较大（多街区 / 多地块）的土地开发中，管理部门只要求开发商维持一定的人口密度、空地比及交通或公共设施的水准，其他则由开发商作弹性安排，其优点是鼓励开发商在开发基地中保留有特殊价值的地段或建筑，集中利用自然地形形成中心公园、绿地或儿童游戏场等宜人的开放空间，为公众提供休闲、游憩的场所。计划单元整体开发技术多用于高密度开发的城市次要区域或边缘区❶。

上述三种管理技术较传统的方法有一定的灵活性和积极性，在对于单一开发街区或地块的管理上部分地引入了城市设计的观念，对创造宜人的城市空间环境起了相当的作用。从死板一块的指标管理走向了城市设计空间管理，促进了建筑与城市关联。这直接影响了今天各国分区规划的管理及控制实施理念，也极大地影响了城市设计的模式与建筑的设计管理方式。我们观察城市高层综合体的种种现象的方法，以及提出的各种对策常与此紧密联系。

总体上来讲，在现代城市的发展转化中，建筑与城市环境和谐互益成为一种共识。设计规划重心从"建筑实体本身"转化为"实物之间构建的框架与计划"。现代城市发展的特征集中投射在高层建筑身上，而高层综合体建筑是城市再次集聚的必然导向。罗西在谈到现代主义时曾评论说："现代建筑从来就没有体现过现代主义有关主体的新见解；在这个意义上，现代建筑可以认为仅仅是 19 世纪功能主义的延伸。"❷ 而从高层建筑这种应需求而产生的建筑开始成为构建城市空间的基础语言之后，这种城市语境的改变，催生城市化高层综合建筑这种新的建筑形态并走向城市建筑的历史舞台。城市级别的高层综合体是一种具有现代独立价值的重要创新。

2.3.3　城市高层建筑的发展趋势展望

在可持续等绿色发展理念的要求下，城市走向了绿色、生态、低碳、环保的发展道路，追求科技、人文的高度统一。

城市高层建筑在西方发达国家发展速度逐渐减慢，更为强调城市设计更新优化，全面嵌入城市运转秩序。值得注意的是，新兴经济体飞速发展的脚步在世界版图中非常突出，尤其是在亚洲规模空前的都市化过程中，对城市环境的建设提出了复杂的要求，成为新型大型城市高层综合建筑的发展契机。

---

❶ 引自：庄宇. 作为一种管理策略的城市设计 [J]. 城市规划汇刊，1998(2)。

❷ 阿尔多·罗西. 城市建筑学 [M]. 北京：中国建筑工业出版社，2006：31。

（1）可持续发展的思想浪潮

1）高层建筑本体设计的绿色技术

高层建筑作为支持可持续发展、遵循循环经济、实践高效能源利用模式的先进技术代表性建筑重新被认知，复杂而精妙的各种技术讨论使得高层建筑一度成为炙手可热的建筑前沿阵地。20世纪末被评论家称为"高技派"重要的代表人物的意大利建筑师伦佐·皮阿诺、英国建筑师诺曼·福斯特、理查德·罗杰斯等都在高层建筑绿色生态化设计方面有技术上的突破。理查德·罗杰斯设计的伦敦劳埃德大厦、诺曼·福斯特设计的香港汇丰银行都是其中的知名作品。2003年诺曼·福斯特设计的德国法兰克福商业银行大楼（Commerzbank Tower）是其中著名的代表作品，享有"生态之塔"、"带有空中花园的能量搅拌器"❶的美称。法兰克福商业银行大楼49层高的塔楼采用弧线围成的三角形平面，三个"交通核"（由电梯间和卫生间组成）构成的三个巨型"多义柱"❷布置在三个角上，巨型柱之间架设空腹拱梁，形成三条无柱办公空间，其间围合出的三角形中庭，如同一个大烟囱。为了发挥其烟囱效应，组织好办公空间的自然通风，经风洞试验后，在三条办公空间中分别设置了多个空中花园。这些空中花园分布在三个方向的不同标高上，成为"烟囱"的进、出风口，有效地组织了办公空间的自然通风。据测算，该楼的自然通风量可达60%。三角形平面又能最大限度地接纳阳光，创造良好的视野，同时又可减少对北邻建筑的遮挡（图2-20、图2-21）。

新加坡建筑师杨经文（Ken Yhang）在东南亚亚热带气候环境中所作的建筑探索也极具代表性，图2-22是2001年设计建成的梅西加尼亚大楼，图2-23是2001年设计的新加坡生态型EDITT塔楼方案。这些建筑本身构成了一个亚热带立体绿色生态社区。

从高层建筑本身的发展来讲，发展前沿一直存在冲破原有禁锢的需要，并随着社会发展衍生了新的变化，发展积累出一些新设计手法与建构思路，如雷姆·库哈斯设计的中国中央电视台总部（图2-24）从深层次上对高层建筑垂直向上创作的惯性意识发起冲击，用立体循环的方式解决空间垂直发展的可能性。

图2-25是比利时设计师文森特·卡莱鲍特设计的蝴蝶形生态大厦方案，它有132层，高达600m，不仅规划了居住和办公空间，还能够提供充足的空间饲养牲畜、家禽以及种植28种不同的作物。每一层都可以被居民们用来发展各种农业，甚至墙壁和顶棚都可以被当作菜园种植蔬菜。这只"大蝴蝶"有两个主塔，围绕着主塔的是巨大的温室，并且这两个主塔通过两只由钢铁和玻璃制成的翅膀连接起来。它在冬天用太阳能保温，这些热能来自两只巨大的翅膀积聚的热能，在夏天利用自然通风和植物的吸收来保持室内的凉爽。集中的

---

❶ 窦以德.诺曼·福斯特[M].北京：中国建筑工业出版社，1997.

❷ 多义主要是指在设计中，不把结构构件设计为空间分离，具有多重性质，既是结构，也有使用功能。

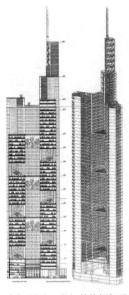

(a) 剖面　(b) 结构框架示意

图 2-20　法兰克福商业
银行剖面与结构框架

来源：Stahl and Form（法兰
克福银行宣传资料）

(a) 鸟瞰（上）(b) 三角形中庭（下）(c) 城市街道中看法兰克福银行

图 2-21　法兰克福商业银行三角形空间形态

来源：筑龙图酷德国法兰克福德意志商业银行总部

图 2-22　梅西加尼亚大
楼 马来西亚梳邦再也市

来源：建筑自媒体杨经文的绿色
建筑及汉沙—杨建筑设计事务所

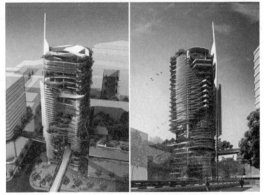

图 2-23　新加坡生态型 EDITT 塔楼方案

来源：建筑自媒体杨经文的绿色建筑及汉沙—杨建
筑设计事务所

建筑就是小型的立体生态城市。

　　图 2-26 是荷兰 MVRDV 设计事务所为韩国首尔南部 35km 的"Gwanggyo"
梦幻城市社区设计，用高层建筑的形式模拟自然的"小山梯田"，以取得最大
的生态效益及柔化的形态肌理。

图 2-24　中国中央　　图 2-25　蝴蝶生态大厦方案　　图 2-26　MVRDV "Gwanggyo"
电视台总部　　　　　　来源：新华网　　　　　　　　梦幻城市社区

来源：中国建筑艺术论坛　　　　　　　　　　　来源：网易探索

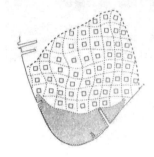
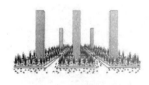

图 2-27　陆家嘴原规划模式

来源：理查德·罗杰斯. 小小地球
上的城市 [M]. 北京：中国建筑工业
出版社，2004.

2）对集约高效、低耗城市发展模式的前沿
探索

1995 年，建筑师理查德·罗杰斯在英国 BBC
电台作了关于城市发展的著名的蕾丝报告，其影
响深远震撼，提醒人们真正理解新世纪后工业文
化中城市发展困境的严重性与急迫性。这也是世
界可持续发展理论重要的文件。在此理念认识下
完成的《小小地球上的城市》一书中，理查德·罗
杰斯以大量的数据观察分析城市所面临的发展障
碍，警示人们根深蒂固的陈旧观念以及利益驱动
下目光短浅的习惯做法所带来的严重后果，并以
浦东新区的城市设计投标方案为例阐释了建筑师
在城市新区开发中所倡导的紧凑、生态、高效、
集约、和谐的城市建设理念。这种认识将建筑职
业的关注提升到了人类发展安全的认识高度。理
查德·罗杰斯认为，以传统的市场和交通标准的
迷信所决定的原方案形式——城市新区被繁忙拥挤的街道分隔为方格网，其中
矗立着独立式建筑(图 2-27)，正代表了现代建筑发展初期构建的典型城市图景。
与之形成对比所提出的方案是："寻求避免创造一个与城市生活脱离的私有的
金融魔窟。……提出把陆家嘴设计成丰富多彩的商业和居住区……。这个区有
一个公园和公园空间网络以提高其品质，这个区的出入交通主要由公共交通来
解决，这个区应该作为整个浦东的文化中心……，我们的目标是建立可持续发
展的地方社区，令人愉悦的邻里，它们只消耗按通常方式规划的社区和邻里所
消耗的能源的一半，并且限制对环境的影响……" ❶。

---

❶　理查德·罗杰斯. 小小地球上的城市 [M]. 北京：中国建筑工业出版社，2004

方案强调"多种活动混合以及强调公共交通的做法大约可以减少所需小汽车交通量的60%，因而也可以减少60%的交通面积，在单一用途道路和多种用途公共空间的平衡中我们更倾向于后者，这样可以大大延展了以步行为主的街道、自行车道、市场和林荫道的网络结构，并预留了一个很大的公园。这一公共空间的网络结构就是想诱发城市的'开放思维'的文化活动。这一结构很精细地与公共交通系统交织在一起，构成一个单一的，互相连接的公共空间和交通的网络……。一个由不同交通方式，从沿人行道步行到高速火车和飞机，构成灵活而多层次的交通体系。中心是中央公园，从公园放射

图 2-28　陆家嘴规划 1999

来源：理查德·罗杰斯. 小小地球上的城市 [M]. 北京：中国建筑工业出版社，2004

出若干林荫大道……。总的目标是把社区内包括公交在内的日常需求置于舒适的步行距离之内，并且避免过境交通"❶（图 2-28、图 2-29）。

迈克·詹克斯、伊丽莎白·伯顿、凯蒂·威廉姆斯共同编著的《紧缩城市——一种可持续发展的城市形态》❷明确将紧缩城市作为可持续发展重要的路径选择之一，书中汇集了紧缩带来的各种利弊。这种讨论提示我们，功能综合与高度叠加的集约建筑是现代社会建构城市一种重要的方式，是城市可持续发展探索道路中的重要建筑现象。

（2）城市世纪新兴经济体高层建筑爆发式发展趋势与需求

在新兴经济体涌现的城市世纪的世界发展格局中，亚洲太平洋地区迅速崛起，城市规模飞速成长与产业经济的深刻变化同时发生，同欧美大陆的城市化进程相比较，亚太地区的城市转型具有其特殊性。

21 世纪以来，在世界经济发展格局中，诞生了"新兴经济体"❸的概念，

---

❶ 理查德·罗杰斯. 小小地球上的城市 [M]. 北京：中国建筑工业出版社，2004。

❷ 迈克·詹克斯，伊丽莎白·伯顿，凯蒂·威廉姆斯. 紧缩城市——一种可持续发展的城市形态 [M]. 北京：中国建筑工业出版社，2004。

❸ 关于新兴经济体，目前并没有一个准确的定义。英国《经济学家》将新兴经济体分成 2 个梯队：第一梯队为中国、巴西、印度和俄罗斯，也称"金砖四国"；第二梯队包括墨西哥、韩国、南非、波兰、土耳其、埃及等"新钻"国家。根据 IMF 公布的数据，2007 年发达经济体经济仅增长 2.7%，新兴和发展中经济体经济增长 8%。印度、俄罗斯、巴西 GDP 总量均超过万亿美元大关，晋升世界经济 12 强，中国突破 2 万亿美元，居世界第四。中国、印度和俄罗斯三国对全球经济增长的贡献超过一半。"新钻"国家也有不俗表现，高盛公司预测，2025 年墨西哥、印尼、土耳其、伊朗、越南等 8 国将跻身世界经济前 20 强。亚洲新兴经济体主要指一些非 OECD 的发展中国家，特别是 20 世纪 80 年代之后开始经济起飞的。这里面比较有代表性的有：中国、印度、越南、马来西亚、泰国。来源：百度百科（http://baike.baidu.com/view/2023751.htm）。

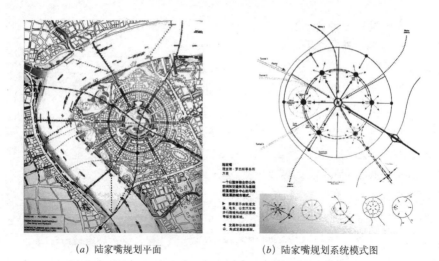

(a) 陆家嘴规划平面　　　　　　　　(b) 陆家嘴规划系统模式图

图 2-29　陆家嘴规划 1999

来源：理查德·罗杰斯. 小小地球上的城市 [M]. 北京：中国建筑工业出版社，2004

比如巴西、俄罗斯、印度、中国等国家与地区，其中亚太地区先后有"亚洲四小龙"地区、西亚、中国和印度、越南等地区发力崛起。这些国家地区原有的经济基础较差，利用其地域经济的特色与资源寻找经济发展的新道路，都具有在薄弱的经济基础上快速增长的特点，城市的建设急剧膨胀与社会转型伴生，是这些城市的发展区别于西方发达国家的城市化进程的鲜明的特征。虽然经历了快速积累，但经济发展单一，总体不够平衡，社会的乡土性印记强烈，人口的压力更为明显，城市文化根基薄弱。

以新兴经济体为代表的发展中国家已经进入到全新的城市世纪，高密度、高强度、高层建筑在这些地区的发展成为建设常态。一方面是城市迅速建设与规模扩张的强劲需求，另一方面是可持续的发展主题深入各个层面，而且从总体上来讲，在这些地区城市高层建筑发展参与城市的强度和深度更甚以往，超过了任何一个历史时期。香港、东京，城市中心的人口平均密度超过 0.5 万人 /hm^2，总人口都属千万级别，城市建设区的土地资源极度紧缺，都为此曾出台特殊的土地开发政策。在这些地方城市高层综合体发育程度深，建筑城市功能高度叠合，公共空间的节点使用强度极高，公私空间边界很多情况都是模糊的。同时，在这样的城市强度中又极具地方特征。

与西方城市发展变化相比较，缪朴先生编著的《亚太城市的公共空间——当前的问题与对策》一书总结了亚太地区城市及城市公共空间发展的新特点❶：

　　1）城市人口密度高；

　　2）城市人口多；

---

❶　缪朴. 亚太城市的公共空间——当前的问题与对策 [M]. 北京：中国建筑工业出版社，2007：217。

3）混合使用；

4）以政府为中心和鼓励开发的文化；

5）东方—西方的双级；

6）少量的公共空间；

7）公共空间缺乏大型节点和总体框架；

8）公共空间使用强度高；

9）公共和私密空间的界限模糊。

在香港，甚至部分高层建筑的出入口设计已经同城市动线完全融合。著名建筑师严讯奇先生曾经专门为高层公共空间进行城市设计，城市特色空间也与高层建筑完全融为一体，城市再开发项目也完全在垂直发育充分的"缝隙"空间中进行，图 2-30 所示是严讯奇主持的对陆海通（Luk Hoi Tong）大厦的再开发项目❶，视觉控制及效果完全基于场地"缝隙"空间特点。图 2-31 所显示香港维多利亚港的高层天际线与城市山水构成的图景，以及图 2-32 中典型的罅隙式的街巷，已经构成了香港最富标志的两种公共空间景象。

由于相近的文化根基与相似的城市生活理念，又同处亚太经济圈层，这些城市的今天相比欧美的城市更接近中国城市的未来。

从可持续的城市发展模式的讨论中，我们看到适度集中是有益于城市的

图 2-30　香港陆海通高层再开发研究

来源：许李严事务所网站

图 2-31　香港维多利亚港城市景观

图 2-32　香港罅隙式街道

---

❶ 所示项目是对陆海通（Luk Hoi Tong）大厦的再开发，陆海通大厦建筑群中心地带以拥有 50 年历史的地标性影剧院而著名，位置显赫。新的开发计划是一个现代标准的综合性开发，包括办公空间、零售商业、酒店，在街道的转角位置，连接剧院道的步行系统。设计以高度戏剧化的折叠立面系统，统一包裹建筑裙楼与塔楼的一部分基座，这一人为延长的边界构成项目的主要形态特征，在剧院道的人流路径中构成了动态而迷人的界面，同时形成了对场所戏剧历史精巧的概念化提示。资料来源于许李严建筑事务所主页（http：//www.rocco.hk）。

图 2-33 居住区规划效果图

来源：标川建筑网站

良性循环的，总体上来讲有利于城市高效和谐发展。核心关键问题在于：在现实操作中，如何考量集中的程度与选择合适的方式。空间集聚对城市的运转效率的提高是有限的，并不是一条正向相关的无限直线，城市的无序过度集中是使得城市环境恶化的重要原因。高层建筑的负面影响在城市中也是明显的，比如日照的妨碍、高层风害、电磁波屏蔽遮挡、垃圾处理、水处理等问题，还包括高层建筑密集使用带来的交通负荷、过度人工环境影响下人行为与自然分离造成的迷失、沮丧等负面情绪，城市环境同质化等等。因而对城市发展而言，控制、鼓励、调整、优化，并适当限制高密度建筑的建设显得尤为重要。

我国处于快速城市化时期，外延增长是主要的增长形式，城市对汽车交通的依赖越来越明显，郊区化已在不少城市初见端倪。因而面对我国人多地少的基本国情，警惕资源浪费，集中集约发展，走节地型城市的发展道路必定是我们要长期坚持的发展战略。特别要避免走西方国家城市低密度无序蔓延扩展的弯路，坚持优先发展大容量的轨道交通和公共交通，实现紧凑的精明增长策略，引导和谐高效城市形态是我国城镇化进程当前重要的发展需求。

未来高层建筑将进入长期持续大面积发展期。但是现实中，相似的高层居住建筑蔓延已成为当前中国城市发展的普遍现象，如图 2-33 所示从互联网上搜索到的高层住区方案。

前述高层建筑历史演变过程表明：这种建筑的内在城市特性不断扩大并持续影响城市发展，这种影响一方面在于其建筑空间模式开始参与解释城市，另一方面建筑本身直接作为规划单元建构城市的多重层次。我们希望，在对整体现代城市发展模式探索的过程中，在普遍性的大规模密集开发中，尝试抛弃固有的思考习惯，利用城市综合性高层建筑发挥城市构架潜力，引导和强化城市中心的内核，以平抑分散城市建设中无序的密度发展，通过多点的集约实现对整体城市构架的控制。

2.4 小结

普遍而言，在传统城市中心、CBD、城市新区的建设发展中，大型综合高层建筑嵌入式发展特征日益明显，建筑走向了高层、综合、集群，更为强调集约、高效；规模日益扩大，具有高容量、高密度、高强度的开发特点，空间场所表现为更高的城市级别，更深的城市影响力，成为城市发展的核心空间所在。

因此，在城市发展的现代转型中诞生的高层公共建筑，经过综合化、立体化、城市化的发展，其内涵意义开始分化，区别于高层居住建筑和独立的单体高层建筑。可以说，具有城市级别影响力的高层综合体建筑是高层建筑与城市耦合发展的一种历史必然，是城市的再一次集聚。作为具有城市影响力、辐射力的大型建筑，其含义综合了城市场所与建筑空间的双重意义，具有重组城市空间基本架构的"质"与"量"。

同时，作为一种紧凑发展理念的代表，大型综合的高层建筑集群是集约城市发展的重要实践方式，也是未来立体城市家园的典型景象构成。

3 城市高层综合体建筑概念及其派生的理论思想

是城市化地对待建筑和建筑化地对待城市的时候了。
——埃里森·史密森

由于认知观念上的惯性，高层单体建筑常以突破束缚，孤立于城市群体的印象为人们认识，设计普遍缺乏与城市环境融合的意识、方法和手段。今天，复杂多样的城市空间现状，提示我们应从城市公共性角度重新梳理城市建筑的空间概念变化。城市高层综合体发展了传统高层公共建筑的设计价值观念，将建筑的城市化趋势与城市的建筑空间化现象结合在一起，通过对其概念梳理理解城市高层公共建筑的具体研究思路。

3.1 城市高层综合体概念

3.1.1 高层建筑的狭义理解与技术规定

高层建筑是城市高层综合体核心词，城市高层综合体研究的概念基础从高层建筑转化演变而来。高层建筑是一个相对明晰的既有概念，无论是英文的"high-building"还是中文的"高层建筑"，命名词语的限定关系都说明这一建筑类型概念的核心基础特征是其"高"。根据类似的逻辑，建筑类型可以划分为低层、多层与高层。各国的建筑规范根据现实条件都制定了不同的划分高度与标准（表 3-1）。在我国，依据防火规范的规定，高度超过 24m 的多层公共建筑与超过 27m 的住宅建筑为高层建筑。这是从火灾发生后扑救难度与消防疏散难度为出发点对建筑高度进行的划分❶。依据此标准，高层建筑的使用、设计标准与多层建筑有比较大的差异，这一法定定义严格区分 23.9m（26.9m）与 24m（27m）高的建筑之间的差别。但是从逻辑上来讲，建筑的高低对于消防扑救难度并没有一个绝对的临界数值，随建造技术条件变化会不断发展变化，更为重要的是，高层建筑的含义核心并不能被防火设防标准所涵盖。城市高层综合体中的高层概念应从广义的高层建筑定义来理解。

---

❶ 本书成文时，现行标准仍是高层民用建筑设计防火规范 GB 50045—95（2005 年版），1.0.3 条规定我国高层建筑设计防火规范的适用范围是十层及十层以上的居住建筑和建筑高度超过 24m 的公共建筑。其之前的版本在条文解释中阐明划分的依据登高消防器材、消防车供水能力等。

高层建筑起始高度划分界限表	表3-1
国别	起始高度
中国	住宅：10层及10层以上 其他建筑：>24m
德国	>22m（至底层室内地板面）
法国	住宅：>50m 其他建筑：>28m
日本	31m（11层）
比利时	25m（至室外地面）
英国	24.3m
苏联	住宅：10层及10层以上 其他建筑：7层
美国	22～25m或7层以上

来源：《高层民用建筑设计防火规范》GB 50045-95

3.1.2 "高度的强烈影响"是高层建筑概念的核心

高度的意义核心是"使用功能的垂直方向多重叠合"，在美国高层建筑与环境协会编著的《高层建筑设计》一书中提出高层建筑并不以高度或楼层数为其具体定义，重要的准则在于它的设计是否受到"高度"的影响。高层建筑应定义为是一种"因它的高度强烈地影响其规划、设计、构造和使用的建筑"❶。这个概念第一次明确了高层建筑的"高"形态特征及与之相关的设计、使用上的特殊性，从量的限定到质的特殊性区分是其概念的科学性所在，超越了从技术角度阐释高层建筑的视野，并以此为基础划定高层建筑为一种独立的建筑类型。同时，高度带来的影响不仅包含了针对建筑建构逻辑自身的，也延伸到了城市环境这个大的建筑物质集合体。如将其"高"建筑特性与城市环境之间的影响关系包含在其概念内涵中，就提示出了高层建筑城市性的特质，显示出高层建筑作为一种城市建筑类型的综合意义与价值，因此城市高层综合体概念中的"高层"一词主要以此为概念理解的基础。

3.1.3 公共活动的多样、密集是高层综合建筑发展的主轴

高层建筑通常包含两个方面的特征：①多种层次、多种功能的复合叠加；②密集的城市生活。由此可以明确：密集高效的本质是高层建筑概念的核心价

---

❶ 美国高层建筑与环境协会.高层建筑设计 [M].北京：中国建筑工业出版社,1999：3-4。

值所在，高层建筑的概念发展与对城市"密度"的理解关系紧密。

"综合"这个定语指明了建筑概念中功能的复合，也意味着活动的多样，因此，在今天的城市环境中理解高层综合建筑有以下三个特点：

（1）密度的特异性。经济动力造成城市商业聚集区的不断密化，单个的物质空间逐渐重叠交织，城市密度提升。高度累积叠加形成的城市活动集聚效应不断加厚空间场所的质感。

（2）肌理的特异性。为了追求空间使用的各方面效益，突破了原有的城市空间类型，造成了绵延一个甚至数个街区的建筑"室内"连续空间，也造成了质感突出的建筑界面与超传统尺度的建筑体量。城市的肌理在功能与效益驱动下被异化。

（3）因其密度带来的空间活动"量"和"质"与城市周边环境中规划层面元素直接对接。

3.1.4 城市高层综合体概念

综上所述，高层公共建筑的综合化、城市化发展带动了现代城市空间深度与厚度的发展，并在建筑层面改写了传统城市的质感。今天综合庞大的高层建筑不单是在高度上发展，更是在多层的密织交通中提高城市集聚性，密度的深化是高层建筑发展的核心问题，并直接投射在空间形态、增长方式、总体构架等城市发展问题中。

（1）本书中城市高层综合体的概念特指融合在城市整体发展运营秩序中具有较强公共认知、使用、忆取性的大型综合功能高层建筑。作为研究对象，本书中其特征包含以下要点：

1）城市高层综合体超越建筑单体的孤立概念，作为城市建筑单元，一般是"高密度、大规模、巨体量"高层公共建筑群体。通常情况下支持城市的高密度复合开发模式，其基础容积率应超过 4、一般规模超过 6 万 m^2。

2）"综合"意为使用的多样与集成，并强调由其功能高效能叠合而引发的城市流线、活动、空间等各方面的集聚效应，这一现象同时与现代城市消费生活的规律契合；而概念中的"体"意指高层建筑集群化的建设发展趋势，也体现了高层建筑类型发展中所表现出的成为城市标志性场所的"量"与"质"。

综合功能空间、垂直集聚及建筑规模扩大是建筑获得城市性，发挥城市影响力的基本方式。芝加哥综合体创始人伯特兰·戈德堡曾解释：综合体"是一种空间的结合物，用于全部的生活，其密度如此之高以至于获得了一种苛求的力量，我指的是存在于人类能量中的那种密度，他是自我更新的，经济和有生命力的"。综合的开发模式曾为商业开发建筑实践研究所推崇，并制定了知名的豪布斯卡原则（参见本书 1.6.2 节)，实现场所在一整天 24 小时内多样、连续、互补的活动规划，通过集约、高效的空间来容纳高质量的公共活动，激发场所活力。

城市高层综合体应包含不少于三种以上多样的业态或活动模式。

(2) 这个概念作为一种建筑类型的研究，借鉴了"城市建筑"理论的研究思路，以容纳建筑与城市历时性融合的深度、广度。对其发生发展及解释有如下三个要点：

1) 参与城市公共秩序、空间、整体性的建构。包含对城市历史、现在、未来的映照。

2) 面对新的城市公共行为模式演化，从更为广阔的研究视野来看，建筑现象研究背后总是由社会活动的研究支撑，物质形态与人们的活动一起构成城市场所的形态与内涵，因此建构活动不仅受到物质技术的制约，同时还受到观念的深刻影响。从语言的线索中，我们也能体会到高层建筑符号性概念的转化。

高层建筑的概念原型是"塔"、"楼"、"大厦"。工业革命引发了城市化进程，促使自由劳动力（人口）向城市的转移与聚集，为了高效能使用空间，高层建筑诞生于现代的规划制度中，成熟于现代主义思想期。因此它的设计内涵中本身就有非常强的现代理性主义色彩。从密斯的西格拉姆大厦到如今遍地的芯筒外框的钢筋混凝土百米大厦，技术的工具理性是指导高层建筑设计的最核心思想。在这一点上高层建筑至今都难以被"去现代化"，因此，高层建筑的原初性质就是孤立的、自律的、与城市环境离散的。超高层建筑剑指蓝天的纪念碑式形态仍然是高层建筑在大众媒介中的首要印象。

今天，高层综合建筑的场所名称中添加了几项新的中心词——"中心"、"广场"、"城"。与其相对应的城市功能定位是：为城市的密集开发提供模式支持；为高层次城市开发整合空间，提供形态功能上的质点；成为城市空间整体中的连接关键点与枢纽；是现代城市中的核心地段，为高质量的城市生活提供场所。

因此，从设计目标角度来讲，城市高层综合体不仅是复合功能性建筑，还是城市中的环节建筑、城市场所标志性建筑。

3) "城市高层综合体"这一概念的强城市性或强城市性潜力理解核心有三点：

a. 高层公共建筑高度发展以及集群化发展使得建筑超越项目用地的所在区域范围而参与城市空间整体构建，改变了城市空间格局的基质与核心的形态。

b. 在建筑设计的层面集聚了建筑与城市的空间问题，公共空间的延绵与高效能的集约综合使用，使建筑同城市公共基础设施、公共场所直接紧密连接。

c. 与城市空间、设施的高度叠合。

3.2 把握城市高层综合体认识的三个层次

把握城市高层综合体概念分为三个层次：城市高层综合体的技术性、现代性与城市性。

3.2.1 技术性

城市高层综合体是城市中大型复杂的建筑类型，技术的决定性与主导影响力一直非常突出。形态及构成系统的发展与变革长期以来依赖结构设备、防火等技术材料和应用方式的突破；同时由于形态功能关系的复杂多样，城市高层综合体形态上不仅"上天"，还"入地"，其地下公共空间的开发极为普遍，地面层大规模多层次联合开发也是基本要求，这些建构的内容无一不包含代表技术发展前沿的复杂建设技术；高品质智能控制、绿色生态技术的落实与应用；规划、策划、开发控制凝结了城市、建筑管理双重问题。因此，城市高层综合体概念的首要特征也是其建构的技术性特征。

在城市高层综合体的全生命周期中，其功能关系与城市姿态、规划管理与引导、建造结构技术与设备控制，结构抗震、隔振与减震技术、节能与构造设计，防灾与安全保障，建造过程组织与实施、使用过程维护与整修，各个环节与过程都较一般建筑技术复杂，专业分工多而细且要求综合性较强，是城市高层综合体概念的技术性特点的基础。从各个国家出版的多种针对高层建筑的设计、施工规范规程就可以看出，对"高"建筑的技术规定性较强，对综合功能建筑要求比较复杂。城市高层综合体与城市的物理环境，日照、高层风、电磁阻挡等基础的问题也多通过技术角度得以矫正或缓解。因此，在城市高层综合体设计过程中，工作程序的科学性、技术工作的规定性与设计的创新性之间的平衡需要较强的专业综合技术基础才能驾驭。

今天，面对低碳、环保、绿色、智能、可持续的设计总体趋势，更需要从技术的高度上来认识研究与细致组织城市高层综合体的具体设计，尤其是对建筑能耗控制与材料循环利用的技术环节更为重视，从区域空间构架、城市空间融合、单体空间构成、结构材料、构造细节到施工方式的原理、方法、工具与技术都需要更新。

在建筑同城市的互动中，技术性内容还体现在城市建设的决策方面，这也是城市高层综合体设计策划专业性的另一个重要内容，越来越多的现象表明，都市发展与基础设施的紧密关联是现代城市的发展趋势，如果以基础设施的角度来认识城市，城市就从传统的感受转变为"统计曲线"，城市通过这些技术引导的准则变为一个整合的大建筑。技术不只是城市高层综合体的实现方法，还是建筑与城市融合的有力支撑。

3.2.2 现代性

城市高层综合体的现代性特点在高层建筑的历史发展轨迹得以充分验证，高层建筑的设计理念与现代主义工具理性之间是相互映照的关系，在这个意义上讲，高层建筑是典型的现代产物，这一特征很好地阐释了高层建筑在具有传统城市肌理与文脉中的"异质性"，它与手工时代的传统文化之间有先天的隔膜，也是其在传统城市中形态控制的难点与要点。

高层建筑发展中形成的现代性特点，是引发今天超高层建筑的象征性、符号性理解的重要线索，也正是由于其现代特征的纯粹，因而在大众语境中高层建筑成为现代、现代思潮、现代城市的典型象征与符号。

而城市高层综合体的"现代性"比高层建筑有进一步发展，不仅在设计理念层面上与现代"工具理性"相映照，与现代城市系统，特别是基础实施布局逻辑关联紧密，而且还支持现代消费社会的城市公共生活方式的表达。

从城市建设操作的具体步骤上来看，现代社会生活催生新的社会空间形式，其内在的影响因素可能是来自于现代经济规律、土地供应、交通利益、环保要求或是法规条例，城市高层综合体形态的诸多变化特征体现了现代城市最前沿的变化需求，是其现代性确定的。进一步来说，人们对空间组构的共识会随之慢慢变化，有些被消解，有些被异化，因此，未来的城市必然还会像传统城市那样发展出不可言说的共性，这种与城市高度和谐的城市建筑共有特质是很难仅依靠对建筑的高度、密度、肌理、尺度等特征控制中被硬性生造出来，而达到和谐自洽的。需要将这些偶然变动的技术模式与城市中传统空间类型叠加演化，添加时代技术才能逐渐固化成新模式，以形态传承城市的过去、现在和未来演化的基因。这是对城市高层综合体建筑"现代"特征的继续发展，也是对其狭义现代性的突破。

3.2.3 城市性

城市高层综合体与城市的协同发展，自身发展的综合、集约、集群化、日益嵌入城市关系，都深刻地反映了其城市性特征。这一转化与发展也包含对其技术性认识的超越。

高层建筑与现代城市的密集发展历程密不可分。高层建筑所承载的文化内容与传统社会文化有本质不同，在现代性含义上可以简单概括为代表的是传统与现代的对立，更进一步讲，高层建筑还代表了城市文化与乡土文化的不同。因而所受到的和所施与的城市影响变化是深远而复杂的。这也是高层建筑城市特性被挖掘和被彰显的过程。在城市视野中观察具体的高层建筑设计发展，可以清晰地感受到整体城市建设形态与态度方法在改变，会发现高层建筑的具体研究是多层次的，牵涉多方面问题，其参与城市建设的深度、强度、广度、复杂程度都异常突出，带有强烈的现代城市文化社会的深刻印记。城市高层综合体就是这一过程的直接结果体现。

另外，在高层建筑迈向城市高层综合体而城市性特征增强的过程中还隐含有建筑地域化线索。高层建筑的功能单一时，由于结构技术的基础规定性限制，其空间组构的相似性极强,地域性的表达很难通过空间环境组织方式直接楔入设计。相对而言,综合体建筑的社会属性比单一功能高层建筑强,尤其是纳入城市公共生活系统的商业综合体、交通综合体、环节建筑等建筑的公共人流集中空间,必定带有地域性空间、技术套路,对城市特征的增益,对原有城市构架的织补,能够构建建筑发展的新意义,因此,城市化、地域化也是城市高层综合体发展的内在动力与方向。

对城市高层综合体的城市性认识是对技术性、现代性认识的综合与超越,是对城市社会与文化影响的具体表达。

3.3 城市高层综合体的城市特性深化

建筑城市性城市问题不为城市高层综合体研究所独有,却为城市高层综合体所突出。

3.3.1 城市高层综合体刺穿了城市体系的多个层面

如同人们认识事物的一般规律,城市系统也是分层次的。现代城市系统总体和细节的评价逻辑差异较大。单以形态控制而言,中国传统设计理论认为设计营造需分尺度,有"千尺为势,百尺为形"一说。城市空间是分尺度层次地被认知感受的,上下层次间思考与感知的方法内容都有差异。对于现代城市而言,可以粗略地划分为整体城市空间、城市区域、街区广场、建设地块四个层次❶。

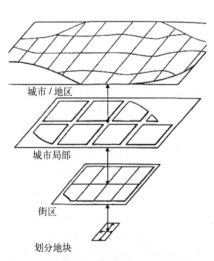

图 3-1 高层建筑能够形成城市的层次之间的交结点

来源:格哈德·库德斯.城市结构与城市造型设计[M].北京:中国建筑工业出版社,2007:68

在大型城市高层综合体出现之前,城市可以逐步按照从大区域到小地块这样的层次来设计管理城市建设,现在通行的建设管理体制正是建立在这样的认识基础上的。而大型城市高层综合体设计中所牵涉影响的城市范围大大超出所在地块,虽然并不是每一座高层建筑都具备城市节点的属性,但是其密集的城市公共活动形成了从量到质不容忽视的"聚集场",需要在较大的城市空间范围内考虑设计关系,

---

❶ 格哈德·库德斯.城市结构与城市造型设计[M].北京:中国建筑工业出版社,2007:68。

有时候这成为城市高层综合体构思的根本立足点所在。在城市交通体系建立之后，尤其是快速便捷的轨道交通发展以后城市运转的速度加快放大了以往的尺度感受，城市"变"得越来越小，而建筑则发展得越来越大，城市高层综合体这种城市性特点就愈发明显。在这个意义上来讲，城市高层综合体的确刺穿了图 3-1 所示多个城市层面。

前述英国建筑师罗杰斯与他的团队为上海陆家嘴所作的城市研究也说明：在现代城市交通层面上正在发生对人们感受城市的尺度的重新解释，现代城市的技术性发展决定了城市运转体系中很重要的交通体系是改写城市空间形态中重要、深刻的力量。正因为城市形态中有很多层次，人们的直接感受和物质空间原本的设计意图可能相互背离，有所偏差。物质空间可以在社会使用中重新再连接、再解释，也可能在使用方式适应的过程中被修正。一个城市的运动线索就是城市的主要感受方式。图 1-2 所示的加拿大蒙特利尔的地下步行系统改写了城市的观感与使用方式，城市尺度感也随之重新被塑造。

城市高层综合体的这个特点，使得它在城市现代发展中将扮演举足轻重的角色，其使用的强度越大，所造成的"城市流"就越强，影响也随之加大。因而需要与城市动线密切衔接，精细地纳入城市的基本运转秩序中，才能保证设计与现实的意图连贯。

3.3.2 参与改变城市的密度分布格局

现代城市的高速运转中，交通基础设施的影响力量举足轻重，图 3-2 是以公交为导向的开发模式（TOD）的 3D（Density 密度、Diversity 多样、Design 设计）模式图。在紧凑城市发展理论解释下，城市中密度分布主要是由公共交通引发的，在重要的核心位置，中心建筑综合了公交转换、商业核心、邻里核心的城市职能；同样，具有相同城市"质""量"的城市高层综合体，替代了原有低密度城市的城市中心区域，成为高密集区内的密度核心点，其影响力与辐射力由于其自身"荷重"将会超越地段、分区的限制，通过城市动线及场所能量影响区域的结构关联，具有参与城市密度分布的潜能。

3.3.3 综合化提升密度的聚集强度

今天城市的发展中人、物的流动速度是传统城市运转的数倍。在高效的轨道交通等设施支持下，人们的活动范围扩大，城市通勤加速，提升了城市密度区的聚集强度。这为城市功能进一步的复合、叠加提供了动力源泉。今天城市中有吸引力的核心地段都是活动多样、交通便捷、商业发达的综合地段，集聚所达成最理想效应就是能够形成对所在区域的辐射影响力，这样能够形成一个良好的循环。因此，规模的集聚与功能的综合是现代城市公共中心、核心价值场所得以形成的保障。在城市的再开发与城市更新中，对于城市空间活力的注

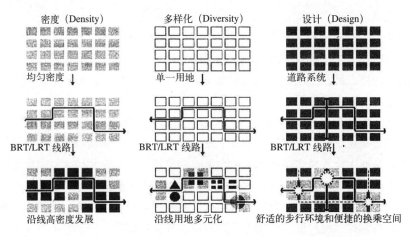

密度（Density）	多样化（Diversity）	设计（Design）
均匀密度↓	单一用地↓	道路系统↓
BRT/LRT 线路↓	BRT/LRT 线路↓	BRT/LRT 线路↓
沿线高密度发展	沿线用地多元化	舒适的步行环境和便捷的换乘空间

图 3-2　TOD（以公交为导向的开发模式）的 3D 模式图

来源：王玲慧．大城市边缘地区空间发展与社区发展 [M]．北京：中国建筑工业出版社，2008：218

入都需要以此作为最核心的手段。

城市生活的方式改变了。对此，库哈斯的研究尤为鲜明大胆，他分析了消费时代的城市建筑发展，提出广普城市（Generic City）❶ 的思想来诠释城市建筑的连绵，预言了城市生活的综合性发展，指出城市生活的最终形态就是"购物"，并形成如下理解逻辑：

（1）今天城市变化的真正力量在于资本流动，而非职业设计。建筑师表面上拥有"创造这个世界"的权力，而事实上"为了将其构想付诸实施又必须引起业主的兴趣"，这种矛盾让他将建筑称为"全能和无能的混合物"。 如果说在资本积累与扩张的初期，建筑师们的理想与社会生产要求间的契合，使得建筑的经济性概念还没有完全脱离实用性基本原则的话，当社会生产发展到新阶段——消费主义时期，当节俭的经济意识不再符合商品经济发展的需要时，由建筑作为商业需求与利润追逐的工具而导致的建筑经济性含义的异化变得日益明显。

（2）"形象即商品"使得现代的消费文化成为一种无深度的文化，人们通过消费表象，获取各种情感体验，影像、符号的价值在某种程度上取代了商品的使用价值，这使得当代的消费主要变成对"意义"的消费。这种消费模式消解历史本体，把历史从人类记忆的深处放逐出去，迎合大众感官的直觉需要与娱乐性满足；消解现实世界，建立一种基于高科技传媒的"仿真"文化和"虚

---

❶ 在 1995 年出版的《小、中、大、超大》(S，M，L，XL) 一书中库哈斯正式提出了"广普城市"这个重要的概念。他认为，可识别性来自物质环境，来自历史，来自文脉，来自现实，然而大都会的膨胀使这些因素被稀释而淡化；可识别性需要集中，但"一旦影响的范围扩大了，中心的权威和力量就日渐淡薄"。据此，库哈斯认为可识别性的趋向淡化甚至消失是不可避免的，可识别性的消失导致了大量没有历史、没有中心、没有特色的"广普城市"的出现。

拟生存"状态;重建拜金主义和享乐主义——感官的快乐成为文化的唯一功能,它们成为消费时代文化的三大特征。今天的城市正面对这样的社会背景变革。

(3) 建筑的消费主义转向是逐步完成的,它首先开始于最早感受这种变化的场所——购物中心。由于当代的购物行为不再仅仅是一种追求最大效用的经济交易行为,它更像是一种闲暇时间的消遣活动,购物中心的形象设计因而也日益夸张地显示排场宏大、奢侈浮华。由购物中心开始,观演、机场、车站等功能空间陆续演变成了一种体验,人们来到这里,即使没有明确的消费目的,也愿意在装修得美轮美奂的消费环境中休闲漫步,文化与商业的结合形成了现代公共场所特有的气氛。因此,库哈斯认为在消费时代,由于城市形态已经完全由经济和资本决定,首先应摒弃建筑师的传统形式主义观念,建筑不仅要寻找物理性的存在,更要定位自身在社会经济中的存在。

库哈斯的观察虽然被批评为"没能均衡对待所有的城市发展需求",但是其大胆的预见的确清晰地呈现了现代城市生活对建筑的新要求。城市与社会的变化的确催生了新的空间形式的成熟与发展。现代社会终于以城市高层综合体取代中世纪城市广场,发展出新时代的城市场所。城市高层综合体为这种城市场所发展提供最高效的物质平台。与此同时高层建筑完成了现代化城市转型,超越了高耸孤立的城市姿态。东京六本木新购物中心庞大、功能齐全的城市休闲、购物活动综合体就是如此(图3-3),进而发展成为区域内重要的城市意向标志。

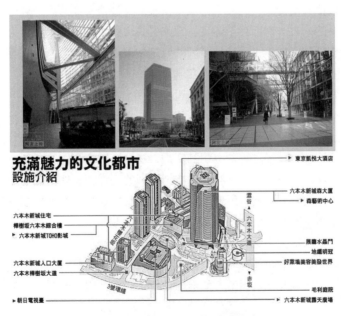

图 3-3　日本东京六本木新城购物中心

来源:中国商业地产策划网.东京六本木新城购物中心项目规划

55

3.3.4 城市建筑化与建筑城市化

在建筑的普遍性中，建筑化城市成为可能建设的最大建筑物。建筑连绵是时代预言的另一个特征。在这样的背景中可以看到以城市高层综合体为代表的建筑在城市中的新变化，主要有以下四种现象：

（1）加厚城市场所

即"斯坦·艾伦所谓的'厚二维'(thick-2D) 城市现象，包含着城市文脉中不同形态系统的复杂交叠，同时也构成一个基础设施的网络，为多样化的都市活动提供支撑"❶。

中心区高度发展使得城市场所的活动内容、叠合程度及使用强度都与日俱增，这种场所的本质性变化，改变了城市固有的二维理解方式，城市逐渐发展出加厚了的二维关系，或者多层二维关系的叠合。

（2）使城市网络交错与编织变得复杂

在城市功能形态的二维叠合过程中，变化不仅限于建设形态及功能的组合，整体城市的功能系统也通过内部空间连绵走向融合。西方的很多城市，如加拿大多伦多、蒙特利尔等城市从 20 世纪 70 年代开始规划了复杂的地下连通城市网络，依靠轨道交通的建设与编织，城市空间的组织方式有了新的发展。

（3）"大"建筑的出现与普及

城市中的建筑不仅越来越高，而且规模也越来越大。在城市系统与空间活动的交叠中，传统意义上一组建筑构成的中心常被"单体"建筑取代。传统城市的细腻尺度日渐受到现代城市中日常发生的大规模、高速度、远距离、快节奏频繁联系的冲击，因而环节建筑、节点建筑、综合体等大尺度、大规模、复杂功能的建筑越来越多，成为城市公共建筑发展的一种趋势。覆盖整个街区甚至几个街区的建筑越来越多地出现在城市中。

（4）城市与建筑空间连绵相接，边界模糊

建筑空间的绵延跨越了较大的范围——从建筑内部到街道再到整个城市表面的基础设施基质，都构成了城市公共场所。这样连续的表面意味着领域、空间和行为的连续，是经过重新组织的底层，汇聚、散布和浓缩了所有在其上运作的力量。建筑的内外，城市空间与建筑空间的边界在有些情况下变得模糊。

这四个方面解释虽然有所侧重，但在城市具体建设中，他们相辅相成，共同构成了城市中高层综合体项目的城市建筑融合现象。例如：城市地铁的规划设施可以完全改变城市原有的空间尺度概念，一旦城市动线确定后，相应站点处城市空间的质心会迅速向轨道交通节点汇聚，图 3-4 所示上海静安寺地区地下空间连接的建筑与城市街道，清晰地表现了围绕地铁站凝聚的城市新空间巨

❶ 斯坦·艾伦. 点＋线——关于城市的图解与设计 [M]. 北京：中国建筑工业出版社，2007：145，21。

构体,进而形成了"公""私"边界模糊的连续建筑空间,编织起地面步行交通、车行交通与其他公交路线,形成重要的城市场所。

这些连续发生的现象共同构成了城市高层综合体城市化的过程,也在统一过程中将被地面交通分割的城市空间重新连接在一起,构成了最大的建筑化城市体。

这两个过程是同样在加速进行的趋势,其意义在于:城市空间由于建筑的创造力量的深度参与变得更为丰富多样,因而具有魅力、特色的城市空间的塑造不再能为简单抽象的城市结构关系概括,也无法通过简单的形态设计原则有效地控制,必须经过复杂、深入、具体的形态设计,以同时解决建筑与城市多重系统的问题。原本泾渭分明的层次界限打破了,空间的可能性与组织方法随之改变,也带来了全新的城市空间设计、组织、评价格局。

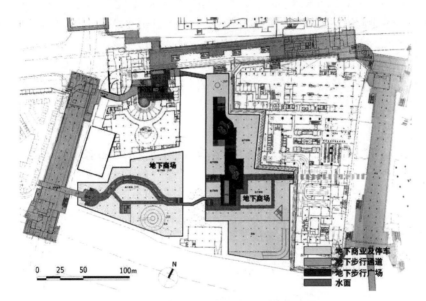

图 3-4　上海地铁系统编织的建筑联系空间

来源:卢济威.城市设计机制与创作实践 [M].南京:东南大学出版社,2004:52

3.3.5　城市性的实质表达与建构特征

城市高层综合体的城市性核心实质在于其超越建筑范畴的城市场所性,因而使得它具有与城市意向同构的感受质量——既是城市的标志,又影响城市形成空间节奏及整体构架。在此意义上,它以建筑的形态建构方式构建城市区域中心。因此它在以下方面具有与城市中心同样的特征 ❶:

---

❶　格哈德·库德斯.城市结构与城市造型设计 [M].北京:中国建筑工业出版社,2007.

（1）密集活动人群。

（2）易于到达。

（3）综合。

（4）合理的尺度与范围。

（5）非目的性功能。这是场所"公共性"的保证。

（6）空间秩序。对城市高层综合体来讲，既有垂直空间秩序，也有传统的空间纵深秩序。要充分利用建筑高度发育聚合功能与活动形成质心，但同时也要具有合理的纵深，形成空间秩序。

（7）与其他城市相应区域的平衡。这里是指与其他城市设施及其他形式、性质的城市中心或相似性质的中心的关联、互补、穿插、协同、互动、竞争等，只有这样，城市高层综合体的公共性才能达到城市级别。

因而，通常要构成这样的区域中心，除了规划上的意愿与方法外，场所魅力是形成中心吸引力的另一种品质描述，这样的评价要求难以用简单罗列的要素描摹来拼合，使得所有基本要素共同发生催化反应而形成强有力的凝聚效应常常在于建筑创想概念的整合。城市中心的这种性质难以在纯"规划"程序中产生，而常常在建筑的过程中被广泛地讨论与着墨渲染。因而，城市建筑与建筑城市的讨论才是有必要和现实的。

3.4 研究体系梳理以及城市建筑学研究理论方法的凸显

城市高层综合体所集中表现出的城市建筑变化也打破了现有研究清晰的界限，这些变化没可供借鉴的完整的研究思路能够包容城市高层综合体这一现象，需要以综合的眼光整合现有研究。

3.4.1 既往研究的局限与发展趋势

（1）需要建立一个建筑城市协同的研究框架

如前所述，城市高层综合体的研究需要一个综合全面的理论架构支撑。现有的研究方式存在着传统学科、专业的认识性分野加剧城市与建筑的隔绝和矛盾的问题：

回顾有关城市建设学科发展与研究，建筑学、城市规划、城市设计被认为是构建城市研究的三个主要学科。从学科的发展上讲，现代城市规划独立发展成为一种专业研究领域之后，建筑与城市的分离就被无意识地强化了。

历史上的"规划"大多是规划师基于对哲学、政治、美学、宗教等的认识与理解，并将这种意识形态融入纯粹的物质空间构想中，实际上是一种城市空间设计。而现代城市规划在三个主要因素的综合影响下产生，即工业化、城市化和人口增长，以及由此带来的过度拥挤和疾病流行❶，是伴随着工业革命以后出现的现代城市而产生的，确切地说是伴随着有效控制、无序建设与管理城市问题的需要而产生的。现代城市规划理论，一如学科的命名——是站在批判的立场上，努力寻找一个方法，便于去结构一个严谨、系统、精准的城市物质空间的支撑构架，协调、容纳、适应社会、经济等各方面的需求。一方面让人感到是在"理性光辉闪耀的时代"的产物，而历史上那些天才而精巧的人工构架被现实证明，总是或多或少地存在着与各种需求不完全匹配的瑕疵与疏漏，这些"bug"所产生的误差渐渐累积而使系统常常失灵。另一方面，社会经济发展是城市最内在本源的发展力量。因而，规划作为一种综合性的工作，首要任务是根据城市的长远和整体利益，合理有序地配置空间资源，具有综合性、政策性、前瞻性、系统性、长期性、法治性和强制性的特点。因此，权利平衡及法理的社会分工本质使得规划工作常常陷在政府管理架构的事务性工作中。而且，20世纪社会背景的复杂变化不断加重系统的负担。21世纪的城市规划学科发展正日益走向公共政策的方向，规划专业越来越从形态研究走向科学决策，渐渐偏离了建筑学的母体。

在我国，城市规划与建筑学作为两个独立的本科教育专业，科研体系也相对独立，虽然建筑学的高层次研究必定涉及城市研究，但研究重点仍围绕形态价值展开，建筑学专业教育等同于建筑设计教育，对城市理解的视野、方法固定。建筑理论发展在经过现代主义革命之后，发展纷繁复杂。伴随生活、文化的变革及人文主义的回归，其后的发展风格多样、思潮多元。经历知识经济、自由市场经济、信息时代、全球化这样深刻的社会变革，各种流行风格与主义此起彼伏，各占桥头十几年。更为致命的是，在迷失的城市背景中，建筑常常无所适从。设计口号常常空洞苍白而缺乏手段支撑。

城市设计学科的现代发展起因于城市形态控制的薄弱环节，相应的研究领域最为对位。但专业研究旨在"设计城市而不是设计建筑"，操作控制的层面都集中在城市空间；而且目前在专业教育、建设管理体制中并未独立成体系，因此研究、执行主体不明晰，现有的研究工作多依托规划工作展开。

从中我们看到三个专业从不同的认识重点出发，片面拆解建筑现象，影响了现实中对城市建筑现象的完整把握：一方面，"相关专业之间的相互割裂。城市规划者潜心于社会经济的进程控制与分析，而城市设计师则关注城市物质与空间构成，如今深深的隔阂仍存在他们之间。实际上，这种隔阂是认知与设计之间的隔阂，是思想和行动之间的隔阂"。"从城市建设角度来说，这种隔阂有两个后果。第一是形式与功能之间的脱节：那些只研究城市功能的人对设计

---

❶ 陈双，贺文. 城市规划概论 [M]. 北京：科学出版社，2006：78。19世纪下半叶，英国出台了一系列关于住房条件、安全、卫生方面的法规。1909年，英国的《住宅、城市规划条例》的颁布标志着世界第一个规划体系的创立。从此城市规划作为一项政府职能和社会实践活动，在近现代城市建设中开始发挥重要作用。

没有概念，而那些只懂得设计的人只能对功能进行猜测。第二是尺度的脱节，规划师从区域开始的，以理性的手法处理'功能城市'，即城市及其附属地区，而很少涉及我们居住的城市中心。然而，城市设计以一组建筑作为起点，涉及城市中心，但是在整个城市尺度上畏手畏脚，害怕重蹈过去总体城市设计过分强调整体秩序而失去地方场所精神的覆辙。所以这二者导致了我们没有把城市作为一个空间和功能的整体来认知。"❶另一方面，大型建筑对城市构架的影响力，即建筑内部空间直接参与城市空间建构的事实常常被忽视，而未能施与合理的引导和"规划"。

这种情况的长期存在使得专业之间认识城市现象的方法不一致，使得规划与建筑工作的手法及思维方式不连贯，对话失灵。

现实中，城市高层综合体建筑楔入城市的方式是灵动变化而且复杂多样的。但是这个楔入过程被专业操作"肢解了"——当我们从规划控制的角度思考城市形态时，常常倾向于以现代主义的革命批判精神激励自己，以结构主义的眼光去观察寻找一种潜在完美的构图形态——中心、放射、轴线呼应等，映照出心中完整的城市总体空间关系。建筑通常仅被看作是限定完成这种城市空间理想的抽象要素，因此规划师通常只操作建筑外在形态的规定与要求，关心心目中的城市空间的完整性不要因为建筑个体形态的特异而被破坏。而建筑拥有者、设计师则在各自的位置忙于实现功能或经济价值，增加表现力。城市规划的意图与城市空间权益只是规划条件上的若干要求和几行指标，城市的整体性根本无从谈起。城市土地使用利益的分散更加重了这一现象的严重程度。

因此，针对目前研究分野造成的困境，对城市高层综合体这类新的城市建筑类型研究需要建立一个统一的研究框架。

（2）城市研究对象的历时性发展未被充分认识

城市发展要比建筑的建设过程漫长得多，城市历史上没有任何一个时期能让城市简略成只是同时期人类的实践活动，那样城市就脱离了过去与未来。城市丰富的形态中总是容纳着过去与未来，正是这一规律使得城市丰富而有韵味，建筑城市综合研究应该利用城市历史地理分析工具和系统的分析框架顺延、加强、修补、编织城市公共秩序、公共空间与形态的整体性，调和建筑城市两者微观层面的矛盾。

3.4.2 以城市整体发展观解释城市高层综合体与城市的关联

虽然建筑与城市的关系日益紧密，应该力求使建筑融入城市环境并增益城市的价值，然而，对于城市与建筑的确切关系的理解，以及基于此而找寻有效

---

❶ 肯尼斯·弗兰姆普顿. 20 世纪建筑学的演变：一个概要性陈述 [M]. 北京：中国建筑工业出版社，2006：12。

方法这一问题却长期得不到统一解决而争论不休，在这种争论中建筑与城市的关系变换为各种分析和主张。

城市整体性研究是目前很多城市研究中突出而迫切的问题，"詹克斯坚持说：现代的大众化社会是需要一个中心的。……建筑师一心要寻求在我们这个没有中心的世界里恢复一个中心。……20世纪60～80年代以来的建筑理论不是坚持永久性的解决，而是反过来追求一个不断变换的整体性"❶。美国学者C.亚历山大进行了一系列针对城市空间建构的研究，《建筑的永恒之道》《建筑模式语言》《俄勒冈实验》《住宅制造》《林茨咖啡》《秩序之本》《城市设计新理论》等，试图找到在现代城市中重新创制恢复整体性的方法。❷

城市的确是一个或者一组对象，不同层次之间需要关联与协调，但在对现代城市的本体认识上有了很多变化，价值观也有了差异。在对现代城市现象作各种解释的探索中，一些实践者如荷兰的设计组MVRDV、美国学者兼建筑师斯坦·艾伦等主张统计数据的曲线更能表达城市的内在关联，从基础设施的角度来认识城市，得出大城市就是一个整合的大建筑的想法。❸

美国南·艾琳博士的"整体城市主义"研究几乎对所有的城市研究作了涉猎与整理，并且展示了以整体城市主义为名的新城市在五个方面的品质：混杂性、联系性、多孔性、真实性和脆弱性。她解释说——混杂性和联系性综合了人和活动，而不是孤立目标或分散功能。这些品质也把人和自然作为共生的——当然还包括建筑和环境——而不是对立的存在。多孔性保护了被整合在一起的城市完整性，同时允许通过可渗透的薄膜来进行相互流通，这和现代主义试图取消边界或者后现代主义试图建立堡垒的做法都不同。真实性包括市民的积极参与和从实际的社会及物质环境中汲取灵感，注重对伦理的关心、尊重和真诚。和所有健康的器官一样，真实的城市总是根据新的需要来成长进化的，这些需要来自于我们生物体对自我调节的回馈，从而可以对成功和失败进行测度和监控。脆弱性则呼吁我们放弃想要控制什么的欲望，更加注意去倾听，去评价过程和结果，去重新整合空间和时间。❹参考这五点未来城市发展的主要特征，尤其是其中对城市构建整体性时"多孔性"特质的理解，是城市高层综合体研究可资借鉴的理论目标参考。

3.4.3 以环境心理学方法理解城市高层综合体的城市社会尺度

在成功的城市建设实例中，有些超出了既定的规划及建筑范畴，构建在社

❶ 南·艾琳.后现代城市主义 [M].上海：同济大学出版社,2007：87。
❷ C·亚历山大,H·奈斯,A·安尼诺,等.城市设计新理论 [M].北京：知识产权出版社,2002；C·亚历山大.建筑的永恒之道 [M].北京：知识产权出版社,2002。
❸ 斯坦·艾伦.点＋线——关于城市的图解与设计 [M].北京：中国建筑工业出版社,2007。
❹ 南·艾琳.后现代城市主义 [M].上海：同济大学出版社,2007：12。

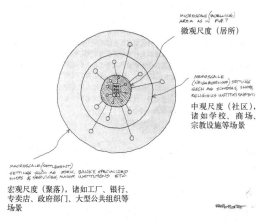

MICROSCALE (DWELLING)
AREA AS IN FIG 7
微观尺度（居所）

MESOSCALE
(NEIGHBORHOOD) SETTING
SUCH AS SCHOOLS, SHOPS,
RELIGIOUS INSTITUTIONS ETC
中观尺度（社区），
诸如学校、商场、
宗教设施等场景

MACROSCALE (SETTLEMENT)
SETTING SUCH AS WORK, BANKS, SPECIALIZED
SHOPS & SERVICES, MAJOR INSTITUTIONS ETC
宏观尺度（聚落），诸如工厂、银行、
专卖店、政府部门、大型公共组织等
场景

RAPOPORT

图 3-5 环境层次尺度

来源：阿摩斯·拉普卜特.文化特性与建筑设计 [M]. 北
京：中国建筑工业出版社，2004：20

会环境意义的层面上，这也是城市设计者经常有所感悟与发现的领域。但是在具体对策与方法层面就鲜有系统性的建设。

图 3-5 是美国建筑环境心理学教授阿摩斯·拉普卜特（Rapoport）著名的感受环境层次尺度的图示，表明建筑建成环境的影响范围深入更深更广的范围内。

根据城市建筑学的研究，可以看到城市建造的关节环节在于——城市中观范围的研究是翻译城市场景最重要的尺度范畴，这一尺度所形成的城市关系是最难在新城中破坏后恢复的，也是最具文化特色与地方稳定性的，因此最应该保持延续对接的层次。对解释重构城市最重要和关键，因而本书强调在发掘整理城市历史，在城市建筑设计过程中为城市楔入新创想时，最应该对接的就是这一尺度。

这一分析指明了进行城市高层综合体设计时，城市关系研究梳理应着重从这一层次入手。从人的感受来讲，如果说建筑内部空间秩序所表现出的城市理念是延伸了微观层面的城市组织问题，那么，在城市中进行的街区或者地块级别研究就是中观尺度。在城市发展中，城市历史地理分区远比现实的行政或者人为的开发范围要更有价值，在这个地理分区范围内，设计者需要基于"冗余—熟悉—认可—满足—愉悦"这样的环境认知规律校验设计的结果，挖掘整理对策，构建创想，引导形态风格。

社会学的研究发现，城市空间变化带有社会发展逻辑。城市空间构成方式与人们观察、使用的方式已经现代化，构成环境心理现象的内在逻辑改变，"形象即商品"以及"消费社会"的到来，极大地改变了环境与人之间的互动方式。

相比传统城市，现代社会触角延伸更远，基础设施改变了传统城市中固有层次之间尺度的平衡，意向的层次性不同之处在于在微观和中观尺度上更加混合与模糊，由于城市规模量级的变化，宏观尺度的感受则越来越次要，图 3-6 表示了城市高层综合体在城市中认知的层次变化，与图 3-5 相比，中观与微观层次之间关系更为紧密，而宏观尺度感受则表达得更为破碎松散。就城市高层综合体研究而言，中观、微观城市的分析更需要统一、连续，而宏观城市体验把握则更需要在城市长时间周期内控制。

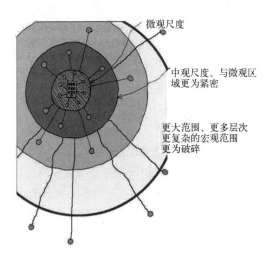

图 3-6　城市高层综合体建筑的环境尺度

来源：自绘

3.4.4　建立基于现代空间认知理论的数字化分析平台

如前所述，将高层问题提升到城市层面上认识与研究是这一课题面对城市发展新阶段、新现象、新趋势的必然选择。现代主义曾经认为功能就是形式的所有定义，然而在历时半个世纪数量巨大的实践中，这种想法没能成功。城市发生的种种变化是在经济、产业、社会、政治的综合作用下进行的，在理性思维的惯性中，城市研究伸向各个学科的角落，建筑学研究也迷失了方向。建筑的研究变为社会、经济、人的研究，形式追随功能变为形式追随财政，形式追随……。但是，追根究底"影响人们行为的是社会场合，而提供线索的却是物质环境" ❶。

工具理性越来越影响我们认识和感知的逻辑。在环境行为学的研究概念下，人与环境之间的影响机制非常复杂。在技术手段支撑下，空间句法理论试图将这种单方向的影响图解。空间意向生成的反馈过程、认知过程被证明如同机器一样可以被设计、控制。对城市高层综合体的研究参考了《空间是机器》一书对建筑学理论的理解——以环境心理学认知机制为基础，以空间构建为对象，直接从形态分析入手解析城市与建筑关联，弥合两者之间的矛盾与错位，以保证结论清晰有效，指向明确。

当然，利用数据化分析平台完全还原空间现象，并进行分析评估是一项浩繁复杂而实际价值有限的工作。但是，按照原来通行做法，对建筑设计仅作原

---

❶　[美] 阿摩斯·拉普卜特 . 建成环境的意义——非言语表达方法 [M]. 北京：中国建筑工业出版社，2003：40。

63

则性约束，或者直接用具体条文限定则会产生整体上的欠缺，导致实际操作的偏离。因此，以现代空间认知理论为基础的空间数据分析工具的开放性非常重要，空间分析数据工作提供了非常有益的平台与思路，对于各种不同背景条件及地理人文环境条件下的城市区域都能兼顾。

3.4.5　城市建筑学理论的启示

从历史上看，建筑与城市本身就是建筑学研究的一个重要课题，对于城市的建设，应将建筑同城市综合在一起研究。在对城市理论综合的回顾中，有一种理论显得尤为突出。有人如此评价："阿尔多·罗西的城市建筑学几乎单枪匹马地恢复了建筑师们对行业的信心。"城市建筑学研究将城市建筑作为一种系统完整的形态综合体系，将城市与建筑的关系上升为一种思考和设计的方法，对人居环境中的城市聚集形态的研究具有历史性的突破。

罗西在"城市建筑学"的研究中指出：

（1）"形态是一种综合之物"。传统城市空间与人们活动的共时性与历时性精致流畅，节奏清晰。大量建筑在时间与空间中的整合过程彰显出了包含在城市建筑物中，以永恒和普遍方式产生结果的那些力量。想象力和集合记忆是城市建筑物的典型特征。

（2）城市建筑学对机械的功能主义的批评不是从人文的角度，而是从建筑学自身的角度进行的。他认为机械的功能主义将建筑抽象为功能关系，抽掉了人们理解形式的基础，使人们无法进一步分析产生城市建筑体特征及其之间复杂关系的美学意图和关系。而且，不同功能之间并不是等价的，城市中商业功能的主导性突出——商业功能和城市的经济理论联系在一起，并且能最令人信服地解释众多的城市建筑体。他批评说，如果建筑物仅仅只有组织和分类的问题，他们就没有连续性，也没有个性。城市中的纪念物和建筑就没有存在的理由。

（3）城市建筑学重要的工具：类型的研究与方法。类型的定义——某种经久和复杂的事物，类型是先于形式且构成形式的逻辑原则。罗西在批评简单功能主义认识的基础上，认为类型并不意味着对事物形象的抄袭和完美的模仿，而是意味着造成某一种因素和现象的观念，这种观念本身即是形成建筑模型的法则。他强调类型的概念就像是一些复杂和持久的事物，有一种高于自身形式的廉洁准则。

罗西的城市建筑理论提出：建筑本质上就有集合的属性，而城市的设计潜藏在单体建筑物中，并从城市建筑体的概念阐释中精准地把握了城市发展的过程与精髓，以此方式抹平了建筑与城市之间的隔阂，并且巧妙地将城市的历史与未来也连接在一起，使我们"在城市建筑体的研究中，看到时间参数的重要性，城市科学最大的谬误就是把经久的城市建筑体视为与某一个别历史时期相关的作品"。

在这一理论的提示下，城市高层综合体研究更多地表现为一个设计问题，而不是技术或社会问题。如同城市中的纪念物一样，使城市高层综合体更具城市价值的独特性不来源于其材料而取决于形态。"建筑从本质上就能够通过物质表现出精神的价值。如果仅仅简单地将建筑当作意识形态的对立面，那就容易把它边缘化。将意识的东西具体化是建筑最基本也最传统的作用之一。"❶想要使城市高层综合体和谐有效地加入城市建筑体整体中，对高层建筑现象的解释研究回归建筑学本源是必要的，用建筑学的方法研究城市比用城市规划等其他方法更强调城市的经验性及物质性，同时关照了建筑与城市、单体与整体以及它们之间的关系，即城市的建筑性与建筑的城市性。其中，我们看到：①城市发展的框架由这些经久的城市建筑物起主导的力量；②城市纪念物中的重量与质量，来自于城市人群的想象力和集合记忆。这两点构成挖掘寻找城市纪念物、城市建筑发生点、城市文化发生器的逻辑依据与方法基础。这个研究模型将城市高层综合体表现出来的城市性与建筑创造力通过"城市建筑原型"这一概念综合显现出来。这是这一理论对城市高层综合体研究最大的启示。

但城市建筑学理论中有关类型概念的应用整理是需要城市环境支持的，在意大利及欧洲其他国家的大多数城市中，城市发展历史饱满完整，过程连续，而现代中国城市却普遍长期破碎，城市中充斥太多纯功能衍生物而尚无整合，这些被城市建筑理论评价为失去了存在的必要的对象，无法作为类型分析整理的基础要素。在西安这个历史文化名城中，类型的寻找则需要集合城市地理历史的中观层次来进行。

本书基于对城市建筑学的理解，提出应采用微观城市的理念方法以同现有的宏观城市设计工作方式区别，实现步行尺度或人性尺度城市空间体验的设计价值。而在具体城市空间设计工作中则要以中观尺度开展城市设计研究工作，以利整体宏观把握城市对象，在具体、微观的建筑设计层面梳理、解决和实现设计结果，为解释和建构现代城市中的城市高层综合体构建了城市建筑研究路线的基础轮廓。

3.5 构建城市高层综合体研究的综合维度

3.5.1 适应城市可持续发展的理念以及生态建筑技术、方法应用

从物质上说，城市是被空间和各种设施联系在一起的集合体。从功能上说，城市支撑着人类经济、社会、文化和环境的进程。因而，城市建设可以理解为"手段—目的"系统，其中手段是物质性的，目的则基于功能。而当前最缺乏了解

---

❶ 阿尔多·罗西.城市建筑学 [M].北京：中国建筑工业出版社，2006：35。

的最重要的环节就是手段与目的的关系，即物质城市与功能城市的关系。而可持续问题是落位于手段层面的❶。在此意义上，生态城市建筑、绿色建筑技术发展作为重要的手段支撑内容，应该成为城市高层综合体发展的助推剂。

重要的可持续发展实践者理查德·罗杰斯明确说："我认为，可持续发展的紧凑型城市可以使城市恢复成为以社区为基础的社会的理想住区。这是一个成熟的城市结构模式，这种结构模式能反映与所有文化样式相一致的所有行为方式。城市应该服务于他所容纳的人民，有利于人们面对面的接触，促进人类行为的结晶与沉淀，致力于生成和表现当地文化。无论是在温和的还是极端的气候中，无论是在富裕的还是在贫穷的社会中，可持续发展的目标是为处于健康的、无污染的环境中的充满活力的社区创造一个具有适应性的结构。……密集型城市的另一个优势是乡村能够得到保护，避免受到城市蔓延的侵害。我将证明，那些多种多样活动的集中，而不是相似功能的组合，能够更加高效率地使用能源。密集型城市能提供一个与乡村一样美丽的环境。"城市高层综合体建筑集约化的倾向顺应了这样新的城市理念。在今天中国高密度的城市发展中也许尤为重要。

从建筑本体的技术路线发展来看：由于高层建筑历史上一直处于建造技艺的前沿，因而实验性技术、示范性技术、先锋性技术耗费巨大。

通常来讲，高层建筑所导致的城市环境技术问题如下：

（1）建造使用的高能源消耗。高层建筑的全生命周期中，建设阶段能源材料的使用与消耗通常超过其他城市建筑的平均水平，所使用的构件、材料由于其高强度、安全保障系数而使得生产制造运输装配环节总体碳排放及对环境的影响若不经过仔细控制，通常是处于较高的水平。比如高层建筑结构单位面积的用钢量，通常高出多层建筑，使用维护的消耗水平通常也高于城市建筑的平均水平。

（2）"高层风"与"巨大的阴影"。群集的高层建筑，容易导致局部的空气对流加快，在冬季这种近地处形成的快速气流通道，破坏了公共空间的舒适度。似高墙的高层建筑在背阴面形成巨大的永久阴影区，这种地方通常成为城市空间活力与连续性丧失的地点。

（3）群集的高层建筑加剧城市热岛效应。由于密集使用所带来的高热耗水平，高层建筑聚集区通常热岛效应明显。

（4）花费巨大，在高层建筑的全生命周期中，不仅耗能高，而且花费也高。

与此同时，高层建筑所带来的环境技术效益也十分明显：节地、紧凑、集约、高效。而城市高层综合体建筑类型则最大限度降低高层建筑建设的负面影响，增益高层建筑高效集约的有利方面，因而具有突出的技术发展优势：①"高"

---

❶ 克里斯·亚伯. 建筑·技术与方法 [M]. 北京：中国建筑工业出版社，2009：15。

技术集成——综合集约的发展建设，有条件拉长能量循环链，形成综合利用优势，使得"高"不再是代表花费高昂；②城市综合体的整体布局能够在一定地段内整合高层建筑单体的规划形态，避免风、日照的不利影响；③一般来讲，较大规模的建设有利于推广先进、优势、换代的技术路线。原本，高层建筑设计、建设采用的前沿性、示范性的技术是针对高舒适性标准及高等级评价指标的，由于处于产业推广前期，也是导致建筑能耗与花费居高不下的原因；④在低碳经济社会变革中，城市高层建筑综合体的大规模建设量能高效影响材料的构成与建构技术——低碳的生产运输装配、可回收、可循环、低耗能等要求。在国内建设的现实背景下，城市高层建筑综合体设计中有以下四项技术特点尤其值得重视：①混凝土结构适应性与耐久性都比钢结构更好。②适当集中的总体模式有利于分散建设；③平面的进深控制；④与公共设施直接联系。

综上，城市高层综合体的高容量、高强度状态是一种完全人工的设计与追求，这种高效的整体系统对外环境的依赖性、影响性必然强，当其楔入城市中时，改变了传统城市环境的平衡，城市高层综合体技术理论并不应局限在其结构设备的平稳有效运营，其技术发展的意义价值要体现在循环、高效、综合的可持续等方面。应在更大的城市系统中来平衡，比如需要平衡建筑物营造对于城市低碳运营的贡献。

3.5.2　对保护与发展之间矛盾的调和与回应

城市历史文化是城市发展的绝佳本土资源。

哲学家海德格尔曾说过："从我们人类的经验和历史来看，只有当人类有个家，当人扎根在传统中，才有本质性和伟大的东西产生出来。"❶

但是同时，保护并不意味着一味地限制发展形态富有现代逻辑的建筑，保护更需要耐心的调整、甄别、区别对待——以保持整体城市关系的主从分明，脉络清晰，空间丰富，场所丰厚。

所有城市发展历程中重要、时期的代表性建设也都是城市最有价值的人文资源，比如，巴黎的埃菲尔铁塔、蓬皮杜中心、拉德芳斯大厦都成功地用公共事件与标志认同的方式标识刻画了城市的历史发展脉络，清晰地展现丰富绵长的巴黎魅力以及兼容并蓄的巴黎精神。每一次都增益，每一次都突破，不管是规划的线与建筑的点都需要从城市设计过程中滋养丰满并最终达到场所化，才能最终融入城市的整体文化脉络中。

城市高层综合体在楔入的过程中尤其应该面对这种挑战，利用城市建筑的方法理念连接历史与城市的未来。

❶　肯尼斯·弗兰姆普顿. 20 世纪建筑学的演变：一个概要性陈述 [M]. 北京：中国建筑工业出版社，2006：10，12。

3.5.3　建筑策划思想、城市开发思考的加入

对建筑总体生命周期内的使用变化要全面准确地把握确实是一项复杂、专业、烦琐、涉及面很广的工作。要想在城市中实现高质量的城市高层综合体建设，还有两个重要的实施保证环节在设计布局阶段就要予以充分的讨论：不仅要倡导开发主体进行联合开发，还要在具体建设实施工作中重视建筑策划。东京六本木城市商业中心建设前后历时 17 年，而其中 14 年的时间都在进行前期的协调与策划。重点与难点就在于不同权属的土地整合。

（1）联合开发，其中土地权益平衡与投资是关键，城市高层综合体开发涉及复杂的土地流转、规划审批管理、交通设施建设管理，以及各种开发合作与合作经营等不同开发管理主体之间的关系，在这个复杂过程中，联合开发的思路是必要的，尤其在城市的更新中，这一问题由于土地使用权益分散显得尤为突出。

（2）前期策划，其中功能定位，对城市综合需求的把握以及对城市生活方式的理解是关键。城市高层综合体建设因为牵涉面广，影响范围大，带动作用强，其高"城市级"决定了开发建设计划必须经过审慎充分的讨论，要平衡各方的要求与利益，利用有限资源达到效益最大化。而这个效益应该是综合的效益，兼顾近期、远期，平衡局部与整体。

建筑开发计划总体功能的定位与体系建立涉及商业模式、空间资源、土地权益，需要基于对城市生活、商业营运模式的准确把握。而且策划还应是整套体系运作的详细计划——不仅有支撑性的内容，还要注意影响性的、配套性的各个环节，比如，在项目开发中对所在区域历史地理资源的彰显、尊重、适应与协调；不同土地使用者之间土地分治方式、补偿与平衡的办法；公共设施及其与之关联的城市其他网络管理与权益平衡；商业模式的形成与推广；空间划分、重点刻画与场所营造；设计建设施工的程序与资金链保证；对建筑风格的控制与引导；建设环境影响评价与调整；还涉及未来物业的管理、共享制度以及相关的城市配套等等方面，都需要一一破解，整合理顺。

3.5.4　对数字技术工具的应用

地图及全球可视化技术的全面普及已经成为现代城市规划研究的技术环境平台，地理信息数据涵盖了固有要素或物质的数量、质量、分布特征、联系和规律等的数值、文字、图像和图形等信息内容，正是规划学科准确调研、科学预测城市运转变化的科学依据，改变了认知评价的科学性。对于建筑在城市布局中的作用、影响、控制、引导提供了新的技术可能。

GIS（地理信息系统）既是一项技术，也成为一门学科，正日益从数据库方法走向知识方法，从研究的支撑工具演化为研究行为方式本身。在规划过程

中对其应用代表了规划研究技术的发展趋势。

地理信息系统的空间性与动态性的特征能够很好地跟踪城市空间的各种变化，可量化并形象表达空间的内在关联，是城市综合体研究以及城市空间研究重要的手段与方法。

3.5.5 将城市高层综合体纳入现有规划管控流程与制度

建筑与城市的研究主题关注超越形态或功能的建筑与城市的共生模式，为了实现有效的链接，必然涉及规划、策划、管理相互关联的流程。直接观察现有的建筑生产过程就可以感觉到，影响建筑融入城市的一个重要现实条件就存在于现有的建设制度的基础与核心——土地使用权益的分散；这种分离首先表现在局部和整体关系的异化上，使得城市整体的公共建设目标在具体的设计过程中容易迷失方向而难以保证。同时，在市场经济的机制主导下，资本运作追求效益最大化的本质更加剧了整体与局部的矛盾。

我国的城市用地管理是以土地国有前提下使用价值市场化经济机制为基础的，其中最为关键的是，城市中土地使用权分散，导致建设利益分散，客观上造成城市公共部分与建筑的分离。从表面上推理，对比英美日等发达国家的土地私有制度，我国土地国有制度，应该更有利于发挥宏观统一的整合效益，然而在现实的操作中是不管是 70 年土地使用权、50 年土地使用权、集体所有土地还是耕地，土地使用权益是一个直接受基础法理保护的基本权利，尤其是《宪法》与《物权法》的保障。一旦转让确定，想要人为实现大面积流转平衡在现实操作中是较为困难的。土地是共有利益保障的基础，而使用分散的状况下，没有后续平衡的制度和手段，土地的使用与利益仍然也必然都是破碎的。土地使用权益的分散决定了城市空间所有权的问题是模糊的，没有一个明确答案，现代城市建设的现实需求与现行城市空间使用范围的界定方式不能完全相契合，具体到一些实际的城市建设与开发项目，关于城市空间的使用权也必定会产生很多纠纷。虽然目前有地役权、邻地权等法律条文的存在，但有时候这些法律条文的引用反而会引起更多的空间使用权限纠纷。

从管理逻辑上讲，这个问题是城市规划和管理中一个较为核心的研究问题。一方面，宏观上平衡的管控手段需要有强有力的体系保证，与其他制度的兼容和融合对接。另一方面，规划管理从法制、条例、管理办法上应该鼓励具体的建筑单体设计参与实现公共利益，以保证从整体到具体的衔接有效直接。前述美国的"阳光法案"（见 1.3.1 节）就是从管理和效益鼓励两条途径入手进行整体的控制与导向。我国规划设计程序中的控制性详细规划阶段也是受到了美国分区管理内容的影响，主要针对规划实施将总体规划的设计意图具体化，并期望在具体的审批管理中实现有序高效。

在市场经济相对复杂的具体建设活动中，如果全面倚重控制性详细规划导则，则意味着面对千差万别的城市区域，要在飞速发展的城市建设工作中迅速、准确、全面地制定政策。要求城市规划及管理者对所有的建筑都能准确控制是不科学的。而在建筑设计中，在建筑的选址、具体规模的大小和基本的功能构成框架等前期问题上，建筑师不处于决定性的位置，当面对从上而下高度抽象的具体设计指标时，设计师所做的前期判断工作与规划的衔接沟通非常有限。结果建筑师与规划者变成开发利益与城市公共利益博弈的代表，建筑设计对城市所担负的责任和义务变成对现有建设管理条例的遵守和执行，规划的良好意图难以贯彻执行，而建筑设计也各自为政。这样的建筑设计必定缺乏对城市主动的创造和细节的延续。在深圳的城市建设过程中曾一度出现"红面现象"——建筑设计为了迎合开发方的要求取得投资回报的利益最大化，针对规划管理的要求不约而同地压建设红线进行建筑设计，导致了沿街立面如同红线控制的立体化，城市空间单调呆板，缺乏层次与活力。现实设计中，各个城市都能看到市政公共空间同商业开发项目各自为政的现象，项目之间的延续和连接非常有限。

在亚洲高密度发展的城市中，香港城市空间弹性的混合用途开发建设道路为我们提供了一个有益的参考。20世纪70年代出口制造业的繁荣加重了香港城市开发的负荷，为了鼓励高效地使用土地，1974年香港城市规划条例（TPO）的修订提出了两个主要的规划机制：编制法定图则和对不符合图则的开发附加特殊的限制。规划控制在法定范围内具有了更多的弹性。香港的建设用地对于给定地块的利用，追求的是最大化和最优化的原则。与土地资源充裕的城市不同，分别给每个土地使用者划出明确的地块是很难的。这样做需要供应大量的土地，进而导致城市的大幅度平面扩张。这对于个土地稀缺城市的未来用地发展将是灾难性的。于是，土地效益的最大化便通过在同一地块上增加许多兼容性（甚至有时并非那么兼容）的用途来达到，造成了一种非常复杂的混合用途的类型 ❶。

规划被人们称之为"操作型的决策"（operational decision）。人们普遍认为规划是一个关于未来的行动过程，例如：促进社会和经济的发展。在相当长的一段历史时期，城市规划被广泛地认为是政府通过引导和控制城市开发和上地利用，对市场进行干预，以保证公共利益的体现，实现公平和公正。

在城市高层综合体的研究中，应该突破现有的制度限制，使其纳入城市建设的专项研究。在图3-7所示的规划框架中，利用规划前期商议程序精细调控程序与制度细节，使城市到建筑空间设计流畅有序。

同时，在土地使用权益分散的背景下，从建筑设计的角度提出融合城市建设公共利益的问题是有益的研究思路，主动承担城市功能而不再是被动地由城

❶ 孙翔.新加坡"白色地段"概念解析 [J]. 城市规划，2003. 27(7)：52-56。

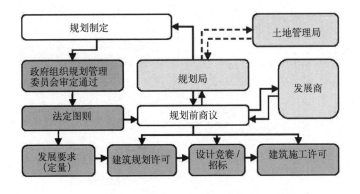

图 3-7 规划制定流程示意

来源：根据规划协商模型（Planning negotiation modal）绘制

市决定建筑是设计程序与思路的摸索。可以说，从建筑设计的角度对城市的重点地段进行城市建筑一体化的可行性研究，从城市角度对影响较大城市建筑提出专项的研究，都是现有体制下必要的城市建设研究。

3.6 城市高层综合体研究框架

（1）以《空间是机器》为代表的研究者执迷于人与空间之间的连接和对话，试图探求出一种客观可控方式以有效指导规划师、建筑师控制空间的生成和解释途径。因此，在现代城市研究中借用数理模型研究城市发展趋势及关系是重要的方法支撑。

（2）在城市建筑学的研究中，对建筑设计的研究集中在类型分析整理上，研究应以"类型"为核心，固化为强有力的物质表达方式，成为转译、传承、发展城市文本的方法。

（3）可持续发展作为核心的战略方向与评价方式将贯穿城市各种现象研究。

基于上述总结，对现代城市高层综合体研究提出图3-8所示的整体研究框架。整体的城市环境理论将文脉、情景、环境行为等研究需要都涵盖进去了。对其中机制的探求成为一种正面突破的方向，但是这样的机制对于城市是非常复杂的，也是城市高层综合体研究面临的巨大挑战。因此，本书将城市高层综合体研究点线面问题分开，以城市构想、建筑创新与基于GIS分析数理模型的城市高层综合体布局作为研究重点。图3-9是核心部分的研究框架图示。

3.7 小结

不同历史时期的建筑和城市以不同的方式相互关联。现代城市历史表明"城

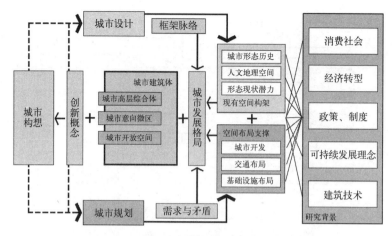

图 3-8　整体理论框架

市是一个已多次根本性重构的实体"❶，就管理、建设的技术理念与方法而言，建构城市的方式已经彻底脱离了传统城市理想，全面了完成现代化进程。21世纪被称为"城市的世纪"，建筑与城市的融合、渗透在成为新常态，而城市高层综合体作为一种新的城市现象，集中体现了城市建筑综合化、立体化、体系化等未来发展的典型特征，急需一种整合的城市建筑研究系统，以找到切实可靠的有效途径，实现与城市相关联。

高层建筑发展的核心理念、价值与发展矛盾性都因循城市建设思想发展的宽阔背景及历史发展的脉络，作为高层建筑发展最高形式的高层综合体建筑承袭这一发展脉络并更加突出地表现了与城市协同发展的特点。这也成为城市高层综合体发展的动力所在。目前来看，城市高层综合体所负担的城市使命尚未能被充分地认识，亟待考察这一建筑类型的城市性潜力，特别是它与城市发展更新之间的关联方法及模式，以便在城市设计、管控、建设机制等方面提供支撑。

因而，本书以城市建筑的视角提出城市高层综合体概念，基于对这一庞杂的研究具有复杂的系统性的理解，对其研究应着重集中在以下几点：

（1）城市高层综合体建筑是高层建筑发展历史的必然导向，有其强有力的功能内涵与文化意义支撑，是理解高层综合体类型意义的基础。

（2）要从城市建筑观念中辨识城市高层综合体的建构逻辑语言。现代主义理想中的"光辉城市"已经成为"新"的历史记忆，巴西利亚现代主义宏大的城市格局也成为历史文化遗产了。对其研究需在城市范围内，历史高度上进行梳理，面向未来，立足现实找寻答案。因此，研究理论的梳理要从城市建筑观念中辨识其建构方法与逻辑语言，以求得与城市的融合，对历史的延续。

（3）从传统的本体研究已经走向了学科与体系研究。城市中建筑的绵延成

---

❶　马里奥·盖德桑纳斯. X-城市主义：建筑与美国城市 [M]. 北京：中国建筑工业出版社，2006：25。

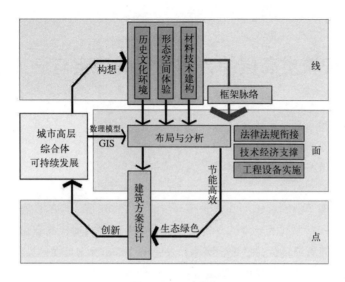

图 3-9　研究框架

为一种普遍现象。高层建筑的问题本源是对效率与效益的追求：文化意识根源来自对自然的征服；形态意向就是人类雄心壮志的直接体现；功能内容、使用方式演化与社会、技术发展对接；环境空间意义则与现代城市伴生，现代历史时期烙印明显。然而，城市变革一直在延续，对现代主义的深刻反思还未完待续，建筑的发展因此面对着同样的历史挑战与机遇。高层建筑作为一种城市社会历史现象，建筑的意义亟待重新整理完善与改写。对他的研究必然超越传统的本体研究范围，体现学科前沿，更具体系性，同时需要更新我们的城市观念与城市建筑体研究思路。宏观、综合、集约是高层建筑研究的总体趋势特征，量化分析与精准控制是学科技术发展的核心。集群、融合、联合是高层建筑建构设计的基本策略。城市高层综合体研究这是顺应了对这一研究趋势的把握而提出，对其理论研究需要在学科层面与已有理论进行对接。

（4）制度政策管控是影响建筑发展的重要手段，城市高层综合体设计管理的方式也需要创新整理。尤其是容积率奖励制度对于城市高层建筑的发展曾起到了支撑性的作用，管理控制制度成为城市空间发展必不可少的技术手段。在对我国现有规划设计与建筑设计分离，建设开发管理制度缺乏弹性，空间所有权模糊的现实基础上，提出合理的程序与制度促进城市高层综合体规划、重点地段城市设计、建筑设计相互融合。

4 西安城市高层综合体发展的现实与潜力

古代文明与现代文明交映

老城区与新城区并陈

人文资源与生态资源互依

本章梳理了中国城镇化背景下"大都市"城市建筑共有的发展趋势特征以及西安城市转型发展的典型性与特殊性。目前，西安的现代高层建筑发展处在量、质变化的历史转折关键期，快速、大规模、高强度的自发建设散乱、无序，需要迅速建立整体、现实的布局影响力，以延续传统城市格局，打造城市文化特色空间。在西安城市高层建筑发展与城市空间重构并行的发展机遇中，高层综合体具有带动城市集约发展，彰显城市整体历史架构，提升城市空间发展质量的重要潜质。可以通过有序定位城市高层综合体发展，整合与引领城市现状中散乱的高层建筑格局；调整和增益具有古都特色的整体城市构架，在"传统的现代化"与"现代的地域化"的综合进程中，迎接城市历史发展所创造的机遇与平台。

4.1 城市转型期中的城市高层综合体发展

4.1.1 中国城市转型期大背景下城市高层建筑发展现实

当前，国家总体上仍处于城镇化中期阶段，即将进入初步城镇化社会，快速城镇化仍将是未来我国的显著现象 ❶。城镇化对区域中心城市空间发展的影响总体集中在人口及用地规模迅速膨胀所带来的直接冲击，以及由经济、社会基本构架转型所引发的空间重构两个方面。从 20 世纪 90 年代开始以城市化聚集、全球化转变为背景的规模宏大、发展迅猛、全方位、深层次的调整过程，被广义的称为我国城市的转型。不仅是城市生活方式的内涵本质转型，同时城市快速、高强地建设也对城市发展模式提出挑战。

（1）中国城市转型期的主要特征与发展挑战

---

❶ 程开明. 我国城市化阶段性演进特征及省际差异 [EB/OL]2008. http：//paper.dic123.com/
paper_2268481。围绕着当前我国城市化的特征与问题，国内外专家、学者之间有不同的认识与论争，
譬如城市化速度是否过快，城市化的区域差距是否拉大，大城市是否优先增长，等等。随着经济社
会发展，城市化仍将是未来我国的显著现象。

1）速度快、强度高。理论及实践经验都难以直接消化

"中国速度"已经成为一个词汇在各种引述中频繁出现。以下是几个中国城市化高速度、高强度状态代表性的描述：

a. 在少于一代人的时间内至少将有 8000 万人口进入中国大城市周围的郊区。诸如深圳、东莞和珠海这些城市正在荡平周边乡村广袤的土地，把它们用作提供建筑材料的场地或未来发展的用地❶。

b. 城镇化是从乡村社会向消费城市转化的第一阶段。随着新城市人口的剧增，工业化的进程是提供系列的消费物品，以保证经济的巨大增长。这是中国经济发展"奇迹"的基础。

c. 城市迅速地面目全非。中国的新城市是以高速公路而不是以公共交通为基础进行规划的。新变化激发各种活跃的思维，城市中异质拼贴到处可见，城市的文化脉络逐渐迷离混杂，淹没迷失在飞速的建设之中。大拆大建随处可见（图 4-1、图 4-2）。

图 4-1　王劲松摄影作品《百拆图》

来源：新浪博客 王劲松 摄影作品欣赏

图 4-2　城市中心区的城市废墟

❶ 理查德·罗杰斯. 小小地球上的城市 [M]. 北京：中国建筑工业出版社，2004：2-42.

虽然每一个城市的发展基础不同，但是"难以想象"与"超乎想象"成为"高速"发展的普遍状态，现实变化挑战人们的理解极限。

城市规模的迅速膨胀、向消费社会迅速转型、大面积速生拼贴式发展，让所有的城市研究者感到前所未有的压力。这种发展在城市发展史上是极其特殊的，西方的城市发展不管是工业革命还是战后重建情况与现在的中国都不相同。现代城市理论之后的世界城市发展变化多且复杂，但是西方城市理论指向的城市发展基础都相对完整，而中国这样数量级的"大面积速造城市"的经验前所未有。

2）从量变到质变的积累与越迁，全方位的提升使得问题和矛盾错综复杂

中国 30 年以来的高速度发展不仅意味着量的集聚，而且是对城市空间构成本质的不断涂写，且伴随着城市在社会、经济、文化等方方面面发生的剧变。熊国平在《当代中国城市形态演变》一书中总结 20 世纪 90 年代以来中国城市的总体发展背景特点时描写了城市发展积累的问题乱象："20 世纪 90 年代快速工业化进程和市场经济的全面展开，经济增长成为发展的绝对主导力量，追求量的扩展成为首要目标，大广场、大马路相当普遍。房地产开发商成为城市建设的主体，以经济利益为主导价值，对于社会、经济和环境效益的平衡难以保证。'见缝插针'，无法保证大规模公共设施的建设，继承改造的高层高强度，加剧了旧城原已十分拥挤的局面，结果是再造一个新的、混乱的'旧区'。政府过度地经营城市，新区盲目四面扩张，城市建设用地成级数增长，城市设施无法支撑四处蔓延的城市发展模式。过度追求经济增长的城市空间发展必然导致秩序的失衡，从而使城市整体运行效率大大降低，热岛效应和高层风等无不与城市建设日趋高层化、高密度、高强度有直接关联。广泛的房地产泡沫与城市的无序扩张相互关联，大发展后的大治理成为一些先进地区城市面临的紧迫问题。"❶

目前，中国体制转型下城市空间重构的基本方面包括❷：

a. 地方政府治理转变下城市空间的重构。总体发展环境的改变带来了中国地方政府角色的变化对城市发展及空间的演化产生了深远影响。这主要表现为由于政府企业化倾向带来的对城市空间调控管理机制的变化，如规划手段和相关政策的变化及其相应的空间结果，城市空间重构也因而成为一个和城市政体建构密切相关的过程。

b. 社会结构变迁下城市空间的重构。城市空间结构是在政府、市场、社会三者互相制约的综合作用下形成、演化的。社会收入分配的不平等、城市贫困与失业人口的大量增加，使得社会阶层化及其对居住空间分布的影响已成为中

❶ 熊国平. 当代中国城市形态演变 [M]. 北京：中国建筑工业出版社，2006。
❷ 张京祥. 体制转型与中国城市空间重构——建立一种空间演化的制度分析框架 [J]. 城市规划，2008，32(6)：57。

国城市空间重构的重要方面。面对城市移民与非正规经济的大量出现如何维持经济发展、社会秩序与空间重组之间的有效平衡，将是转型期中国城市空间重构研究中无法回避的现实问题。

c. 经济结构转型下城市空间的重构。随着市场化程度不断深入，土地开发价值差异影响城市空间结构的演化，呈现出越来越强的经济利益驱动和利益冲突特征。跨国公司通过生产要素、信息的流动和国际劳动分工体系正在深刻地重塑着中国城市的空间结构与形态。

3）城市转型既是城市管理面临的巨大挑战，也是城市发展的机遇

体制转型环境下的中国城市空间结构演化，既表现出某些与西方国家相似的现象和发展趋势，更有中国复杂转型环境中产生的自身特色与众多问题，形成了中国城市转型期的首要发展特征。因此从这个意义上讲中国正在经历着世界上最令人瞩目的发展转型和城市化进程的重大机遇。这要求中国的城市研究应酝酿产生原创性的成果，城市的发展不再一味追求量的扩展，开始关注内部质的改变，以人为本、可持续发展成为新的追求目标。全面提质升级的转化就是中国城市转型期的核心特征。

（2）我国城市转型发展分化与城市高层综合体建筑建设发展格局

高层化、高密度、高强度的城市开发已经成为城市发展的普遍趋势。按照发展的不同情况可以大体分为以下几个层级与代表性区域：

1）按照城市发展层级来划分

一线发展城市——以北京、上海、广州、深圳为代表。这四个城市的城市化程度已经越过 70% 的阶段，城市人口规模也分别达到千万以上，人均 GDP 接近或超过 10000 美元，新建建筑的高层率均超过 60%❶。城市发展的重点在于城区的整合重构与外围的调控协调。这四座城市作为国内城市发展的模板与标杆，城市发展状态与建设管理方式代表了国内目前的发展前沿，但其城市建设具体现状与高层建筑也各自具有不同的发展特点。

北京作为国家首都，又是历史文化名城，发展状态相对复杂。现代北京在明清老城的基础上规划，作为国家政治首府，城市空间发展政治性特点突出。从 20 世纪 50～60 年代天安门广场与长安街规划，到 80 年代亚运村规划，以及世纪之交的奥运中心及城市建设，北京城市发展与政治重大事件密不可分，基本沿着环线与中轴线扩大延伸城市范围。20 世纪 90 年代后，城市中心的高密度发展与城市保护之间矛盾日益突出，难以调和，城市中心区高层建筑见缝插针，城区高层建筑总体数量超过 1 万幢。虽然制定了严格的以保护为核心的城市高度规划，城市空间秩序仍显得整体性欠佳。另一方面以环线交通为核心

---

❶ 根据 wikipedia 数据 2008 年北京、上海、广州、深圳人均 GDP 分别为 64225 元、74244 元、81741 元、90662 元，2010 年北京城市化率为 77.31%。新建高层率分析根据西安新建高层的统计对比分析推论。

的"摊饼式"蔓延在城市外围迅速发展,高层居住区以各种房地产开发模式填充了交通廊道之间的大片建设用地。

深圳是发展历史短暂的新兴城市,作为经济发展特区,也是国内"现代化规划"管理体制的先行实践者,有很强的中国现代城市发展特色。深圳城市整体基本按照总体规划预设的格局进行城市建设。东西向的深南大道作为城市轴线目前仍然在完善细化之中,线状规划的城市中心区骨架及轨道交通格局已蔚然成型。但未作精细调控的大片居民区、商业区则以快速拼贴的方式记载了城市发展的各种潮流,在整个城市区域内散布。图4-3显示了夜晚以灯光掩盖建筑细节的壮观的城市构架与白天深圳城市各种风格的建筑拼贴景象。

图4-3 深圳建筑拼贴与夜晚灯光显示的以道路为主干的空间发展格局对比
来源:昵图网

上海、广州在区域发展中具有类似的城市定位,都是由商业城市发展而来,分别引领长三角与珠三角整个区域发展的国际化金融、贸易、产业中心城市,因而发展格局与发展动力相似。城市CBD发展基础较为完整,国内超高层建筑的发展也主要以这两个城市为核心。上海在20世纪末启动了浦东新区的建设,在黄浦江东西两岸构建了新上海的中心,随着地铁轨道交通20年来的建设完善,城市综合体发展已经深入城市框架内部;广州城市也几乎在同一时段规划了东扩的城市轴线,串接珠江南北的新城市建设,全面发展的地铁网络与发达的商业正在培育国内最典型的城市高层综合体系统。

二线城市是以其他直辖市、省会城市为主,包括一些经济发达地区的大城市,如天津、重庆、杭州、南京、西安、武汉、长沙等,人口接近或超过千万,在区域发展有一定的吸引力、带动力与影响力,在目前中国体制改革为背景的城市转型中,这些城市发展正处在都市化边缘,内部有发展不平衡的地方,普遍面临城市再开发。

2)按照地域发展特点来划分

按照地域发展特点可以分为:①广州、深圳带动的珠三角城市发展圈,以广州、深圳、珠海、东莞等城市为主,城乡差异小,乡村基本完成城市化,城市区域连绵，土地极度短缺。②以上海、杭州带动的长三角的上海、温州、杭州、武汉、长沙城市联动群，都市分布密集，城市圈经济互补，联动效益明显，城市化水平高。③京津塘地区，城市发展以北京、天津为代表。④中西部城市带崛起，包括郑州等中原城市，重庆与成都的川渝城市带，兰州与西安等西北中心城市，以及昆明、西藏、贵阳等城市，城乡二元仍是这些城市地区长期存在的重要特征，中心城市的集聚、带动作用突出，商业中心的地区辐射性较强，城市高层综合体正值高起点的发展机遇。

　　3）按照城市空间的历史发展类型分类

　　深圳、东莞等新兴城市，原有的城市格局基础模糊，城市空间发展主要受到城市地理环境及规划模式的制约，在城市转型中综合矛盾突出，对交通、水源等基础设施的依赖性较强，城市高层综合体建筑建设主要受城市空间格局及交通人口布局所影响，创新与突破是城市高层综合体建筑布局中的重点内容。

　　北京、南京、西安三座城市都是历史古都，人口达到或接近千万级水平，在城市空间保护与发展方面，面临类似的问题与矛盾。大型现代建筑建设受完整强烈的传统城市格局制约，形态风貌要求也受古都与地域的双重影响。

　　上海、广州、重庆等城市，近代在商业贸易产业带动下城市空间发育充分，具有较为强烈的商业口岸城市空间特点。现代城市发展基础较好，近现代融合度高，具有城市高层综合体发展良好的基础，已经形成了较为强烈的城市高层带动发展。

　　对比西方发展已经成熟的城市，当前中国城市正处于一个全面而深刻的经济社会转型的大环境之中，这种深刻的转型本质上是由内部的市场化改革与外部的全球化共同推进的。经济的快速成长与城市规模扩展的迫切需求对城市发展空间提出了严峻的挑战，"空间"是一种重要的战略竞争资源，其发展格局将直接影响到城市竞争力的提升。因此城市决策者亟须从空间重构的角度综合考虑提升城市竞争力。城市高层综合体发展正是这一城市转型背景中重要的城市空间优化重器，能够为城市再开发，立体集约发展，构建多层次、多核心的城市区域起到支撑作用。

4.1.2　我国城市高层综合体建设管理依托的体制基础

　　我国城市转型期发展中，制度转型是影响城市空间结构的体制、社会、经济三大变动因素中的直接影响因素。有实践背景的研究者，会直觉地关注落实或实施干预的具体机制，这直接关系到结果指向。因此体制协调问题是最直接的方法与思考突破口。城市高层综合体在国内研究需要规划体系与土地管理方法上的支持。

　　（1）土地权益与建设管理审批是影响我国城市建设项目的关键环节

　　城市高层综合体建筑设计涉及土地所有权与开发权的协调平衡。我国的土地管理是在土地国有前提下有偿使用机制为基础的。市场化以后，土地供应机制、土地极差等问题凸显，极大地改变了城市建设发展的节奏与状态。我国的规划体制从计划经济体制转轨而来。1989年颁布的《城市规划法》、2007年修编的《城乡规划法》保障了规划制度的系统性，规划实施的法律严肃性。城市建设的管制焦点集中在城市规划局。

从规划编制流程上来讲，控制性详细规划同城市建设的细节直接相关，是连接落实总规设计意图，指导具体建筑设计的关键环节。控规阶段对城市可开发建设土地进行地块分区，控制性详细规划通过指标性控制，调控城市用地的开发强度、地块的开发形态。因而，在这一环节跨越了城市开发建设的上下层次。在现实中，城市建设的形态发展会直接受制于土地使用权益分布的影响。规划管理者在控规阶段想要融合不同开发主体所持有的两块土地，在操作上已经超越设计建设、审批、管理的现有体制框架。

大型城市高层综合体设计布局通常会牵涉到城市上下层次之间联合开发的机会，不同使用权地块之间建设开发合作的可能与机制，用地混合用途的开发等问题，因此在现行的规划体制内，应与总体城市设计阶段并行，在控制性详细规划编制之前充分探讨城市高层综合体建筑的发展布局，整理城市框架，顺应城市生活要求，面对现实市场需求，挖掘土地发展潜力，带动城市区域发展，发挥城市高层综合体的城市特性，形成对地段发展的引导。

（2）规划与城市设计一体化是我国城市规划体系的重要特征

我国目前的城市规划体系分为总体规划和详细规划两个阶段，并没有针对城市设计的单独列项。1998年《深圳城市规划条例》是我国第一部把城市设计列入城市规划的法律文件。我国旧《城市规划编制办法》规定"在编制城市规划的各个阶段都应当运用城市设计的方法"，新《城市规划编制办法》仅在关于控制性详细规划的内容中指明要"提出各地块的建筑体量、体形、色彩等城市设计的指导原则"。事实上，我国的社会实践正在大量开展城市设计项目，主要从总体设计和详细设计两个不同尺度展开，总体城市设计一般按照专题的形式纳入城市总体规划内容中；通常所谓的城市设计是指详细城市设计，编制阶段介于控制性详细规划和修建性详细规划之间，多作为学术性专项规划来对待，并没有法定要求与深度控制，更没有成体系的方法与内容框架。

各国城市规划体系差异表明，城市设计的实现必须依赖各国既有的制度体系，美国由综合规划和区划条例构成了现行的城市规划体系，在此基础上，城市设计主要是通过编制设计导则的方式并借助区划法和土地细分规则(land subdivison)等得以实现。英国与日本虽然没有将城市设计立法，但英国在地区规划的层面施行了严格的项目审批制度，城市设计的原则主要通过审批标准得到实现。日本城市设计的重要思想也主要应用于规划的管理制度中。

对城市建设中的街墙、街区风貌、公共空间整体性、城市特色空间等形态、空间质量的控制与构建需要强有力的制度支撑。城市高层综合体建筑在总体城市设计层面需要同这些体系对接。

4.1.3 我国城市更新中与城市高层综合体相关的特殊现象

（1）城中村改造促进城市高层综合体发展

城中村是我国城市发展特定阶段普遍存在的现实问题，是多方利益集中的焦点地区：①被迫改变生产方式的原村民追求自身利益保障。②处于城市产业末端、经济弱势的租住者的利益保障。③城乡二元管理、开发变动中各方利益平衡。总体而言，城中村是城市发展的整体利益和当地群众自身利益矛盾的地区，是当下利益与长远利益矛盾的地方。而其中土地收益是矛盾集中的难点与焦点。2009 年深圳福田新区城中村改造中，拆迁补偿费用创造了中国之最，媒体以"天价拆迁一夜之间成就半村千万富翁"来渲染其失序状态，是城中村改造的典型事例。深圳是一个"全面基于规划"引导形成的速生城市，城市中心区也是规划强干预的结果，出于对建设开发时序控制的合理逻辑，为城市中心高等级、高发展水平的项目预留土地，待城市具有一定的积累后逐渐落地成型，是符合城市中心发展规律的。但是，正是在这个过程中，由于土地管理没有合理的溢价平衡机制，未对规划区域集体土地价值收益有所作为，造成今天天价拆迁格局。

由此也可看出城中村所处的地段大都依托城市整体开发条件跃迁，成为设施齐备、区位优良的城市开发"熟地"，受益于城市的整体发展，成为城市建设的速生点，城市建设的密度、等级处于跨越式发展的准备状态。

以广州市 2009 年重大项目"猎德西区"为例，其前身是广州著名的城中村——猎德村所在地，随着广州城市化进程的推进，其改造迫在眉睫。广州市政府认为，珠江新城作为国务院批准重点发展的中央金融商务区，应该拥有一座真正具有国际水平和一定规模的标志性项目。因而，猎德村成为"100 亿打造城中村改造'标本'"。富力地产、新鸿基地产、合景泰富地产三大地产巨头强强联手，取得珠江新城内规模最大的商业用地——猎德地块。该项目占地 11.4 万 m²、总建筑面积高达 56.8 万 m²，总地价 46 亿元。项目将发展成为集五星级酒店、豪华公寓、大型高档购物中心、甲级写字楼于一身的 CBD 都市综合体项目。其中由高德置地开发的高德置地广场是珠江新城都市综合体的先例，这个被称作国内首个大型 CCBD 项目，位于中央广场绿核公园两侧，其 92 万 m² 的总建筑面积超过东塔和西塔之和。包括购物中心、写字楼、酒店和酒店公寓。

广州市的开发商对"城中村"改造表现出了较大的兴趣，除了最先动工的猎德村，备受关注的还有 2009 年 6 月富力地产与广州市同和实业公司签订的同和城中村改造协议，是继猎德城中村改造后，广州又一引入发展商的城中村改造工程。接下来广州政府还会与多家开发商包括恒大集团、珠江实业集团、保利集团、合景泰富进行城中村改造合作的商议。

出于地段区位、土地使用权价格、商业开发利益、拆迁安置成本的多重压力，城中村改造基本都会首选高层商业、居住综合体形式。可以预见，所有的这些城中村改造都将是城市综合体密布的地区，唯有如此，才有可能平衡现有的利益格局。从城中村项目改造的现实来讲，城市高层综合体是都市化发展进程现实选择，构成我国城市更新中独特的越级斑块现象。

（2）商业地产参与引导城市公共生活的核心体系，增益影响城市公共空间体系成长，构建城市建筑体，改写城市建筑类型

总体而言，我国城市化上升期商业综合体的发展需求与美英等西方国家城镇化高速发展时期相比更加突出，商业集聚的效应更加明显。

由于劳动密集型产业比例高，流动人口城市集聚明显，因而城市中庞大而复杂的服务综合体，在城市人口的支持下，得到了迅速增长。在经济条件、土地权益、开发主体不够完备的初级状态下，城市次级商业发展地区已经自发形成许多大型商业综合市场、规模专业服务市场，如轻工业批发市场、数码产品专业服务市场等等。大量新型城市商业建筑，积极参与城市商业网络体系重构，影响城市空间结构发展演化进程，这些市场力量催生的集聚现象反映了城市现实的发展潜力与需求。这些地区如果得到大型地产资本支持，必定会充分释放这些需求与潜力，极大地推动城市区域更新，影响带动城市区域发展格局。

都市中的城市高层综合体是商业地产的高端形式，是将城市中的商业、办公、居住、旅游、展览、餐饮、会议、文娱和交通等三项以上功能进行组合，从而形成一个多功能、高效率的综合体。因而，开发投入的门槛较高，流程复杂，牵涉主体较多。

因此，在我国现有的土地开发体制格局下，商业地产的带动作用是影响城市综合体布局发展不容忽视的力量，是我国城市高层综合体的主要开发主体。

4.2 西安城市综合发展背景

4.2.1 西安城市总体发展水平

西安是我国西部最重要的中心城市之一，也是新亚欧大陆桥中国段陇海兰新线上最大的中心城市，影响力辐射整个西部地区。随着社会经济水平的提高与西部大开发战略的深入推进，西安市"八五"到"十五"期间 GDP 增长率都保持在 10% 以上（表 4-1）。西安 2007 年 GDP 达 1737.1 亿元，增长

14.6%，地方财政收入 125.33 亿元，增长 31.3%。2008 年西安 GDP 2190.04 亿，比 2007 年增长 15.6%。近年随着经济大势转向，稍有所放缓，2015 年在经济危机的逆市中实现飞速增长，GDP 总量已达 6500 亿元，约为 2008 年的 3 倍。目前西安仍处于加快发展、加快提升的关键时期，是城镇化和工业化加速发展，消费结构和产业结构加快升级，经济增长方式转型和综合实力迅速扩张的关键阶段❶。

西安1996～2005年GDP增长率　　　　　　表4-1

	1996年	1997年	1998年	1999年	2000年	2001年	2002年	2003年	2004年	2005年
GDP（亿元）	410.43	500.55	557.15	613.70	688.51	734.00	823.50	941.60	1102.39	1270.14
增长率（%）	14.9	14.4	13.3	12.2	13.0	13.1	12.2	14.3	17.1	15.2

来源：根据西安市政府官方网站资料整理。

目前，用如下三个关键词可以较为准确地定位西安城市的历史发展阶段：

（1）历史文化名城；

（2）中国二线快速发展城市；

（3）中国西部发展前沿及国家级"关—天"城市经济带的区域中心城市。

4.2.2　西安城市发展定位与方向

西安是世界闻名的历史名城、国际旅游城市、中国交通枢纽城市，处于中国区域经济"三纵三横"发展骨架的二级增长极上。

目前西安城市发展综合定位为国际化大都市，是国家重要的科研、高等教育、工业发展基地。

基于国家"十一五"期间城市发展战略——要以特大城市和大城市为龙头，形成若干新城市群。2009 年国务院批准了由国家发改委制定的《关中—天水经济区发展规划》。关中—天水经济区是《国家西部大开发"十一五"规划》中确定的西部大开发三大重点经济区之一。随着关中城市群战略和关天经济区西安都市圈加快实施，西安将发挥"关中—天水"城市经济带的中心城市作用，推进城市化、工业化进程，提升西安知名度和影响力。

2010 年新完成的西安第四次总规对城市性质作了调整，突出了"将西安逐步建设成为具有历史文化特色的现代城市"的城市发展目标。为西安城市特色发展道路定性会深远影响特色空间、城市建设、经济发展格局。表 4-2 为大西安远景规划分阶段建设目标。

---

❶ 西安市人民政府 . 西安市国民经济和社会发展第十一个五年规划纲要 [R]. 2009.

大西安分阶段建设目标 表4-2

阶段	目标	功能	人口规模	第三产业比重	人均 GDP
2020	初步建成国际化大都市	国际化主要指标大幅提高，一些优势领域国际化水平基本达到国际化城市的水平，初步建成国际化大都市	1000万人	70%	10000美元
2030	国际化大都市特征明显	经济功能达到区域性国际化大都市的水平，科技、教育在亚洲的辐射作用进一步增强，文化、旅游更加具有世界性，富有历史文化特色的区域性、专业性国际化大都市特征明显	1200万人	80%	13000美元以上
2050	世界城市	以传承华夏历史文化为主旨，真正成为著名的世界级文化之都以及极具经济广泛影响力的国际旅游目的地，世界经济、贸易交流的聚集地	1800万人	80%以上	20000美元以上

来源：西安市轨道交通线网规划修编领导小组办公室.西安市城市轨道交通线网规划(修编)研究工作汇报 [R].2010。

4.2.3 西安城市空间历史发展与转型

根据建设西安国际化大都市的目标构想，实现国际化大都市的功能和作用，其规划区空间划分为以下四个层次，分别为：

第一层次——大西安都市圈辐射范围（包括成都、重庆、武汉、郑州、太原、包头、银川、兰州）。

第二层次——大西安都市圈范围（包括西安、咸阳、杨凌、富平、扶风、黄陵、铜川、渭南、华阴、柞水），用地面积 3.01 万 km^2。

第三层次——大西安规划范围（包括西安市整个行政辖区、渭南富平县城、咸阳市秦都、渭城、泾阳、三原"两区两县"），涉及用地共 12009km²。

第四层次——大西安主城区规划范围（北至泾阳、高陵北交界，南至潏河，西至涝河入渭口及秦都、兴平交界，东至灞桥区东界），涉及用地共 1280km²。

城市区域空间范围已经大幅度延展。

其中，大西安主城区规划范围内的空间格局是基于原有城市中心发展而来，新中国成立以来西安已经制定并实施了三轮总体规划。目前大西安主城区城市形态布局为"中心集团，外围组团，轴线布点，带状发展"，面临转型发展的要求并具备转型发展的现实条件。

（1）城市空间发展的现状处于转型临界点。西安城市发展正在向大都市区目标发展迈进，西安特大城市的依托功能和竞争实力会更加显现，中心城区的聚集人口和经济的吸引力、辐射力、带动力日益增强。可以预见，伴随而来的将是西安城市人口急剧增加，城市规模进一步扩大，根据西安市第四轮总规规划 2010 年西安城镇化水平已接近 70%，市辖域常住人口 920 万，预测 2020

年为 1070 万。2010 年主城区人口 467 万，规划期末预计为 550 万人，城镇化水平届时将达到 80%。同时，西安 20 世纪 90 年代以来郊县人口占比不断下降，处于城市人口快速集聚发展时期，西安城市发展与用地不足的矛盾已经激化，中心城市人口必须加以限制，以避免过度集聚。目前西安城市发展现状突出矛盾有：①城市空间架构尚未拉开；②历史文化名城保护与城市中心空间发展矛盾；③土地供应与城市发展规模的矛盾；土地利用强度不均衡；④相应的基础设施及公建设施的量、质均滞后于城市发展水平。因此，城市空间规划一方面必须要为城市空间寻找新的发展出路，同时，也要注意面对即将到来的都市外溢发展中，中心城区的更新提质与优化发展是避免城市环境失控的关键与重点。

（2）经济积累条件支持空间转型。根据发达国家的经验，人均国民收入达到 1200 ~ 1300 美元时是建设城市轨道交通的起步点，而达到 2500 美元时，将进入大规模建设地铁时期，西安已具备这一条件，城市轨道交通进入成型期。现代城市诞生的第一次变革中汽车交通、公共交通的出现起了举足轻重的作用，现代城市轨道交通建设能够引发城市第二次空间结构变化。表 4-3 显示世界部分轨道发展成熟城市公共交通的分担比例，轨道交通的分担率最高的城市东京高达 94%，而国内大城市轨道交通分担率大约在 35 ~ 40% 随着西安轨道交通的全面实现与推进，城市流动与运转的方式，城市空间的尺度与区域概念都将发生改变。可以预见西安城市空间发展将迎来一轮深刻的变革。

世界部分公共交通的分担比例　　　　　　　　　　表4-3

城市（年份）	轨道交通	公共汽车、电车
伦敦（1982年）	89.0	11.0
莫斯科（1986年）	49.0	51.0
东京（1990年）	94.0	6.0
纽约（1984年）	68.0	32.0
巴黎（1984年）	65.0	35.0
柏林（1986年）	54.0	46.0
维也纳（1982年）	88.0	12.0
香港（1984年）	33.0	67.0
	43.0	57.0

来源：西安市轨道交通线网规划修编领导小组办公室.西安市城市轨道交通线网规划(修编)研究工作汇报[R].2010

（3）城市发展战略调整促进城市空间转型。将坚持可持续发展，建设国际旅游城市，作为城市发展的首要战略，为了保护历史文化资源，延续文化脉络，城市空间已明确确立城市发展的九宫格局（图 4-4）。在未来城市扩展中，形成东接临潼、西联咸阳、南拓长安、北跨渭河的整体格局。

西安第四轮总规明确西安土地空间拓展的 10 个方向，并确定西南、东北、向北跨越渭河成为西安未来主要的发展发向（图 4-5）。近期重点建设的选点

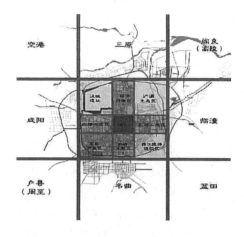
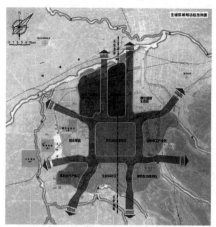

图 4-4 西安城市发展九宫格局示意

来源：西安市规划局．西安城市设计 [R].2004：92

图 4-5 西安城市发展功能结构图

来源：西安市第四次总体规划 [R].2009

体现这一发展主导，城市内部空间格局将会随之调整。同时主城区的九宫格局，轴线突出，一城多心，有利于疏解控制城区中心多种功能密集的状态，保护老城，突出西安城市的历史城市格局，彰显城市特色空间。这两点构建了未来西安城市空间转型的框架轮廓 ❶。

4.3 西安城市形态发展中的建设现状与特点

4.3.1 独特的历史发展轨迹构成西安市形态发展地域性的基础

与西方发达国家和我国东部沿海一线城市历程相比较，西安城市转型期发展由于其独特的历史条件而构成其形态变化的特殊性。以下两个方面特别突出：

（1）西安城市格局所代表的传统城市建设理念是基于中国历史文化整体的礼教秩序体系形成的理想模式，在东方世界的文化体系中，具有文化源流的重大意义和无可比拟的整体历史架构意义。

在中国城市建设史上，以汉唐长安、明清北京为代表，城市建设是在文化制度的理想图景中建设的，被称为"自上而下"的规划，城市形态整体受控，在几千年的建造技术表现中也沉淀形成了不同的城市环境物质观念，从《周礼》中的古典城市理想模式（图 4-6）开始，都城建设模式就建立在中国几千年历史的文化观念之上，城市理想图景直接表达了完整的自然观、宇宙观与社会礼教秩序，使得城市整个物质环境的人文地理关系与自然地理格局优先的城市相异。

唐代长安的建设是理念先行，选择最具适宜性的宏观生态格局（秦岭下关

---

❶ 西安市规划局．西安城市设计研究 [R]，2004.

中渭河平原）发展、建设了完备的理想空间，偶有具体变形，也具有强烈的理念控制，长安城东南角的芙蓉池的变格,被解释为人文化自然山水抽象缩影（图4-7）。北京的城市空间格局也具有类似的特点，传统城市格局相对保存完整，城市空间轴线对称格局特点鲜明，故宫后的景山，天安门（紫禁城）前的金水都是人文秩序化的自然抽象要素，也追求完满的理想图景。这种城市规划理念在整个中国历史上影响深远，图 4-8 是受唐代中国城市建设理念影响的日本城市的平面格局，也具有相似的整体格局。图 4-9 所示是古代罗马的地图，罗马

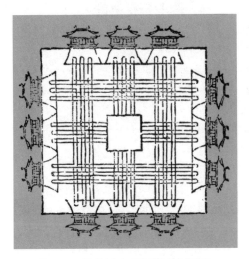

图 4-6　周礼城市理想模式复原图

来源：西安市规划局 . 西安城市设计 [R]. 2004：92

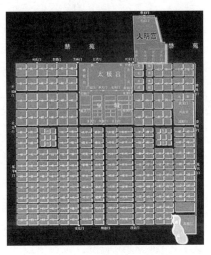

图 4-7　唐长安城格局示意

来源：根据西安 2009 年第四次总体规划资料修改

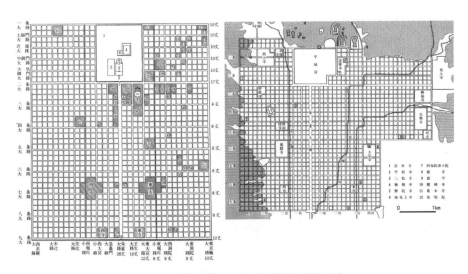

图 4-8　日本平安京、平成京城市格局示意

来源：西安市规划局 . 西安城市设计 [R].2004：121

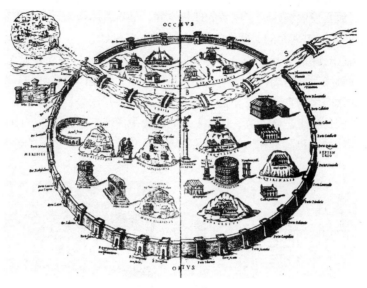

图 4-9 罗马地图

来源：ClaudeMoatti. 罗马考古 [M]. 上海：上海书店出版社，1998：165

城坐落在河谷曲流两侧的台地与丘陵上。城市借助地形来配置各类建筑体，被称为七丘之城，台伯河、高地和泉水是最重要的考虑因素。宫殿、神庙、花园、运动（斗兽）场、浴室、喷泉、公共广场等构成罗马城的功能建筑群。以此为代表的西方传统城市，城市建设区域的整体地理关系在历史上、现实中都同自然环境之间有形态上的碰撞对接。城市中一定有大河穿城而过，城市的地理形态与城市生长的关系密切而有机。城市的文化意义核心不是来自于政治、军事或文化上的秩序意义，而更注重城市公共生活、经济贸易的实质价值。与上述东方城市理想模式差异明显。图 4-10 是凯文·林奇对中国城市模式理念的理解，与西方的城市建设形成了鲜明的对比，体现了与西方传统城市完全不同的规划概念。西安正是东方城市理想的典范。

西安地区汉唐之前的城市建设曾多次易址，唐宋明清之后城市则在原址基础上重建，发展相对稳定。保留了大量自唐以来的城建痕迹。城市建设的模式完全是以一个理想都城的构想展开的，因而西安地区具有无可比拟的历史文化构架。长安城八水环绕，而不是像欧洲历史悠久的大城市依河而建，这一格局传承至今天的西安。与分区而治、新旧分离的建设道路不同，现代西安城市的核心区域叠加在唐长安城、明清西安府的基质上，与城市核心区域交叠在一起（图 4-11）。其核心的城市空间形态体系与自然地形关系是建立在整体城市规划理想模式之下的，延续了传统城市格局的严整秩序。对现代西安城市空间体系、城市整体性的认识应首先基于此特点，才能准确把握西安城市建设的整体布局关系。前述图 4-4 所示城市发展九宫格局也是基于西安这一城市特质而独有的城市构想。

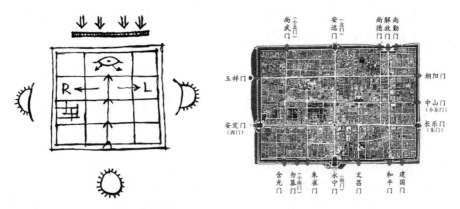

图 4-10　凯文·林奇对中国传统城市
　　　　模式的理解
来源：Kevin Lynch.Good City Form[M]. MIT
　　　Press，1981

图 4-11　现代西安明城内传统关系延续
来源：西安市第四次总体规划 [R].2009

（2）在整体的城市构架下，近代发展造成城市发展历史的破碎与拼贴。

中国近代城市发展历史上，由于文化的两次断裂（殖民时期与"文革"时期）、建设观念上对建筑遗存的不尊重、经济现实的困窘以及近 20 年来建设思想与现状的混乱所造成的建设性破坏，使得城市发展整体性受到局部侵扰。与中国西安、北京、南京等古都相比，西方的罗马、雅典以及巴黎、伦敦、布拉格、阿姆斯特丹等传统欧洲古都及传统城市中直接留存的建筑实体要更为多样和完整，保护和传承的文化传统与体系化的制度建设发展也较为充分。这一现象由历史上的各种主观、客观因素综合作用而成，又深刻影响了当代东西方对城市物质环境观念理解上的差异。如前述深圳发展模式中的异质拼贴，在全球化的世界发展与中国城市化进程背景中就是一个典型现象。西安的城市发展在局部也形成了这样的关系与格局，在城东的纺织城区域，西安西高新经济开发区、北经济开发区等建设发展中，带有中国城市发展无差异复制同时又异质拼贴的共同特点。这也是西安城市发展的现状历史条件。

这样一个物质现状与观念理解上的差异，影响我们现在对城市的思考和研究方法，目前，中国速度又成为一个新的世界性的话题，这也构成一个特殊的历史发展现实背景，在这一条件中，城市的发展变化也有其快速复制、拼贴、跳跃性大的特殊性。

因此，在传统、现状与发展三个层次影响力的综合作用下，西安城市的快速发展期内，增加了空间转型的特征矛盾性与复杂性，城市内部快速转化提质，与大面积快速蔓延同时发生，20 世纪 90 年代以来开发区发展，形成了新的城市区域，同欧美历史上城市化的郊区化发展不同，同英国卫星城市的发展也不相同，新区以新的经济产业格局发展为基础，配套大比例居住建筑的建设，而又同原来的核心区息息相关。这样独特的历史发展轨迹构成了西安富于特色的现代城市格局与形态。

4.3.2 历史文化名城沿革

（1）丰厚的传统文化遗产资源基础构筑未来西安城市历次规划发展最重要的内容与格局

西安地处关中平原腹地，北跨渭河，南依秦岭，其依山跨水之势形成了东西长 200km，南北宽约 100km 的带状格局。历史上 13 代王朝建都于此（图 4-12），形成历史遗存极为丰厚，其中国家级重点文物保护单位 23 处，省级重点文物保护单位 62 处，市县级文物保护单位 134 处，登记在册的文物就有 2944 处，丰富的地上和地下遗存，使西安堪称中国的天然历史博物馆。

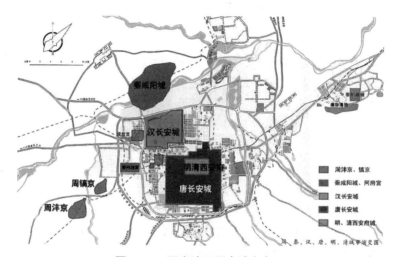

图 4-12　西安地区历史城市变迁

来源：西安市总体规划（1982—2000 年）[R].1982。改绘

西安的规划建设和发展，始终将历史文化名城的保护作为主线坚持实施并不断深化。

（2）在规划沿革中发展成形的历史文化名城规划编织西安历史空间结构

西安市的规划历经以下几个时期：

民国时期西安规划：抗战时期，西京筹备委员会对西京市的规划实施了一系列总体基础工作，最终确定了文化古迹区、行政区、商业区、工业区、农业区、风景区等六大城市功能区，对西安后来的建设起到了启示和参考作用。其中有对古迹文化区的专门论述："西京市区辽阔，历代遗迹星罗棋布。东至临潼，西至兴平，南至终南，北至泾阳、三原等处，绵延数百里，举目皆是，为中国文化之发原（源）地。如省城西北十华里，有汉代古城及太液池，再北渭河之阳,有秦咸阳故都;北城墙外之童家巷,有唐之丹凤门及含元殿;西城外卅华里,有周之镐京与汉之昆明池;西南廿华里,有仓颉造字台;东南十华里,有大雁塔与曲江池,均在市区之内。拟就历代古迹之所在从是修葺保护,因划为古迹文化区,以垂悠久。"1947年,陕西省建设厅在总结原有规划方案经验的基础之上,重新对西安市有关道路、分区、绿化、建筑、文物保护等诸多方面进行规划,拟订《西安市分区及道路系统计划书》,并绘制了相关图纸。这份规划在某些具体细节方面,规定更为详尽(表4-4)❶。

民国时期有关西安分区规划对比　　　　　表4-4

方案名称	时间	分区方案						
		工业区	商业区	行政区	文化区	风景区	农业区	住宅区
1.季平《西京市区分划问题刍议》	1934.2	三桥镇以西	旧汉城一带	西关以西	西江、樊川	瀛之滨、韦曲、杜曲	——	曲江、樊川
2.龚洪源《西京规划》	1939.12—1942.1	车站一带	城区内	商业区中心	周秦汉唐各处遗址	——	神禾原、子午镇一带	
3.《西京市分区计划说明》	同上	北郊	城之东部	凤栖原	同上	终南山	同上	
4.陕西省建设厅《西安市分区及道路系统计划书》	1947年	西南郊	干路两旁	南郊	未央宫旧址、东南郊	——	四郊区	四郊区

资料来源:阎希娟.民国西安城市地理初步研究[D].西安:陕西师范大学,2002:18。

　　新中国成立以来西安实施了三轮总体规划:20世纪50年代完成第一部城市总体规划(1953～1972年),确定了西安中心为商贸居住区,南郊为文教区,东郊为纺织城,西郊为电工城的现代西安城市雏形。20世纪80年代第二轮西安城市总体规划(1980～2000年),突出了西安历史文化名城保护工作,确定了"显示唐长安城的宏大规模,保持明清西安严整格局,保护周秦汉唐重大遗址"的古城保护原则。第三轮西安城市总体规划(1995～2010年)开始于1992年,定位西安是世界闻名的历史名城,中西部最大的中心城市,确定保护古城、降低密度、控制规模、节约土地、优化环境、发展组团、基础先行、改善中心的发展原则,为城市升级转型奠定良好基础。

　　三轮总体规划中都对历史文化名城作了专项保护规划。表4-5比较了三次历史文化名城保护规划与城市发展过程。其中,1995～2010年西安历史文化名城规划正值西安市经济发展由传统经济向新经济转变的时期开始着手编制,注入了可持续发展的思想。继承历次对历史文化名城保护建设行之有效的措施——保护和延续古城的格局与风貌特色,继承和发扬城市的传统文化,以保

---

❶ 阎希娟.民国西安城市地理初步研究[D].西安:陕西师范大学,2002。

护西安历代城市格局。强调保护与建设相协调的原则，因地制宜，从多角度、多方面，不同的地段、不同的规划原则来体现西安的传统特征、历史文化与现代化城市的时代气息。东、西高新产业区的设立以及一环以内的城市功能转移到二环、三环之间，促使旧城区由多种城市功能向旅游、商贸为主的功能转变等举措，具体体现保护与建设相协调的原则。

西安三次历史文化名城保护规划与城市发展过程的比较　　　　表4-5

名称	内容摘要	特性	城市发展中的问题	措施
1953～1972年	1.街道系统采取传统棋盘式布置 2.城市建设避开遗址区 3.公园选择多以历史上名胜古迹或遗址所在地 4.保留一切有历史意义和艺术价值的文物古迹以增加城市的华美	·计划经济时代 ·继承发展了古长安城优秀的规划传统，汲取了隋、唐长安城网路布局的特点。重视古建筑文物遗址的保存和利用，对保护民族文化遗产起到了积极作用	·对文物环境、古建筑环境的协调注意不够 ·古建筑周围出现了一些不协调的建筑 ·公园、绿地被侵占	·规划和经济有机结合 ·新建筑色彩和形式的规范 ·新建筑细部上的原则定位 ·增加支路、生活区路网的密度建议 ·加强绿化建设 ·设专家参与的专门机构操作实施
1980～2000年	1.保护明城完整格局，显示唐城的宏大规模，保护周、秦、汉、唐的重大遗址： ·文物古迹分级分类划定范围 ·古建筑划定成片保护区 ·旧城区列为保护区 2.文物保护和利用相结合——建遗址公园、游园 3.旅游产业同文物古迹、园林绿化有机结合 ·恢复几处历史名胜风景区	·计划经济和市场经济结合时期 ·明确了西安市的特色，即"保护古都风貌"，进一步维护了城市传统棋盘式路网格局；维护了城市严整对称的格局，并注重文物环境的协调 ·旅游产业的规划对文物保护起到了推动作用	·整体环境协调尚显不足 ·部分标志性古建筑周边环境失调 ·古城天际轮廓线的破坏 ·部分历史街区的消失	
1995～2005年	1.保护明城完整格局，显示唐城的宏大规模，保护周、秦、汉、唐的重大遗址： ·城市格局和宏观环境上保持和延续古城风貌 ·完善风景旅游路线，串联唐代著名遗址 ·深化名城的保护与改造 2.文物保护开发、利用结合 3.保护与建设相协调 ·明城内和文物保护单位的绝对保护区、协调区、环境影响区周围的建筑要与历史环境相协调 ·明城以外和远离重要文物古迹地区展现21世纪现代化西安的都市风貌（如高新区）	·市场经济 ·注入"可持续发展"、平衡思想 ·强调发展社会经济的同时，又要促进文化遗产的保护与继承 ·注重历史街区的保护，提出"新旧分离"建设手法	·整体环境协调、控制力度仍显不足 ·建设性破坏文物 ·支路、生活区路网密度不够 ·绿化用地不足	

资料来源：和红星.古城西安整体环境的协调与分析[J].建筑学报：2002（5）：51。

第四轮历史文化名城保护：2009年开始进行的新一轮规划凸显了城市发展的区域理念，重点在于整合历史资源。所确立的保护规划框架为：市域划分为四个保护带：城区历史名城保护带，中部历史地貌、河湖水系保护带，南部自然与人文景观保护带，东南部古遗址、古陵墓保护带；市区范围内保持"老（明）城"严整格局，显示唐城宏大规模，彰显内外名胜古迹；保护大遗址，恢复"八水绕城"的生态环境（图4-13）。重新审视西安作为"丝绸之路"起点城市的世界价值，提升"丝绸之路"起点形象，强调西安文化意义的价值整理与彰显。

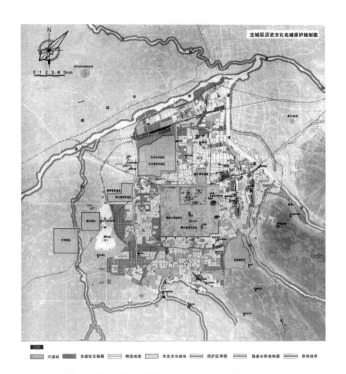

图4-13　2010西安历史文化名城保护规划

来源：西安市总体规划（2008—2020年）[R].2008

相应的保护内容包括都城遗址，宫殿遗址，帝王陵园，历史重要事件遗址，城市历史格局，宗教文化活动（宫观寺庙），人类活动遗迹，历史文化街区，自然生态环境及历史文化环境，近现代建筑，古镇、古街、古园林、古村落，非物质文化遗产，古树名木等13类硬质城市文化遗产及软文化内容。

这次历史文化名城规划提出遵循可持续发展的原则，突出古城精华，挖掘文化内涵，塑造城市特色，提升城市品质，重现古都辉煌的目标。

现在，历史文化名城保护规划与城市发展协调是保护工作的着眼点和发展方向。在城市开发、旅游产业发展中将西安城市发展的历史形态转化已成为未来发展的资源与动力。

4.3.3 西安城市多层次历史特色空间格局

传统文化遗产是西安最为重要的一笔财富，使西安站在整个中国民族历史文化原点的高度之上，也界定了城市发展空间的宏观格局。2009 年第四轮总规修订中大西安远景规划目标（2050 年）明确要"以传承华夏历史文化为主旨，（使西安）真正成为著名的世界级文化之都以及极具经济广泛影响力的国际旅游目的地、世界经济、贸易交流的聚集地"因此，历史文化保护与发展是西安发展的战略要点。未来，文化的差异与独特资源将是西安城市发展最重要的支撑与动力。理解西安多层次历史特色文化格局有以下几个层面：

（1）多层次丰富的历史遗存

西安作为世界四大文明古都之一，从西周丰镐开始，历经秦、汉、隋唐，有着 3100 多年的建城史，1100 多年的建都史，在世界城市发展史中占有极其重要的地位。

西安历史遗存资源丰富，具有以下特点：

1）时间跨度大。从公元前 11 世纪周代开始直至近现代，历经 3100 年。

2）范围广。历史遗存遍及全城（图 4-14）。

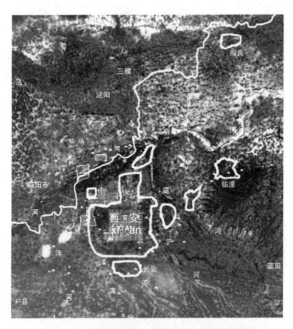

图 4-14 西安历史文化遗迹与城市范围

来源：《西安市总体规划（2008—2020 年）[R].2008

3）数量多。西安现有全国重点文物保护单位 41 处，省级文物保护单位 65 处，市县级文物保护单位 176 处，登记在册文物点 2944 处。

4）等级高

秦始皇陵和兵马俑被列入"世界遗产名录"。秦始皇陵、唐大明宫都属于国家级遗址公园。

5）遗址群为主，覆盖面积大，影响范围广

都城遗址、帝王陵园都以遗址群状态存在，四组都城遗址：周丰镐遗址、栎阳城遗址、汉长安城遗址及隋唐长安城遗址，总面积接近市域面积。帝王陵园遗址面积也较宏大。尤其是历史城市格局保护，与现代城市建设用地叠加复合，影响深远。

6）层次丰富

从时间、空间尺度，到意义、类型与形式都丰富多样。

（2）唐皇城复兴发展战略

唐代是西安发展历史上最为辉煌的一页，也是中国历史文化中最浓重的一笔。西安地区作为唐长安所在地，城市格局发展深受影响，明清西安府城即是在唐皇城基础上建成的，其保护范围、历史遗迹叠合。由于唐代历史遗迹地面留存几乎没有，因此其历史格局一直没有物质依托，淹没在现代及明清城墙遗址所在范围之下，面对城市新一轮发展机遇与挑战，西安市政府于2003年将"唐皇城复兴"作为西安城市文化复兴发展战略方向。唐皇城遗址范围内西大街街区整体改建为传统风格的现代商业街区，并严格协调了建筑色彩、体量等风貌特征。规划恢复建设了大唐西市建筑群，并在城市总体范围内启动了皇城北侧唐大明宫遗址群保护工程，城市西南部唐大雁塔遗址周边区域、曲江大唐芙蓉园、唐城墙遗址公园、曲江南湖等一大批围绕唐长安遗迹的具有历史特色的城市公共空间建设，推动了整个城市格局历史文化特色的恢复。

（3）西安现代城市设计

围绕文化复兴的概念，西安曲江新区后续建设了长安龙脉上的贞观广场（美术馆、音乐厅、影院、图书馆）、大唐不夜城综合餐饮娱乐休闲区，唐大慈恩寺大雁塔景区西侧的大唐通易坊、东侧的大唐爱情谷等一系列具有现代地域文化与历史文化特色的城市公共开放空间、商业地段、大型公建及设施。曲江新区建设形成了具有西安特色的城市建设开发模式，激发国内研究讨论的热潮，与一般城市新区"开发区"建设模式形成鲜明对比。

大西安东侧组团临潼新区围绕秦、唐历史遗迹群资源，将城市建设区域分设秦文化、唐文化区，以整体概念规划城市特色空间，推动临潼区整体发展与提升。

唐大明宫遗址群保护工程与周边地区开发工作同时展开，2010年10月1日大明宫国家遗址公园正式对外开放。

现代西安城市设计体系构建了西安城市建筑色彩、风格，形成了浓郁丰富的传统历史文化特色，凸显了西安整体的城市特色：古代文明与现代文明交映，老城区与新城区并陈，人文资源与生态资源互依。

4.4 西安城市高层综合体总体发展状况

4.4.1 西安的高度规划与历史文化遗存对城市高度发展的影响

民国中期，1932年国民党政府拟设西安为国民政府陪都，其时已有易俗社孙经天在1934年10月发表了《西京市政建设计划之准则》一文，提出在城市规划建设中应坚持原则，例如，"西京市不应西洋化"，"西京市政建设田园化"等，认为应摒弃"摩天之高阁、杂沓之街道"，保持古都淳朴古老的风貌。在此基础上成型了上述西京规划方案明确提出的设立文物古迹区的规划分区思想。

新中国成立后三次历史文化名城规划都明确将控制建筑高度作为重要的协调措施与内容，因此西安城市老（明）城圈内建筑高度有详细的规定。现行的高度分区规划规定：严格控制古城墙内、外侧的建筑高度和风格，老（明）城圈内全区内高度不超过36m，以城墙周圈、四个主要城门、钟楼为控制点，分层次控制❶。

（1）沿城墙圈控制，内侧20m以内为禁建区，100m水平范围内高度不得超过9m（城墙高度9m），100m外以梯级提升；外侧至一环路范围为城市绿地，限建6m之内的园林式公共服务设施，环城路以外以60m为过渡，分24m、36m、50m梯级提升。

（2）以东、西、南、北城楼中心，内沿线100m、外沿线200m范围内为禁建区，之外以60m为过渡分24m、36m、50m梯级提升。

（3）以钟楼为中心，以与各方向城门的视觉通廊控制建筑体量及高度。钟楼至东门通视走廊宽度为50m，通视走廊内建筑高度不得超过9m，通视走廊外侧20m以内建筑高度不得超过12m；钟楼至西门城楼通视走廊宽度为100m，通视走廊内建筑高度不得超过9m；钟楼至南门城楼通视走廊宽度为60m；钟楼至北门城楼通视走廊宽度为50m（图4-15～图4-17）。

对全城的建筑高度依据通视走廊的拟定形成控制图（4-18）。

---

❶ 《西安历史文化名城保护条例》第二十六条、第二十七条、第三十条明确规定严格控制古城墙内、外侧的建筑高度和风格，制定了城墙、钟楼、鼓楼的保护范围、开放空间、建设高度限制的具体要求与风格协调要求。如：沿城墙圈内设置20m开放绿地、紧邻建筑高度不大于9m，在重要节点处以放射状、控制建设高度与风格；钟楼至东、西、南、北城楼分别划定文物古迹通视走廊，并制定了具体通视控制要求。

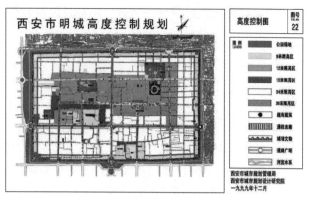

图 4-15　西安市明城墙内建筑高度规划 2000

来源：西安市规划局

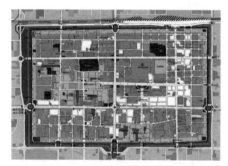

图 4-16　西安市明城墙内建筑高度规划 2005

来源：西安市规划局

图 4-17　西安市明城墙内建筑高度控制概
念模型

图 4-18　西安古建筑遗址通视走廊

来源：西安市总体规划（1982—2000 年）[R].1982

4.4.2 西安市现状高层建筑的分布、数量、格局及发展趋势

（1）数量及总体分布特点

截至 2009 年，西安市共有高层 2000 多栋❶，主要为高层住宅、办公楼、写字楼、旅馆以及金融机构等。高层建筑总体呈现了从中心到周边的总体分布发展态势，显现沿一环、二环快速道路发展轨迹。1995 年后以高新区为核心的新区带动发展特征明显。这一地区形成了高层建筑发展密集区，目前，西安市超高层建筑集中出现在这一区域。2005 年以后，北开发区的发展突出，高层建筑沿西安中轴线展开。同时，由于老城中心与现代西安的质心叠合，历届规划都将中心城区纳入高度控制重点地段，中心城区及周边地段发展长期处于限制性发展状态。但是同时由于城市快速发展，这一地区用地人口密度与建筑密度的矛盾一直较为突出，使得沿二环地带高层建筑更新成为西安城市发展的新高地。

2000 年前后，西安高层住宅建筑逐渐普及，成为高层建筑数量突出的增长特征。2005 年以后高层建筑发展速度猛增，几乎规划新建住宅全部为高层建筑，综合体建筑出现。表 4-6 统计汇总了 1980 ~ 2005 年西安市规划局所审批的西安主城区高层的数量（除高新区以外），通过统计可以发现，主城区内除高新区外高层建筑增长主要表现为居住建筑，公共建筑年增长率基本保持平稳，上述统计中公建数量统计还包含了商住综合高层建筑，根据计算，2000 ~ 2005 年公共建筑的高层数量商住型比例平均为 48%。这一时期公共建筑数量增长点主要集中在高新开发区。图 4-19 是西安 1980 ~ 2005 年建成的高层建筑在西安市发展分布的态势。体现了普遍化整体蔓延的总体趋势，分布格局经历了中心发展—周边扩散—外围集聚的整体趋势。随着西安市整体空间构架拉开，高层建筑在外围发展将会更加迅速。

（2）西安高层建筑类型分布

1）高层办公区的发展图

商务密集区是城市成熟地区的开发前沿，聚集了城市开发的高端力量，因而商务中心的发展路径就是办公类高层建筑的发展轨迹❷。图 4-20 是 20 世纪 90 年代以来西安新建商务办公区的发展，图 4-21 提示了西安商务中心的演化及轨迹，大体符合整体城市高层的发展情况，二环的建设发展与西高新开发区的建设带动了第一轮城市商务区的变化迁移，并结合具体产业及历史条件形成三个中心地带，分别位于高新区、长安路、东侧高端酒店群。第二轮发展则伴随城市发展在高新区三期、曲江新区商务发展重点、长安龙脉北段核心区酝酿成型。高端商务办公高层建筑带动了西安市高层整体发展。

---

❶ 张瑾，徐欣然. 高层建筑布点今后将相对集中 [N]. 西安日报 ,2010-11-18(3)

❷ 郑凌. 高层写字楼建筑策划 [M]. 北京：机械工业出版社 ,2004。

	住宅	公建	合计
1980	0	6	6
1981	1	1	2
1982	0	3	3
1983	2	12	14
1984	3	10	13
1985	5	13	18
1986	4	6	10
1987	2	18	20
1988	7	19	26
1989	5	5	10
1990	0	8	8
1991	0	6	6
1992	4	11	15
1993	7	21	28
1994	14	9	23
1995	6	20	26
1996	10	5	15
1997	3	10	13
1998	11	19	30
1999	12	36	48
2000	50	30	80
2001	58	26	84
2002	120	34	154
2003	135	54	189
2004	185	49	234
2005	287	99	386

西安市高层建筑1980～2005年数量统计　　　　表4-6

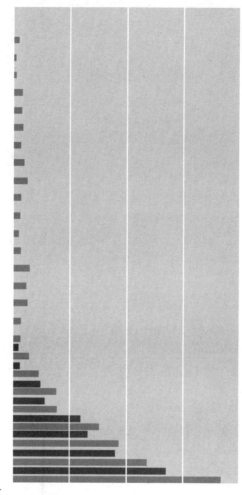

资料来源：根据西安市规划局审批档案统计

目前，西高新产业开发区高新路与科技路十字成为西安高层建筑发展集群化特征最为明显的区域。经过近20年建设，西安西高新产业开发区GDP位于全国发展前列，超高层商务建筑密集，随着高新区三期的发展，这一趋势将体现得更为充分。曲江商务区沿西安城市南侧轴线发展格局已经形成，在整体曲江文化区概念强势发展带动下将会进一步发展。随着大明宫遗址保护区整体开发，客运站与市政府北迁，北开发区中轴线延伸带将会在长安龙脉发展基础上成为商务高层建筑密集带型区域。

2）西安市超高层建筑的分布

在保护中心古城，拉开城市骨架的宏观发展策略下，西安高层建筑集中在城市东、南、西南、北四个方向重点地段发展。西安市超高层建筑的发展，基

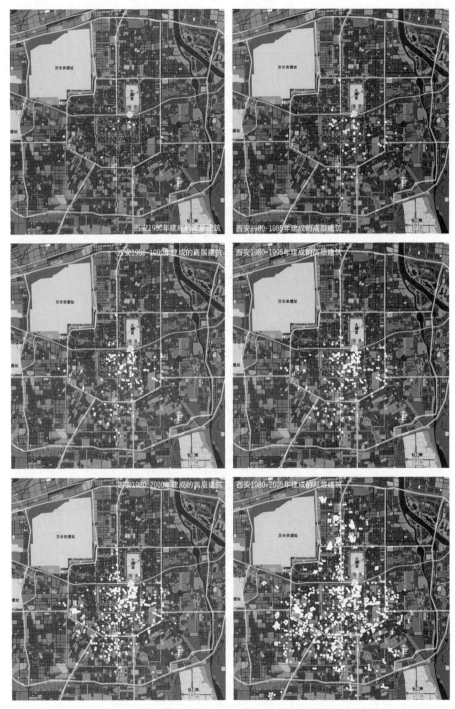

图 4-19　西安 1980 ~ 2005 年建成的高层建筑

来源：根据西安市规划局建审档案统计绘制

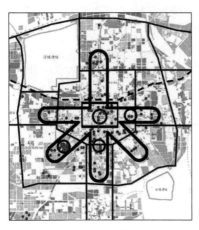

图 4-20　1990 年以来西安市新建商
务办公楼空间分布

来源：西安高新区管委会

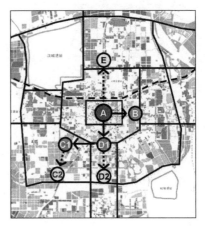

图 4-21　商务活动中心的演化及位移趋势

A 城市中心（老明城区南北大街）；
B 金花—建国饭店高端酒店群，向东拓展；
C 西高新开发区带动（三次向外扩展）；
D 两次南向延伸（长安中路—曲江区电视塔）；
E 张家堡广场—长安龙脉北段

本保持了与高层建筑发展同样的整体态势，表 4-7 汇总了西安主要的超高层建
筑情况。目前现状超高层建筑主要分布在西南方向高新技术产业开发区，以及
西安北部经济开发区（图 4-22）。

西安现状部分超高层建筑一览表　　　　　　　　　　表4-7

编号	建筑物名称	面积（m²）	高度	位置	建成时间
1	西安高新国际商务中心	135156	主体155.4m/40层	西高新开发区	2003年
2	陕西信息大厦	98600	主体190m/51层	南二环西段	2011年
3	西港国际大厦	70303	主体218m/48层	西高新开发区	2008年
4	陕西移动枢纽大楼	30650	主体约130m	西高新开发区	2004年
5	中国电信大厦	57200	主体168m/33层	北关正街	1999年
6	西部国际广场	116280	檐口131.3m/37层	西高新开发区	2007年
7	陕西电信网管中心大厦	81668	主体160.8m/36层	西高新开发区	2005年

随着城市格局发展态势的明朗，可以预见，西安未来超高层建筑分布将会
加强现有的格局态势，随着西南向县高新技术产业开发区三期及周边工业园区
规划布局，未来丈八路、锦业路一带将会集中出现超高层建筑，并形成西安金
融贸易产业发展基地（图 4-23）。

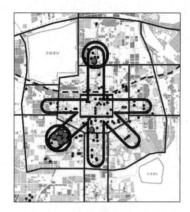

图 4-22　西安市超高层建筑分布

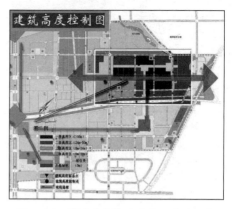

图 4-23　西安高新技术产业开发区三期
高度控制图

来源：西安高新区三期规划设计及工业园区控制详细规划

3）城市商业综合体发展及分布趋势

城市级商圈发展分布带动了城市商业高层综合体的发展格局。

西安的城市商圈发展先后经历三次发展成型时期：20 世纪 90 年代前西安形成了以钟楼周边地段为中心的一级商圈，以火车站辐射出在解放路以民生百货为核心的重要商业地段。城市商圈南侧的小寨，东侧的胡家庙，西侧的土门为次级商业中心点。这些构成了西安市传统的商业集聚地，城市商业发展基础较好，总的商业经济效益份额仍然领先。

2000 年前后西安城市西南侧高新开发区形成了城市副中心商圈，东侧形成了以康复路、轻工业批发市场为核心的商贸中心，沿雁塔路形成了李家村数码产业商贸带。

近年西大街、东大街进行了更新，发展了兴正元、西大街百盛等一批商业综合建筑，2009 年解放路万达广场、2010 年民乐园万达广场先后建成，传统商业中心复苏。2008 年李家村万达广场、百脑汇等建成，加强了雁塔路数码专业商贸带的发展。高新区中心广场生活商业形态成熟完备，商业影响辐射全城。随着未央区开发在张家堡广场与凤城二路的长安龙脉商业培育了成熟的城市级商圈。曲江大雁塔及周边地区开发形成了贞观广场、大唐不夜城、大唐通易坊等这些旅游餐饮娱乐带动的城市商业旅游区。城市级商业中心地段综合体发展迅速。同时，沿城市快速发展的交通廊道形成了商业圈的集聚发展，沿二环路商业开发正在形成规模，如东二环立丰国际购物广场城市高层综合体、南二环红星美凯龙家居中心城市高层综合体、北二环明珠家居、锦园地段商业中心等。

整体而言，在较为成熟的二环内区域，发展轨迹清晰，增长点明晰，综合体发展正处在良好的发展势头（图 4-24）。

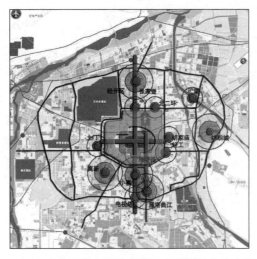

图 4-24　西安市现状商圈分布及商业高层综合体空间分布

4.4.3　城市升级置换中城市高层综合体发展

在西安城市全面升级中，超过 30% 面积比例的城市更新是以城中村、棚户区改造形式完成的。西安整体跨越发展使得城中村发展矛盾突出，是城市改造更新的重点。二环沿线的城中村成为改造发展尤为突出，对城市人口的重新分布影响明显。西安市城中村改造自 2002 年起步，2010 年 5 月之前已批准列入改造计划的城中村 146 个，遍及各个城区。2007 ~ 2010 年，已实现总投入 268.9 亿，总建设量 2000 万 m^2，涉及人口 14.5 万人。根据西安市住宅建设规划，未来 4 年内城中村改造建设面积将达到 864 万 m^2，占全市住房供应总量的 20%❶。

首批取得《城中村改造方案批复》的 83 个项目❷遍布全市：这些区域的改

---

❶　张瑾，徐欣然 . 高层建筑布点今后将相对集中 [N]. 西安日报，2010-11-18(3)。
❷　83 个城中村分别是：
新城区（5 个）分别是：八府庄、含元殿村、北张家庄、胡家庙一村、二村。
碑林区最为集中（17 个）分别是：李家村、西何家村、仁义村、黄雁东村、星火村、东何家村、北沙坡、刘家庄、皇甫庄、仁厚庄、南郭村、南沙坡村、草场坡村、南关村（振兴路地区）、永宁村、祭台村、边家村。
莲湖区（12 个）分别是：大马路村、五一村、任家口村、马军寨村、新桃园村、北火巷村、东桃园村、李家庄村、陈家寨村、郭家口村、白家口村、大土门村。
雁塔区（14 个）包括：长延堡、东三爻村、西三爻村、鱼化寨、西三爻堡、辛家坡村、东姜村、延北村、齐王村、西姜村、春临村、郝家村、双桥头村、北寨子村。
未央区（15 个）包括：西安中轴线节点处的张家堡，以及刘南堡、刘北堡、红光村、文家村、孙家湾、炕底寨、三家庄村、范南村、红旗村、辛家庙村、沱村、杨家庄村、十里铺、吕小寨村。
灞桥区（6 个）区位优势相对较弱，包括：枣园刘村、尉家坡村、穆将王村、董家门村、草北村、新市村经开区发展速度快、步伐大，传统西安北郊随着市政府北迁以及新西安客运火车站北移规划实施，北郊的开发势头强劲，对于土地的控制与规划也形成较多经验。目前城中村改造主要以居住改造方向为主（13 个）包括：南李村、北康村、杨家村、北李村、董家村、王前村、贾村、南党村、三九村、盐东村、池东村、翁家庄村、刘家村。
曲江新区建区发展前整体城市配套基础差、经济落后、产业模糊，乡村形态保持较为完整，在人为大范围快速开发中，对土地进行完整集中规划，控制较为充分，因此城市发展用地储备充分，牵涉城中村情况较轻，首批只包含了 1 个。

造几乎全以高层建筑形态为导向，其中原城三区所涉及的改造项目基本处在西安城市中心发展地段，商业发展基础较完整，商业潜力大，因而人地矛盾突出。这些城中村的改造形式无疑将以城市高层综合体为主，在86个城中村改造项目中，原城三区项目共34个，占40%。

仅南二环东段从雁塔路以东至兴庆路立交处，沿街长度2.5km的范围内，目前在建的城市发展升级项目包括29万 m² 绿地的"九号官邸"，30万 m² 的曼城国际及周边区域，110万 m² 的"太乙城"，40万 m² 的"天伦御城"四个项目，总量超过200万 m²，沿二环高层建筑连绵成片。建设体量、规模、开发强度与城市等级都在提升。

以首批获得批准的南二环段的西何家村、祭台村建设为例，可以看到城中村建设规模大、速度快，强度高、综合、集群、复合发展建设的特点。

（1）南二环东段祭台村

祭台村区域经过20世纪80年代城市扩展、90年代城市环路建设冲击两次变革，原有的基础非常差，用地散乱，牵涉范围较大，情况复杂，此地段发展既有棚户区改造又有城中村改造。

祭台村城中村拆迁改造主要分二环南北2部分，一共7个地块。项目总投资17.76亿元，仅拆迁安置费用就达3.5亿元，拆迁总面积32万 m²，初期建成的3栋安置建筑高度均为32层，裙房为5层的大型商业用房。随后建成的二期棚户区改造工程建成3栋公寓住宅连体的曼城国际商业、居住高层综合体，总建筑面积11万 m²。新建居住区华龙太乙城是西安碑林区2009年重点项目，总占地约164600m²，建筑面积110万 m²。该项目汇集大型商业、休闲会所、居住、美食、娱乐、办公、酒店为一体，均宣传将缔造西安CBD和CLD旗舰航母。该地段个别地块容积率达到8，总建设量合计超过146万 m²，平均容积率接近6，是原有（2000年）区域保有建设量的8 ~ 10倍（图4-25）。

（2）南二环西段西何家村

西何村地上总建筑面积30万 m²，容积率约为4.5 ~ 5.5，人口及建筑面积是原来规模的5 ~ 7倍，发展出了以原有的太白路建材市场为基础的红星美凯龙家居购物中心，此区域发展成为商业、酒店、公寓、居住的高层综合体群，成为区域中心与标志地段。太白路西侧地块由两个项目组成：一个为高层居住建筑项目；另一个地块规划了由高层精装公寓、住宅及商业设施组成的高层综合体"未来城"地产项目，其6万 m² 的商业娱乐广场由国际知名景观设计机构负责，将会成为城市区域重要的场所标志（图4-26）。

城三区的34个城中村改造中，虽然原有的用地规模、使用特点差异较大，但是建设量增长比例将会基本与上述两例类似。据此比例估算，预计总体改造完成后，城市增加建设量将达现状建设面积的5 ~ 7倍。由于现状土地使

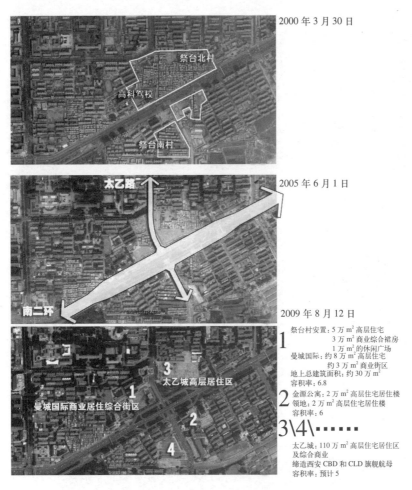

2000 年 3 月 30 日

祭台北村

高科驾校

祭台南村

2005 年 6 月 1 日

太乙路

南二环

2009 年 8 月 12 日

1 祭台村安置：5 万 m² 高层住宅
      3 万 m² 商业综合裙房
      1 万 m² 的休闲广场
   曼城国际：约 8 万 m² 高层住宅
      约 3 万 m² 商业街区
   地上总建筑面积：约 30 万 m²
   容积率：6.8

2 金源公寓：2 万 m² 高层住宅居住楼
   领地：2 万 m² 高层住宅居住楼
   容积率：6

3\4\······

   太乙城：110 万 m² 高层住宅居住区
   及综合商业
   缔造西安 CBD 和 CLD 旗舰航母
   容积率：预计 5

3 太乙城高层居住区

1 曼城国际商业居住综合街区

4

图 4-25 西安市南二环西祭台村地段高层建筑发展

来源：根据 Google 地图整理

用成本及拆迁安置成本高昂，可以断言，这些区域的平均容积率将至少达到 5 ～ 6。由此可以预言，西安市二环沿线非高层发展区域城市空间形态及功能将会迅速更替，将被高层建筑所覆盖。

4.4.4 西安城市高层综合体建筑分类发展分析

（1）按主导功能分类综合体建筑发展

按照建筑的经济业态划分，可以分为以下几种类型：商业主导型城市高层综合体、产业办公主导型综合体、居住建筑主导型高层综合体。

1）商业主导型城市高层综合体

包括李家村万达广场、解放路万达广场、西大街百盛、东大街百盛、开元

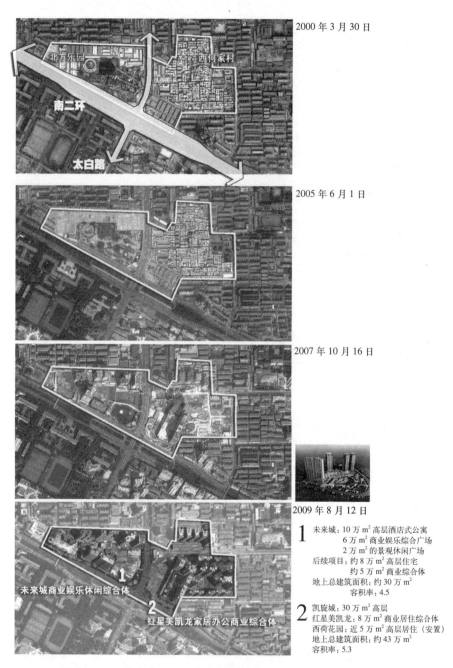

2000 年 3 月 30 日

2005 年 6 月 1 日

2007 年 10 月 16 日

2009 年 8 月 12 日

1 未来城：10 万 m² 高层酒店式公寓
  6 万 m² 商业娱乐综合广场
  2 万 m² 的景观休闲广场
  后续项目：约 8 万 m² 高层住宅
  约 5 万 m² 商业综合体
  地上总建筑面积：约 30 万 m²
  容积率：4.5

2 凯旋门：30 万 m² 高层
  红星美凯龙：8 万 m² 商业居住综合体
  西荷花园：近 5 万 m² 高层居住（安置）
  地上总建筑面积：约 43 万 m²
  容积率：5.3

图 4-26　西安市南二环西何家村地段高层建筑发展

来源：根据 Google 地图整理

商城、兴正元、小寨百盛、赛格广场、百脑汇、立丰国际广场（东二环百盛）
等项目（表 4-8）。

明城区	解放路商圈	1.解放路民生		2.解放路万达广场	
	东西大街商圈	3.开元商城		4.西大街百盛	
		5.东大街百盛		6.中大国际	
小寨商圈		7.小寨百盛		8.小寨国贸	
雁塔路数码商圈		9.百脑汇			
		10.李家村万达广场		11.赛格广场	
西高新产业开发区		12.金鹰国际			
二环环线		13.立丰国际广场（百盛）		14.红星美凯龙	

其分布以西安市商圈分布（图4-23）为基础框架，随着城市整体社会发展水平提升，旅游战略推进、西安城市商业发展格局脉络分为传统商业中心、新兴区域商业中心、城市产业带动商业中心、快速交通廊道伴生的四种类型，发展轨迹清晰，增长点明晰，未来西安城市商圈的发展格局将会依托原有传统商圈，继续发展新兴商圈、商业持续发展轴带，以及次级商业中心（图4-27）。

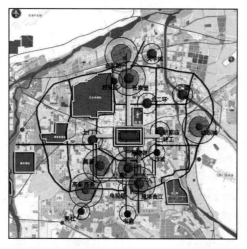

图 4-27　西安市商业地段空间分布演变趋势

在传统的城市中心区解放路商圈、李家村商圈、小寨商圈等，这些地区形成了以大型零售业主导，综合商业业态的大型城市高层综合体项目，其中在李家村、解放路都发展出万达商业旗舰综合体建筑，在同一建筑内，建筑总面积项目综合地上地下、商业街、娱乐中心、影剧院、生活超市、家电超市、大型零售百货店、居住公寓等各种商业形态。在小寨商圈内，虽未出现单栋大型商业旗舰综合体高层建筑，但是在500m 商业街区内，如百盛、海港城、购物市场、地下商业步行街等商业设施密布，与城市公共设施如过街天桥等连接在一起，形成了综合商业街区。

前述城市中心区主要商业街道——东西大街形成了数个大型高层商业综合体的连绵。

沿城市快速发展的交通廊道二环沿线形成了若干新的高层商业综合体。图4-28 是立丰集团开发的东二环百盛项目的功能平面构成示意，通过二层室外平台，该项目与跨越城市快速道路东二环的人行天桥连接，形成了与城市公共设施的连接。

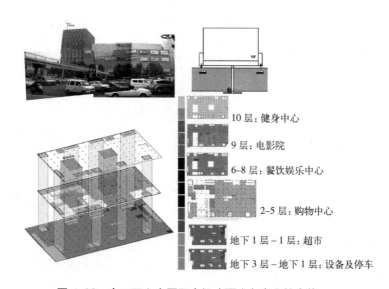

10 层：健身中心

9 层：电影院

6-8 层：餐饮娱乐中心

2-5 层：购物中心

地下 1 层－1 层：超市

地下 3 层－地下 1 层：设备及停车

图 4-28　东二环立丰国际广场（百盛）商业综合体

来源：根据西建大 2009 级硕士研究生李光远等调研资料整理

108

2）产业办公主导型综合体

西安办公类高层建筑综合体建筑较多，以西安高新开发区最为集中。未来高新区三期的实施将会集中规划以金融贸易为主的高层建筑群。图4-29是西安高新区三期城市设计概念方案之一，显示未来城市区域发展集聚效应下城市高层综合体的构成。

在传统明城墙限定的区域，以四条大街界面形成了一定高层建筑聚集发展关系，东西大街以零售商业为主；而南、北大街金融贸易办公建筑发展较为集中，形成了一定金融发展聚集区，如北大街交通银行、东亚银行、浦发银行，南大街建设银行、工商银行等（图4-30）。

图4-29　西安高新区三期CBD城市设计
　　　　概念方案

来源：西安市规划局

图4-30　西安未央路经发大厦周边高
　　　　层办公综合体鸟瞰

来源：新浪博客　中国西北中心城市——西安

在这条穿城而过的被称为长安龙脉的西安城市空间轴线上，商贸产业分布一直向外延伸，在南侧延伸线上分布有农业银行、长安国际等金融办公综合体项目，在北侧延伸线有利君V时代、陕西省公安厅等金融办公综合体项目。

3）居住建筑主导型综合体

单一的居住建筑与城市关联性较差，但是成群成组的居住建筑群落能够表现出城市空间单元及组合的特性。罗西在城市建筑学研究中将居住区分类命名为"城市建筑"，同理，成组、成群互相关联的高层居住建筑群，综合一定的城市功能，构成了城市高层居住综合体。沿二环的城中村改造项目中，城市高层居住综合体比例较高，如前面提到的何家村改造项目建设了公寓型城市高层居住综合体——海星未来城，祭台村改造项目建设了城市高层居住综合体——曼城国际等。

（2）密度表现方式

按照高层建筑综合体综合性密度表现划分，综合性越高的高层综合体，其地面层流线越复杂，与城市流线秩序连续性越强，相应的城市公共活动的密度、人员密集度也越高。

1）场地覆盖高密度型

对应前述功能主导类型——追求近地高密度活动多为城市开放性、参与性较强的商业设施，建筑形态也由高耸转变为体量巨大，以万达、百盛为代表，如开元商城、解放路民生商城的形象完全转化为敦厚的建筑体量。这样的城市高层综合体场地建筑密度非常高，超过55%以上，容积率介于居住与高层塔楼之间。虽然层数不多，但其建筑容积率仍能达到4～6之间。

由于密度高、体量大，单层面积通常占满甚至跨域城市街区，因而商业街等城市公共空间渗透与组织是这类城市高层综合体建筑常见的组织方式。

2）高层低密度型

相对而言，办公楼、酒店等高层建筑，其标准层多由串联的小空间组织形成，平面尺度相对有限。这类建筑主要以塔式建筑结构体形式在垂直方向叠加，提高密度。以这样空间类型主导形成的城市高层综合体建筑密度通常较低，约在38%～55%之间。容积率能达到10以上。

超高层城市高层综合体就是此种密度表现的典型方式之一。

3）群组立体密度型

成组、成群、板点结合是城市高层综合体设计常见手法。相互穿插连接的建筑单体（图）与单体之间的空间（底）相互交融，突破了传统城市建筑实体与城市空间单一的层次逻辑，图底一起构成城市建筑的量与质。大部分居住类城市高层综合体，都采用了建筑群体关联构成的密度分布形态。一般来讲，居住类高层建筑容积率越高，其形态相关性通常越高，一般容积率可以达到5～6，建筑密度则在40%以下。

（3）空间开放模式

指建筑空间与城市空间交织的模式，包括单元化、"间空"空间、延长界面、空间交错等类型，也可以通过统计建筑空间所开放的城市界面等级与水平长度来量化分级。

通常来讲，城市高层综合体的底部空间是与城市秩序连接的重点，空间交错混合度深，界面连接比例高，城市界面长。而上部空间则多通过形态尺度等视觉方法与城市空间联系，城市界面短小，多以通道等方式连接。因此城市高层综合体在垂直方向上，空间开放程度一般由上至下是递增的。

通常商业主导型综合体动线长，服务层次多，综合性强，体量大，因而城市空间渗透性强，底层与城市公共体系关系紧密。

办公、酒店、居住等高层综合体建筑则偏向于通过设置前广场、前空间、大堂、中庭、裙房屋顶、空中平台、灰空间等建筑"间空"空间，增加建筑层次，柔化城市界面，以取得与城市空间联动、衔接、对话的目的。如高新区办公建筑南九座花园，每四层划分为一个单元，设置一个四层通高的空中花园，成为四层办公建筑的核心空间，这个四倍空间格网层次直接表露在建筑北界面上，在建筑空间与城市空间中增加了空中花园的尺度系统。

在西安南北中轴线北段，高层办公综合体利君Ⅴ时代，以"挖减"形成"间空"，增加形态层次，取得与城市关系的协调融合。

（4）城市公共性

西安的城市高层综合体现状总体来讲是以商业主导的类型发展最为成熟，在办公区域形成的高层建设基本以单体为主导，技术性相对突出，综合性、城市性水平较差，因而以城市公共性指标来衡量，商业节点处综合体建筑总体综合性、城市性较为突出。

位于长安龙脉重要空间节点处——南门外的长安国际项目，其城市性设计相对较为充分（图4-31）。

图4-31 长安国际综合项目夜景效果

来源：西安市规划局

图4-32 长安国际综合项目形体分析

建筑没有简单粗暴地采用高耸纤细的一般高层建筑形态来实现高密度开发，而是通过一组精细体量构架增强修补南门地段的整体性。在图4-32中层次1用3栋22～24层的高层建筑，沿西南边界排布为L形，与南侧农行办公楼位置尺度对应，A、B两栋点式形态，C栋板式形态，很好地利用视觉关系梳理了南北向城市轴线的关系。层次2用简单浑厚的4栋11层建筑体量组合与现存城堡酒店尺度相对应，处于敏感的36～40m范围内，形态厚重，尺度严谨，空间秩序礼仪化，共同构成了南门广场的一角边界，设置公共平台连接4栋建筑单体，平台上由4栋11层建筑围合的核心空间，在长安路一侧通过台阶、落水、自动扶梯与街道空间连接。建筑空间处理简洁清晰，在不同层次之间流转，协调建筑界面与城市界面的层次关系。

4.5 西安城市高层综合体发展问题与矛盾

4.5.1 西安城市高层综合体发展总体矛盾

（1）保护控制与快速发展的矛盾是西安城市综合体建筑发展中的首要矛盾

西安城市发展的特点首先体现在特色文化空间编织的现实底蕴上，历史文化的特色渗透进方方面面。对于历史文化遗存的保护，牵涉到城市建设的体量大小、规模、定位，以及开放空间体系等等方面，是一项长期、整体、综合、复杂的工作，需要耐心、资本积累、仔细甄别、详细策划与协调。

在全球化、快速城镇化、城市开发市场化综合发展背景下，作为典型的中国"二线"发展城市，西安城市发展形态、空间、规划土地控制都面对迅猛的快速发展压力。可以讲，西安迈向国际大都市的脚步"一日十年"，其聚合发展的速度惊人，西高新开发区、曲江新区、浐灞三角洲、经济开发区的整体区域性发展在近十年中都以几何级速度迅速增长成型。

无论在高度叠合的城市中心，还是城市基础设施延伸到的新的开发建设用地上，其现有土地使用开发市场化的体制中，商业产业链及资本投机的主导性非常强。表现出的结果就是建筑形态类型五花八门，建筑密度居高不下，这使得城市发展在快节奏中面对很大的压力——如何在迅速城市发展中将每一颗宝石、珍珠、奇石保护好已是发展中的挑战，而如何在此基础上提升城市空间整体性与文化特色更成为城市空间整理的焦点与难点。

针对西安特色资源所面临的市场资本的强势影响，西安城市高层综合体发展处在传统城市整体保护与快速发展现代转化的矛盾之中。

（2）现代化、国际化与地域化的发展矛盾

在西安城市发展轨迹中，"现代"社会构成了城市生活的支撑性基础，城市公共功能、公共设施、法规的完善同传统地方城市空间特点及总体布局之间存在矛盾。尤其是现代消费社会中城市公共活动方式的改变不断涂刷城市空间的建构逻辑，使得传统与现代并存的西安从表面上看来，传统地域建筑形态、风格对现代城市功能完善发展的影响与制约性越来越突出。尤其在城市再开发的过程中，协调关系与完成现代城市基本职能系统化成为城市发展空间重构的两难选择。从根本上讲，这是现代社会与传统社会发展方式之间根本矛盾的具体表现，是城市世纪全球化、国际化、现代化文化价值趋同的过程中所共有的现象。

城市高层综合体作为城市再开发的主要形式之一，改变了城市建筑空间整体构成关系。其大尺度、群聚、整体、内部空间连绵的趋势彻底改变了传统地域建筑相对细腻、亲和、灵动的空间界面，大规模规划的推进取代了自然有机的调试、磨合的城市增长方式。城市功能运转顺畅与商业模式顺滑是现代城市的基本价值取向，在这种发展逻辑的驱动之下，人文地理所自然产生的地域影响不能直接作用在建筑产品生产流程中，因而地域影响的形式、范围、结果等方面都不能达到理念上设定的价值目标，是目标与机制之间的深刻矛盾。

（3）现有矛盾与可持续发展战略之间的矛盾，也就是近期具体问题与远期发展战略之间的矛盾尤其是在城中村改造的过程中，现实的土地使用矛盾与城市长远空间格局发展之间是需要仔细甄别与协调的。

4.5.2　西安城市高层综合体发展的具体问题

从前述的城市高层综合体各方面的状况分析中，我们可以看到，虽然西安的城市高层综合体发展条件已经逐渐成形，但是城市建设还未从对高层建筑的高度、密度控制转到以城市高层综合体带动、控制的整体发展思路，也未形成具有城市全局或区域整体影响力的城市高层综合体，呈现散乱发展的总体格局。

（1）从西安高层综合体建筑的总体发展现状来讲，整体发展水平较为初级，综合性、整体性、表现力均较差，具有以下问题：

1）发展地段分散，整体关联性差。

2）功能综合程度较差；完善程度不够，城市性发育不够。

3）城市职能表现弱，城市空间参与度低，与城市环境耦合度差。

4）建筑单体布局松散，缺乏空间整合的有效手段，同时建筑群体空间整体性不强。

（2）从发展愿景来理解，城市高层综合体建筑代表了可持续、紧凑、高效的发展模式，但其在城市中的发展不仅是规划布局与建筑建设的问题，穿透了城市发展总体思路与整体措施，这在西安未来发展格局表现中十分突出，但目前对接基础较差：

1）城市高层综合体规划对西安即将发生的逆城市化发展的弊端规避思路仍不清晰。

2）城市中心区更新过程面临着严峻的资源、环境、交通等负面效应，城市还未向可持续发展方式与模式转变。

3）针对可预见的空间资源稀缺，对新区及城市增长极可持续发展方式与模式探索还未提上议事日程。

4）在城市轨道交通发展建设的过程中，缺乏经济管理政策的整体配套（组合拳）以协调土地产权、使用价格、增值溢价、联合开发等具体矛盾。

4.6　西安城市高层综合体发展机遇与潜力

4.6.1　西安城市发展处在大都市化发展"外溢"的临界状态

西安正在成为中国西部区域发展的吸引力中心，面临转型发展的要求并足具转型发展的现实条件。

2010 年西安城镇化水平已近 70%。世界城市化发展趋势表明：城市化水平达到 30% 即进入加速发展阶段，达到 50% 城市进入集聚时期。西安已处在城镇化第二阶段的末段。西方城市这时期城市空间转型的特点以郊区化与城镇化两种方式同时并行。城镇化是指农村人日益向城市的聚集过程，而郊区化是指城市人口向周围地区的扩散过程。城镇化与郊区化并不是完全对立的发展过程，而是可以相互渗透转化的 ❶。

西安城市化进程远未结束，但是内在的矛盾所激发的逆城市化发展的种种现象正在显现：

（1）城市蔓延外溢的现象已初露端倪。浐灞新区、西咸一体连绵、曲江新区两轮连续扩大与发展都在五年内发生迅猛的变化。郊三区发展速度最为突出。

（2）城市中心区的更新发展与新建城市区域的发展同时并行。

西安 2010 年前 5 个月从四大区域看，城三区经济平稳增长，郊三区、远三区经济快速增长，而四县经济指标占全市的比重还相对较低。新城、碑林、莲湖城三区经济平稳增长，但增速低于全市平均水平。城三区合计完成规模以上工业增加值 88.73 亿元，占全市比重为 27.8%，同比降低 1.7 个百分点。城三区社会消费品零售总额占全市比重达 49.1% ❷，同时从增速看，城三区的固定资产投资增速高于全市平均水平。

这表明城市中心（城三区）经济发展增速低于全市平均水平，虽弱于整体增长态势，但其经济增长主要集中在第三产业，社会固定投资增长集中在城市具体物质环境、公共设施的提质升级。而郊三区迅速增长性变化体现了西安城市发展人口、产业、空间向外蔓延的趋势特征。四县的发展势头是西安城镇化过程的继续发展。

（3）从宏观上看，西安城镇化进程具有速度快、密集，整体不均衡的特点。效率至上、跨越式的发展模式正在发生转变，城市发展的质量成为关注的问题。

（4）城市规模的边际效益总会接近极限，地铁改变了以交通为瓶颈的空间发展问题。因此，轨道交通的发展将带来城市空间的重新分布，产业、人口、空间发展资源都将进入新一轮的平衡过程中。城市整体空间重构正处在爆发发展临界状态。这将是城市更新的重要机遇。图 4-33 是西安目前正在进行的轨道交通修编工作所进行的方案比较。轨道交通的格局将会对西安城市空间发展产生深远的影响。

---

❶ 城市化与郊区化并不是一个完全对立的发展过程，而是可以相互转化的。首先，城市的形成和扩大，产生一种向外扩张的压力，从而推动人口和产业向外分散，形成郊区化过程。其次，随着郊区的进一步发展，其空间规模和人口规模不断扩大，人口密度和建筑密度不断提高，人口和土地利用模式的异质性不断提高，从而使郊区的城市性特征不断增强，最后转变为高度城市化的地区，或者干脆被中心城市所兼并。这种城市化的方式就是城市化—郊区化—郊区城市化—新的郊区化，循环往复，交错发展，从而推动城市规模的扩大和城市化水平的提高。可见，城市化是郊区化的前提，而郊区化则是城市化的一种方式。

❷ 宋洁. 郊三区增长势头猛，四县经济仍需努力 [N]. 西安晚报, 2010-06-17(3).

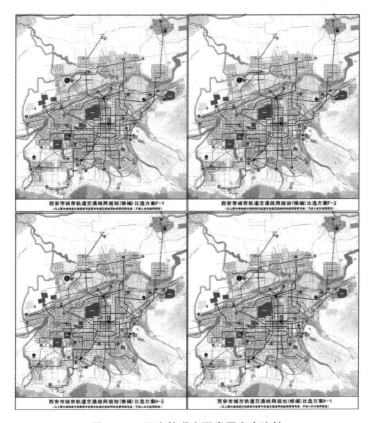

图 4-33　西安轨道交通发展方案比较

来源：西安市轨道交通线网规划修编领导小组办公室 . 西安市城市轨道交通线网规划（修编）
研究工作汇报 [R].2010

　　总体而言，西安都市化外溢的临界状态，现正处在形成永久性构架的重要
发展转型期。

　　如同历史上高层建筑诞生及其带来的城市发展变革，新的历史条件正推动
城市高层综合体的形成与发展，可以说，在即将发生的逆城市化过程中，西安
城市高层综合体建筑发展即将面临一个新的历史时期，在城市中心更新，城市
增长极发展等空间转型中扮演结构性角色，积极参与城市空间重构过程。因此，
西安的都市化"外溢"是西安城市高层综合体最为重要的发展转机。

4.6.2　西安城市脉动格局是未来城市特色空间的框架基础

　　西安在深厚的历史积淀中，具有无法复制的文化历史资源，是现代西安发
展不可或缺的首要资源与发展动力，奠定了未来城市发展的基础与方向。

　　我们在西安的发展特性中能够发现其特色空间格局具有以下特点：

　　（1）从具体的空间形态格局中看，西安新旧城市连续的复合叠加，形成了

独特的与人文、历史、地理、生态相对应的复合城市结构，具有多层次的城市特色空间体系。

（2）西安城市中的历史遗迹大都以一种城市尺度存在，而具体的文物实体建筑、物质建构形态相对较弱。只有在大遗址整体中才能对接到传统历史的文化价值。

"城市的结构与形式在可感知的程度上是与生俱来的，而不是瞬间的环境赋予的。长期看来，虽然存在变化，但他们具有历史传承性，调整的过程是一种进化，而非突变。"❶ 在西安大都市未来演化中，发展与保护二者将统一在新构筑的城市空间框架中，城市高层综合体与城市历史框架将协同工作。

因此，西安的脉动格局是未来城市特色空间的框架基础，既是对现代发展道路的一种限定，也是城市建筑塑造现代城市特色空间重要的基础框架与创作基底，是西安城市建筑发展能凭借的独特优势。

4.6.3　西安城市高层综合体的城市性及地域特性发展

西安历代的城市建设格局都追求城市生态、人文与空间对位的理想模式。城市建筑性格特征，经过唐都城建设的鸿篇巨制，明清的坚实敦厚，一直强烈地体现了皇天后土的传统地域文化特点。经过近现代的发展演化，形成了糅合新唐风特点的现代西北地域风格的创作源流。

"如果我们顺其自然的话，对城市进行研究的时候，这些城市的不朽就意味着对我们的恩赐。但如果古代城市的遗迹仅被看成是艺术品，那么这些遗迹就只是与审美有关的事物。"❷ 今天，大家都已意识到城市发展是一个动态的过程，城市特色的形成与延续也是一个动态的过程。在城市的不断演化中，历史是连续的，特色是发展的。因此，一方面在城市空间结构剧烈变动的时期，历史格局仍将成为引导城市未来发展趋势的首要基础，但是同时，历史格局也需要在现代价值中实现其内在的活力，以获得真正的延续。对于城市文化特性，吴良镛先生在《城市特色美的探求》❸ 一文中明确提到两点重要的认识：①文化特性是一种社会内部的动力在进行不断探求创造的过程。它自觉自愿地从所接受的多样性中汲取营养，并且欢迎外来部分，绝不等于将特性变成一种一成不变的、僵化的、封闭的东西，而是一个不断更新的、充满活力的、持续探索中的具有独创性的合成因素。②文化特性并不是古老价值的视像提示，而应体现在对新的文化建设的追求层面，不断增加今天城市建设对未来的责任感，同时延续固有的价值文化，从语言、信仰、文化、职业……各个方面发挥其独特之

---

❶ 詹姆斯·E·万斯. 延伸的城市 [M]. 北京：中国建筑工业出版社，2007：6-7。

❷ 同上。

❸ 转引自：萧默. 建筑意 [M]. 合肥：安徽教育出版社，2005：5。

116

处，加强其内部的团结，迸发其创造力。在这个认识层次上看，保护与发展并不是一对矛盾。西安的现代地域文化特性概念本身已包含了西安整体历史的延续与进化。

这种推动历史前进的创作原动力与城市特色空间基底共同构成了西安城市建筑体的城市性与地域特色，更为深刻地映照在同城市密集生长背景息息相关的城市高层综合体类型发展中。城市高层综合体是回应西安世纪发展，都市化转型各种问题的焦点建筑：

（1）将会大量出现——西安的建设量将在很长周期内维持在高位水平，中心区建筑密集化趋势仍将继续发展，城市副中心的建设及向周边扩散的趋势明显，在保护控制与高强度需求发展的双重压力下，在可持续、高效集约利用土地及城市公共设施的城市发展理念下，中心区及城市组团中心建设密集、集群化是必然的趋势。城市高层综合体建筑将迎来一个大量发展的契机。

（2）城市高层综合体在城市提质升级过程中的"中心效应"突出，尤其是其带动城市地段发展的作用将会得到充分发展。城市高层综合体具有的拉结城市空间构架力，大范围影响力与强辐射力等城市特性有利于集成城市发展各要素，整合城市结构关系，带动地段可持续发展；因其高度综合而具有的丰富多样的空间编织与形态塑造可能将有利于城市特色的整体发展与创新。因此，在西安城市特色空间骨架基础上，在轨道交通发展建设过程中，有极大的城市空间控制能力与城市性表达潜力，在城市节点空间建构、环节建筑建设、大遗址保护及周边地区发展中，城市高层综合体都将大有可为。

4.6.4 西安城市高层综合体城市布局发展潜力

罗伊 ((L. Roy) 认为城市形成和发展在空间分布上的变化有六个过程：集中 (concentration)、核心化 (centralization)、分散化 (decentralimtion)、隔离 (segregation)、侵入 (invasion)、演替 ((succession)❶。其理论前三条指出了城市区域形成的特征，后三条概括了城市空间结构演化的特征。西安城市空间转型的过程中，这六种过程同时并行，在城市中心区主要发生的是演替，在城市的外围新区建设中以两种过程为主，在高新区、曲江新区等正走向分散、隔离、侵入的重新布局过程，总体说来城市高层综合体在城市空间演变的各个过程中都具有迅速、重要的建构影响力。具有如下效果：

（1）城市高层综合体促进城市地段中心的形成，是构建城市增长极的加速引擎。

尤其是在形成城市新区域的过程中，城市高层综合体以其绝对的整合资源的综合力，辐射带动的城市影响效应，通过合理的布局与整合能够迅速地形成

---

❶ 转引自：詹姆斯·E·万斯. 延伸的城市 [M]. 北京：中国建筑工业出版社，2007：23.

区域发展的中心。在城市分散的过程中，通过高层综合体的合理布局能够有效引导带动城市向外分散发展的方向与模式。可以比拟为折叠紧缩的城市中心的作用与效果。这一点对于正处于都市外溢转折点的西安空间格局发展来讲，尤为需要发挥和彰显城市高层综合体构建城市中心的潜力与效率。

对于城市在开发区域的空间结构重组，区域中心的再组织，城市高层综合体也都将发挥构建区域中心的潜力，成为城市增长极的加速引擎。

（2）积极、高效地使用城市公共资源，提高土地利用率，推动城市可持续发展。

在城市拼贴到处可见的中国城市中，通过高效、整合的发展思路，尤其是通过城市高层综合体普及与其城市建筑类型的不断推动演化，能够大幅度提高城市效率，这是基础较差的大饼城市走向和谐与可持续"城市化"道路的关键与重点之一。对于城市边界与范围不断迅速扩充的西安来讲，在西咸之间的城市建设区域，沣渭新区、泾渭新区、浐灞新区、高新区、临潼区、长安区、经开区等城市建设新区域的拓展中，高效合理编制城市构架，布局城市高层综合体都是最为核心的可持续发展道路开拓创新的关键。

（3）整合城市空间构架，彰显城市特色空间；形成"量"、"质"齐聚的城市建筑体，构建舒适的步行尺度室内公共空间。

城市高层综合体的现代性使它有潜力成为适应现代城市生活的最重要的城市建筑，其空间、体量、形态的城市性提供了城市空间构架创想的各种可能。

对于城市文化遗产丰富、大遗址群与现代城市高度叠合的西安城市而言，在整体城市公共空间的发展中，依托城市特色空间与轨道交通发展基础，城市高层综合体的发展与整合潜力应更显突出。

4.6.5 西安城市高层综合体的类型发展潜力

城市高层综合体在其类型发展中，功能的高度综合是一种趋势，因而功能的主导作用在其类型发展成熟后并不是类型区分的核心要素，而其城市性的区分才是重点。以下是城市高层综合体建筑发展的几种重要城市建筑形态类型。

（1）环节建筑

依托交通廊道集散节点聚集发展的城市高层综合体。在前述的西安现状城市高层综合体中传统西安城市商业集聚的地方，也必将是未来轨道交通重要的节点，而在未来建设中在城市整体交通网络换乘的集中区域，如铁路客运站航运站与轨道交通换乘节点，重要的轨道交通线路换乘处等，同时也会涌现一些新的重要城市节点。这些地区必将成为城市运转的重要环节，依托他们发展形成的城市高层综合体可以构成西安城市的环节建筑。

（2）标志性建筑

特色空间的凸显不能离开场所特质的传承与彰显，这也是城市空间标志性形成的总体方法，城市高层综合体建筑由于其空间辐射力，城市感受意向中质、量的突出，都能在城市空间结构层面发挥其影响力，也是其类型城市特性表现最为重要的价值体现，在构成城市标志性建筑方面具有得天独厚的条件。

西安丰厚的地域特色、历史遗存大都以城市地段、区域等城市尺度范围保存、显现，且其分布位置又都同城市中心功能区高度叠合，这些地段城市密度大，城市高层综合体发展基础充分，城市高层综合体具有充分的潜力参与特色城市空间重构，成为特色空间构成过程中的重要角色和具有浓郁城市特色的标志性建筑。

（3）综合功能中心

这是由城市高层综合体建筑内在的特性所决定的，是所有城市高层综合体最根本的一种城市表现方式，将成为城市结构层面重要的公共活动密集点。重要的城市节点、城市高密度发展区及城市快速增长区域的空间布局中，城市高层综合体将成为布局和启动综合平衡发展中心的有效方式。

（4）高层居住综合体

图 4-34 是 OMA 为新加坡提供的一种新的住宅形态，是一个大型高层住宅综合体，由住宅楼以六角形格局叠加组成，基地面积 8.1 万 m^2，构成了立体的居住单元，组合的方式反映了建筑师对热带气候居住形式的创想与探索。为新加坡探索了一种新的城市空间解释模式。

图 4-34　The Interlace-OMA

来源：《三联生活周刊》2009 年第 36 期第 9 页

居住建筑是城市景观的基底，是城市生活方式的直接展现。这一类型的城市高层综合体会积极参与城市整体尺度的改写与重构。在继承发展传统西安城市格局的探索中，也具有重新解释城市空间结构的潜力，能改变高层建筑布局与设计中单纯控制高度的传统方式，有助于改变罗杰斯所批评的"被繁忙拥挤的街道分隔的方格网，其中矗立着独立式建筑"的高层发展模式。

城市居住高层综合体积极共享高效、集约的城市公共设施，将有助于推动城市可持续发展。

4.7 小结

西安是一个具有丰富历史文化传统的现代大都市，正处在转型发展的关键时期，既面临保护与发展、现代与传统、近期迅速发展需求与可持续建设的长远格局的发展矛盾，也有独特的极具历史文化魅力的城市构架，具有"古代文明与现代文明交映，老城区与新城区并陈，人文资源与生态资源互依"的城市特色，并在城市发展中努力探索一条地域的、文化产业经营主导的城市发展之路。随着国际化大都市战略的实施，轨道交通全面建设，西安城市高层综合体迎来了新的建设机遇。其引领城市商业、产业、空间布局的城市性潜力，将有助于推动城市整体有序的可持续发展进程。

5 城市高层综合体发展经验借鉴与西安地域特色挖掘

新的建筑融入，新的秩序建立，城市场所由此更新。
有时建筑设计与其说是为建筑赋形，不如说是为城市赋形。

本章重点比较国内外城市建设中典型高层综合体与西安不同地段城市高层综合体发展的具体条件，审视西安城市高层综合体现实的可能与发展方向，反观西安地域特色空间发展中城市高层综合体建设规划的控制引导机遇与潜力，以期准确定位西安城市高层综合体发展道路。依据城市发展地段特点，选择城市生活商业副心、历史城市轴线、城市更新区与城市特色文化空间四个类型分别展开研究。

5.1 城市生活商业副心复合发展中的城市高层综合体

在城市级商业中心的综合开发中，城市高层综合体扮演了最重要的角色。

日本东京是亚洲高密度城市发展的典型代表，著名的六本木城市商业中心开发是亚洲城市更新中综合商业中心发展的标杆与代表，也是城市升级复合发展的范例；上海是中国高密度城市发展的代表性都市，徐家汇地段也属于以商业集聚带动城市片区发展的城区生活性商业副中心，对其发展更新研究是上海城市发展研究的重要内容；目前西安城市的二级商业中心——小寨，与钟楼核心商圈共处在城市中轴线上，构成城市中起带动片区发展作用的城市级商业节点，是城市历史长期发展形成的生活性商业副心。通过前两个商业中心的发展轨迹研究可以比照西安商业中心未来发展趋势与发展道路。

5.1.1 东京六本木新城城市综合体发展

六本木位于东京都港区，是东京大都市中心城区中的次级城市商业中心，东京中心是由千代田区、中央区、港区中央商务地区共同构成，六本木地区（图5-1）与上野浅草等形成了城市都心外围的商业中心节点。

六本木地区附近有新桥虎门的商业街，霞关的政府机关，青山赤坂商业区，麻布、广尾的高档住宅街区。在此重要的城市节点，融汇了多元文化，特别是聚集了各国大使馆、外资企业、媒体时尚产业，形成了国际性的信息场，是东京知名繁华的商业中心，建筑密布，商业办公建筑林立（图5-2）。

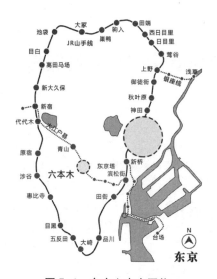

图 5-1　东京六本木区位

来源：根据 Google 地图整理

图 5-2　东京六本木新城鸟瞰

来源：徐洁，林军 . 六本木山——城市再开发
综合商业项目 [J]. 时代建筑，2005（2）：28

　　六本木地段容纳了两个超大型的城市高层综合体开发项目：一个是总建筑面积 76 万 m^2，由森大厦集团开发，于 2003 年建成的六本木新城；另一个总建筑面积 57 万 m^2，由三井集团开发的东京中城，于 2007 年建成使用。这两个巨大的城市综合体项目将六本木商业带"折叠聚合"起来，收纳到立体的建筑体之中，繁华的六本木城市精髓也通过这两个巨大的城市综合体得以完美地呈现出来。

　　其中东京六本木新城的建设是东京城市综合再开发的典范，在都市中心区进行的改造引导了整个街区地段的复兴，激发了都市中心的活力和魅力，被城市建设者、设计者、商业模式及城市社会研究者当作城市复兴发展的模式示范，引发人们探讨未来城市生活形态可能性与构想。六本木新城开发项目的酝酿正值东京实施"城市复兴新政策"的城市变革背景，1986 年 11 月根据东京都政府的城市再开发方针，政府指定六本木六丁目地区为"再开发引导地区"。开发主体森株式会社社长森稔认为，东京作为国际大都市的吸引力正在减弱，因此需要通过对现有土地所有体系进行重新划分和建造高层建筑的方法，把东京建设成一个在局部更集中、环境更美好的城市。东京缺乏的一些国际功能性综合场所和有吸引力的城市设施都将在城市的新建过程中出现，这不仅可以使生活在城市里的人们拥有舒适的环境，城市功能集中化还可以缩短那些选择住在城市外的人们往返于城市和住区的时间，使他们可以更高效地工作，获得更多的私人时间❶。

---

❶　森稔 . 城市复兴新政策 [G]// 六本木新城，2006：10-14。

图 5-3 是六本木新城再开发前该地区的实景照片，城市街道平均宽度只有 4m 左右，现状土地使用性质划分及所有权杂乱琐碎，由于日本的土地制度允许私人拥有土地，因此，该地区用地情况十分复杂。

项目开发由民间主体森大厦开发集团以民主的方式进行，这使得项目的前期开发异常复杂，项目总体耗时 17 年，其中建设周期仅仅 3 年，前期土地权益谈判及规划花费

图 5-3　东京六本木新城建成之前街区景象

来源：滕卷慎一，六本木六丁目地区再开发过程 [J].
百年建筑 .2007（Z4）：53-75

日本东京六本木新城建设过程　　　　　　　　表5-1

年度	行政动态		当地动态
1986年	东京都	指定六本木六丁目地区为"再开发诱导地区"	
1987年	港区	"调查再开发基本计划策划"	
1988年	港区	召开"再开发基本计划说明会"	街道建设恳谈会（5地区）开始活动
1989年	港区	"区域再开发项目推进基本计划制定的调查"	
1990年		召开"项目推进基本计划说明书""调查随区域再开发项目的交通设施基本计划"	设立六本木六丁目地区再开发准备组合专门研究委员会活动开始
1991年	港区	召开"关于再开发项目说明会"	
1992年	港区	"区域再开发项目推进计划指定的调查"（初年度）召开"再开发地区计划的概念说明会""区域再开发项目推进计划制定的调查"（第2年）"六本木六丁目地区再开发地区计划"城市计划案广告　纵览	发表设施计划案66PLAN
1993年	港区东京都	"区域再开发项目推进计划制定的调查"（第3年）"六本木六丁目地区第一种区域再开发项目"城市计划原案广告　纵览	环境影响评价手续开始召开环境影响评价书案说明会（合计10次）
1994年			发表　设施计划案66PLAN'94召开同见解书说明会（合计7次）
1995年	东京都	告示城市计划决定（再开发地区计划，第一种区域再开发项目及其他）	"环境影响评价书"告示　纵览
1997年	港区东京都	告示施行区域及该当区域港区　公共设施管理者同意	

年度	行政动态	当地动态
1998年	东京都　批准六本木六丁目地区区域再开发组合的设立	设立　六本木六丁目地区区域再开发组合
1999年	东京都　批准权利变换	
2000年		开工（4月）
2003年		竣工（4月）

来源：藤卷慎一.六本木六丁目地区再开发过程[J].百年建筑，2007（Z4）：53-75。

了14年时间（表5-1），期间还专门作了许多专项的调研，如高层集合住宅专项研究，设计方案对人均住宅面积和办公面积给出了相应指导，根据各个区块的不同特征和功能，设定了每个区域居住与工作人口的规划比例，还经历了多次调整用地细节（图5-4），数次讨论修改开发计划（图5-5）及协调包括东京地铁12号线的完整周边整合计划以及具体设计（图5-6、图5-7）等复杂的研究协调过程。建成的六本木新城包括美国KPF建筑事务所设计的25层森大厦，

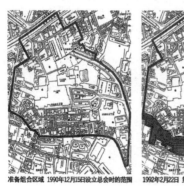

图5-4　日本东京六本木新城用地调整

图5-5　日本东京六本木新城模型计划图

图 5-6　日本东京六本木新城周边整合向导　图 5-7　日本东京六本木新城范围整合

外资料来源：藤卷慎一. 六本木六丁目开发过程 [J]. 百年建筑，2007（Z4）：53-75。

Terence Coran 事务所设计的两栋高层住宅，槙文彦设计的日本朝日电视台、美国捷得国际建筑师事务所设计的商业综合裙房、毛利庭园，在区域内建设了一个集工作、居住、娱乐为一体的综合公共场所（图5-8）。这个超大型复合性都会区，约有 2 万人在此工作，平均每天出入的人数达 10 万人。其中森大厦东侧的毛利庭园是一处占地 4300m² 的日式造景花园，是根据该地段市民要求保留的毛利藩宅邸遗址中庭园的复原版，黄昏时分走过这里，园子的流水、荷花、假山以及樱花呈现出精致动人的轮廓线。图 5-9 所示是 Hill Side 旁的中庭广场上最醒目的由艺术家露易丝·布尔乔亚设计的大型钢铁蜘蛛雕塑 Maman，森稔评价这件作品是"因特网时代城市的象征"。

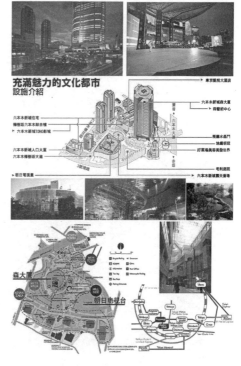

图 5-8　东京六本木新城项目组成、设施与环境

来源：根据新浪博客 美丽的垂直花园城市——东京六本木新城等资料整理

将小区块的土地加以合并利用，就可以实现对中心城区综合功能的高强度开发。其功能丰富，有商业设施、文化设施、办公设施、住宅设施等等。六本木地区属于多功能型超高层化规划区块，单位区块的面积大于 10hm^2，容积率超过 8，对土地集约高效使用，才有条件在住宅、办公、商业密集区内保留相应的绿化面积。这种新的城市结构有利于使

图 5-9　透过蜘蛛雕塑望森大厦
来源：新浪博客：朱联军

工作、居住、零售、休闲、教育、医疗和行政等城市功能结合在一起，让工作、生活等活动在人们的步行范围之内都得以完成或实现（图 5-10）。一个能在步行范围之内综合各种功能设施的城市能够创造汽车交通城市所没有的活力。这样的城市高层综合体区域同城市轨道交通结合紧密，早在其项目设计初期就充分论证、策划、调整了相应的轨道交通规划，因此六本木综合体交通便捷，周围地铁有日比谷线、南北线、大江户线、千代田线，使得该项目充分参与城市级空间结构构架，并能发挥其区域带动、示范、集聚效应。

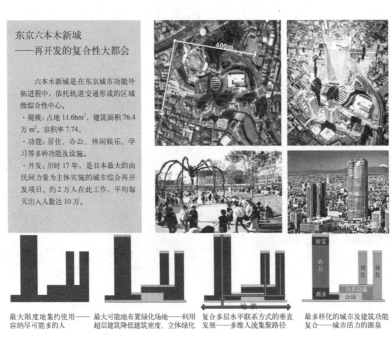

图 5-10　日本东京六本木新城集约与复合
来源：根据全刊杂志赏析网等资料整理自绘

日本在城市建设过程中土地私有化带来的阻力非常大，由于在土地调控上受到限制，城市复兴之路艰难，尽管经济实力强大，但会付出较大的代价，产生较高的成本。日本也在开发中不断修正、完善城市建设制度，根据新的城市管理条例，单位区块的面积大于 $10hm^2$ 的多功能型超高层化规划区块可以不受现有城市规划规定的限制，根据建筑间距和日照的新标准进行设计，$2hm^2$ 以上区块的设计一旦得到大多数原住居民的认可，即可被当地政府获准实施建设。

2007 年三井集团在闹市的六本木建造完成一个 10 万 m^2 的绿地公园，在其邻侧建设完成了"六本木中城"项目，也是规模达 $10hm^2$，建筑面积 57 万 m^2 的大型城市高层综合体项目，以多样（diversity）、友好（hospitality）、绿色（on the green）的新城市主义理念作为开发设计指导——既不随意占用都市稀缺的休闲生态资源，又很好地将人文艺术性融合在项目之中。"东京中城"为了促成热闹繁荣的氛围，大部分建筑的低层部分与被称为"Galleria"的购物中心都设计为商业设施，把"市中心的高品质日常空间"作为商业开发方式（图 5-11）❶，着重在设计上实现了城市公共功能与建筑功能的充分混合。

六本木地段作为城市中心的吸引力、辐射力，在这两组城市高层综合体带动下继续发展，通过再开发整合实现了城市区域复兴，走向了良性发展轨道。

图 5-11 六本木东京中城的 Galleria

来源：山本隆志 . 东京中城的诞生 [J]. 建筑与文化 .2008（03）：94.

5.1.2 上海徐家汇地段城市高层综合体发展

上海市现有的徐家汇、江湾—五角场、花木、真如四个副中心（Sub-CBD）是在 1994 年上海市第四次规划工作会议上提出的，并写入了《上海市城市总体规划（1999—2020）》，经过十年建设，就目前状况而言，徐家汇广场是建设最为成功的副中心商圈。

徐家汇是上海传统的商业繁华地段，从 20 世纪 80 年代开始就成为除了城市

---

❶ 山本隆志 . 东京中城的诞生 [J]. 建筑与文化 , 2008（3）：94.

中心以外发展最快的地区。该地区城市交通汇集，衡山路、虹口路、漕溪北路、肇家浜四条城市主干道路汇集于此，有城市地铁R1、R3、R4、轻轨L1等轨道交通线路经过（图5-12）。

徐家汇商业中心就是由五条道路汇集的广场，商业沿城市交通廊道构成的基本空间骨架上自然生长。现状中最大的港汇广场位于徐家汇广场西北角，围绕广场还有太平洋百货、上海六百、汇金百货、美罗城商厦、东方商厦等大型的综合购物广场。港汇

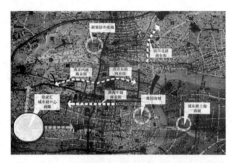

图 5-12　上海徐家汇商圈与中心商业地段的结构关系

来源：转自周诗岩，张式煜.业态演进与空间转型——探析上海徐家汇和五角场都市副中心商圈建设 [J]. 时代建筑，2005（02）：39-40

广场两边分别是一座54层的双塔型商务楼。美罗城商厦与东方商厦都配套有商务办公楼。区域商业气氛浓郁，是上海市副商业中心中经营效益最好、产值最高的商业地段。但是，经过近20年的发展转化，随着商业业态、城市生活方式的转变，徐家汇商业中心发展面临着空间提质升级转型的迫切要求。原有城市主要道路汇集所带来的便利变成了分隔城市空间的痼疾，各自发展的商业设施形象散乱，设施配置不科学不合理，难以整合提高效率。

周诗岩等《业态演进与空间转型——探析上海徐家汇和五角场都市副中心商圈建设》一文总结了徐家汇商圈发展所代表的商业副中心发展的共同问题：

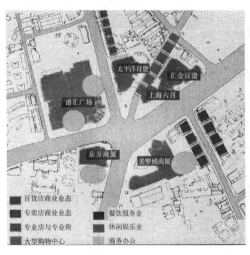

图 5-13　上海徐家汇商圈商业综合体发展现状

来源：转自周诗岩，张式煜.业态演进与空间转型——探析上海徐家汇和五角场都市副中心商圈建设 [J]. 时代建筑，2005（02）：39-40

图 5-14　徐家汇中心商业地段城市发展结构关系

128

业态设置落后于市场，建筑设计滞后于业态，主体商圈区域特征不明显，缺乏提升业态能级的空间载体，相关产业的资源配置有待优化。

其中两个方面的问题都指向了空间资源整合问题，商业主导的城市地段，设施、业态、空间的配合相辅相成。在城市发展动态的眼光下来讲，城市中心区域的形成，需要区域职能的不断强化，充分挖掘城市空间潜力，实现附着在产业发展动力上的建筑空间与城市空间创新发展，这一过程也是区域中心发展走向良性循环的关键环节。

2006 年设计完成上海徐家汇中心地区总体规划，将徐家汇中心区域向虹桥路与交通大学方向延展，整合西侧三角形用地范围。

现有规划用地被城市道路及使用权分隔打散，分为大小不等的六块用地（图5-15），用地规模约 132000m²。新方案将徐家汇总体项目的功能定位为集商业、商务办公、休闲、文化展览设施和公共交通设施于一体的综合建筑群以及配套

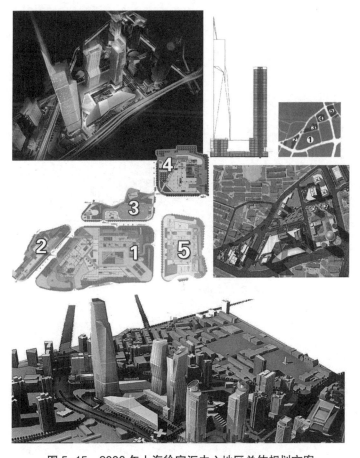

图 5-15　2006 年上海徐家汇中心地区总体规划方案

来源：上海徐家汇中心地区总体规划 [J]. 世界建筑导报，2008（02）：44-47。改绘

设施。此次整体设计的开发方向是将徐家汇核心由商业中心向综合商务中心转化,为构建完整功能的徐家汇城市副中心提供硬件基础。其中"综合性"、"城市性"提升是区域中心整合升级的核心目标。因而,方案中商务功能的加强是功能设施配置调整重点,区域中心标志性的突出则用超高层商务办公楼(一号楼)与中心广场等城市公共空间的引入为手段来实现。图 5-15 是该方案主要设计内容,以完整的二号地块为中心,商业购物以围合的景观广场创造了区域的空间内核,中心广场上有大面积绿化、景观雕塑和立体水景设施,同时提供室外酒吧、咖啡座等休闲功能。同六本木相比,城市中心场所同商务领航区域概念是不同的,空间塑造采用简洁方正的造型用以强化街区和城市空间。草案中相关服务设施的细化、与城市大的动线的接驳以及各种细腻动线的落实尚待大量具体工作。

5.1.3 西安小寨商业引导型城市综合体发展

　　小寨是西安城市现代历史发展中形成的商业中心地段,是仅次于主城区中心的商业副中心,同东京六本木、上海徐家汇商业地段类似,同属城市中心商业地段外围,又都处于城市大中心区辐射范围之内,都在零售商业聚集效应下形成了城市次级商业中心,具有城市级的商业辐射影响力,保持了相当规模与活力;在城市关系结构中同为重要的城市商业副中心(图 5-16),因此,小寨地段发展可以参考这两个商业副中心的发展轨迹,借鉴其发展经验。

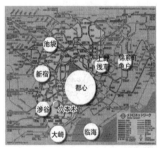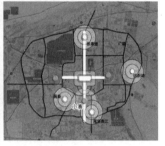

图 5-16　东京六本木、上海徐家汇、西安小寨城市区位关系比较

　　六本木地段、徐家汇商业中心发展趋势与演化都体现出副中心商圈的一些共同之处:①商业产业的转型与空间转型伴随。总体商业概念细分为多样的不同商业业态,如百货商场、上页步行街、精品店、SHOPPING-MALL 等,经济模式分化演变是空间转型发展的主要推动力。中心的辐射影响力延续需要在城市的整体发展中不断进行自我定位调整,以突出独有的职能特色。②中心地段活力提升要求整体综合、立体完善的全方位功能配置,如商务办公、休闲娱乐、餐饮等。多层次、多种多样的消费方式、公共活动组合是保证商业活力的重要前提。六本木新城开发所形成的综合完备的都市设施组合有力拉动了城市

区域的再开发，随后的东京中城继续补充探索，将业态的多样化，与其他城市设施、空间、活动的连接作为发展重点。因此完善综合的业态结构是城市中心地段发展的核心。③都地处城市重要的交通枢纽，着力优化立体交通系统并且牵动地下商业空间的整体设计。④空间结构日趋复杂，逐步从松散的线状、点状分布向集聚型结构模式转型。

积极的业态调整和空间转型将赋予商圈发展绵延的活力；在这一过程中，大型城市综合体的发展成为融合城市与建筑空间，实现空间结构层次转化，提高公共活动连续性，综合与优化配置等提质升级的集聚焦点。

表5-2综合对比了三个城市次级商业中心发展的具体情况。六本木地段城市发展的过程与经验，现在上海徐家汇发展中的问题与趋势，都是未来西安小寨地段再开发与城市设计可资借鉴的宝贵经验。

东京六本木、上海徐家汇、西安小寨城市商业中心发展比较　　表5-2

商业副中心		东京六本木		上海徐家汇	西安小寨
		六本木新城	东京中城		
城市区域关系	与城市中心距离（km）	7.8		5.7	4.2
	城市空间结构职能	城市环状城市副中心与城市中心区辐射地带		城市副中心	城市中轴线上重要节点
	交通叠合度	地铁日比谷线、大江户线交会，南北线、千代田线经过，主干道围绕。		四条主要交通交会；地铁R1、R3、R4与轻轨L1；内环高架辐射	两条主要道路十字交叉，二环辐射，地铁2号线、5号线交会
次中心城市功能构成内容及比例	商业综合（%）	21	36	42	67
	相关配套 城市广场	☆	☆	☆	☆
	相关配套 美术馆	☆	■	■	■
	相关配套 影剧院	☆	☆	☆	■
	相关配套 公园	☆	☆	☆	■
	商务（%）	33%	39%	28%	9%
	居住（%）	32%	15%	12%	18%
	其他城市设施	毛利庭院、朝日电视台、大使馆、政府机关		交通大学、上海体育馆、体育场、教堂	兴善寺、长安大学 距陕西历史博物馆0.7km
建设量	地上（万m²）	76	57	约121	约40
	地下（万m²）	—	—	约40	—
	土地空间使用强度（容积率）	7.8	5.8	5~7	4~5

在对比中，需要特别指出的是：

（1）由于城市总体规模差异较大，在轨道交通全面发展之前西安城市的骨架尚未拉开，西安小寨同城市中心距离仅为 4.2km，伴随城市空间转型升级，尤其是轨道交通的实施，将极大地改变地段与城市主中心的时空距离感受，其业态发展会受主中心强烈影响，在设施配合上应适当加强高档公寓、商务办公的再开发。注意城市开放空间的节奏与布局，为城市公共活动设施留出空间。

（2）从前述分析中可以看到，城市商业产业驱动的城市商业副中心的发展中，流动的人流是驱动城市空间变化的动力之一，在轨道交通引发的城市空间转型中，人流从地面转向地下，地面道路由原来的人流通道变为切碎城市空间完整性的交通廊道壁垒。上海城市区域综合立体整合的发展进程主要依托城市轨道交通的发展展开。这将极大改变行人感受城市空间的尺度、规模与秩序。小寨地段现有的三处天桥横跨长安南路，在未来开发中应注意交通廊道分隔城市空间整体性的问题，充分整合现有的地块，挖掘联合开发的潜力，实现与城市轨道交通体系的顺畅连接，要为城市空间节点留出立体交通的开放空间。

（3）小寨商圈的城市高层综合体远未发展成熟，在城市发展中应特别注意通过城市高层综合体的规划建设加强城市商业中心集聚效应与辐射带动作用，加强主要商业综合体整体带动作用。

（4）小寨不仅是西安城市的商业副中心，还是西安长安龙脉的重要形态与空间节点，这是其异于前两者的特点，也是其地域性、城市性内涵的重点（图5-17）。在城市综合体布局建设中特别注意南北中轴的仪式感，强化地域文化特性在形态上的延续与表现。

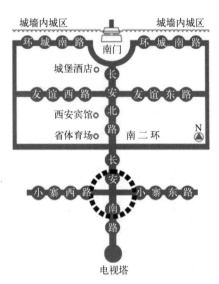

图 5-17　西安小寨城市区位形态

5.2　历史轴线上城市建筑整体性发展比较

5.2.1　巴黎城市轴线延伸与现代城市高层综合体

巴黎是从塞纳河上的城岛发展起来的，城岛之所以成为最早的居民点主要是出自防卫的要求。此后城市的发展虽然历经波折，但主要趋势还是以城岛为中心在塞纳河两岸不断向外扩展，城址基本上没有变动，城市最早的古迹可一直追溯到高卢—罗马时期。

巴黎的轴线系统主要形成于17世纪拿破仑三世的绝对君权时期，以后的城市建设延续和发展了这一轴线系统。可以说，对君权的强调导致巴黎的轴线系统具有和中国相似的中心性，所不同的是巴黎的城市轴线串联着丰富的公共空间、水面和绿地，使城市空间具有更强的开放性，除主轴线外，还有很多副轴自主轴放射开去，连接许多著名建筑和广场，形成对景和借景。

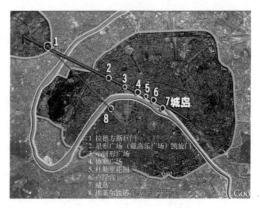

图5-18　巴黎城市轴线

巴黎的东西向主轴（卢浮宫—丢勒里花园—协和广场—香榭丽舍大街—戴高乐广场—雄师大街—拉德方斯新区）则与波旁宫—协和桥—协和广场—马德兰教堂轴线相交于协和广场。

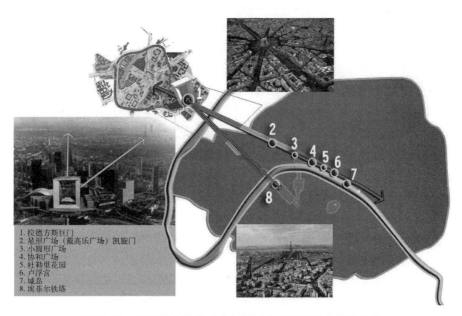

图5-19　巴黎城市轴线节点与拉德方斯巨门城市关系分析

作为法国的首都和世界著名大都会之一巴黎在现代化的进程中很好地保留了城市原有的空间形态，是公认的保护较好的城市之一。巴黎的轴线在这个过程中不断发展成型，成为城市中重要的形态主干，巴黎的城市轴线因此以街道为主，也是巴黎城市活动的主干；同时具有很高的现代活力，与城市的现代系统融合充分。巴黎拉德方斯新区的延伸扩充及主要建筑的更新建设,不断增益、丰富这种效果。而其中拉德方斯新区 ❶ 中拉德方斯巨门的城市高层综合体建筑设计,统领了城市轴线的延伸段,成为新巴黎的重要节点空间所在,并且精巧地呼应了与埃菲尔铁塔构成的城市空间形态副线,对现代巴黎城市形态进行了历史与现代的新诠释,成功缔造了新旧之间的呼应。正是拉德方斯巨门有机回应了巴黎深厚的城市历史,增益了这条融合众多偶然性与发展抱负的城市轴线统摄力,巴黎的城市轴线与现代城市高层综合体城市设计成为现代城市规划不能不提的成功范例。

5.2.2　北京城市中轴线继承中的现代城市建筑的发展

北京和巴黎作为东西方最具代表性的城市都具有悠久的历史。巴黎的建都史长达 1200 多年,而北京则有 800 多年的建都史和 3000 多年的建城史。

北京城市的南北向主轴线(大红门—永定门—前门—天安门广场—故宫—景山—钟鼓楼—北中轴新区)是在明清都城的基础上发展起来的,与东西向长安街相交于天安门广场。与巴黎的城市轴线逐渐延展的历史发展过程不同,北京的中轴线核心段即明清北京南北轴线段建设是基于统一规划一次完成的,因而具有城市结构整体性。与巴黎城市轴线以街道空间为主干不同,北京的中轴线以宫殿建筑群落为主要构成要素,极具传统中国城市建设文化内敛的理想图景完整性,是一条虚轴——成为城市的精神主脊象征。

新中国建立以来,北京中轴线沿着从封闭到开放的演化之路得到了"批判的"继承与发展。20 世纪 50 年代以来,虽然景山以北和前门以南段的中轴线在城市建设中逐渐模糊,但与此同时建设的天安门广场、人民英雄纪念碑及毛主席纪念堂却进一步强化了原有的中段轴线。作为"为人民服务"宗旨和人民民主专政国家体制的象征,天安门广场代替了"为帝王服务"、体现封建王权专制的皇宫,成为北京中轴线新的中心,也是北京城乃至全中国的心理轴心,延续并改编了辉煌的都城空间营造艺术内涵。

天安门广场打破了传统北京内向围合的空间特点,从而结构与形态都日益开放的城市思想引领了北京城新的空间建设。但在城市总体布局上,仍以故宫历史地段城市关系的保护为主要思想,控制协调城市建筑整体高度(图 5-20 ~ 图 5-22)。

---

❶ 拉德方斯位于巴黎市的西北部,巴黎城市主轴线的西端。目前已建成写字楼 247 万 m²、其中商务区 215 万 m²、公园区 32 万 m²、法国最大的企业一半在这里;建成住宅区 1.56 万套,可容纳 3.93 万人,并建成了面积达 10.5 万 m² 的欧洲最大的商业中心;内有欧洲最大的商业中心,亦是欧洲最大的公交换乘中心。建成 67hm² 的步行系统,集中管理的停车场设有 2.6 万个停车位,交通设施完善;建成占地 25hm² 的公园,种植有 400 余种植物,建成由 60 个现代雕塑作品组成的露天博物馆,环境的绿化系统良好。庞大的资源互相影响,互相作用,拉德方斯已具备小型城市的基本功能,它带给人们的不仅是商务、居住、办公等一站式的完备生活,更成为巴黎次中心区,享誉世界。见:董光器编著.古都北京五十年演变录 [M].北京:中国建筑工业出版社,2006。

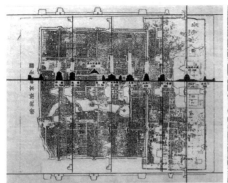

图 5-20　明清北京城市的中轴线建筑轮廓与 1978 年的天安门广场

来源：董光器编著.古都北京五十年演变录 [M].北京：中国建筑工业出版社，2006：56，76

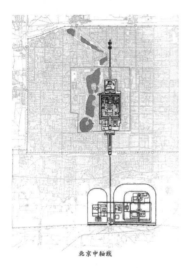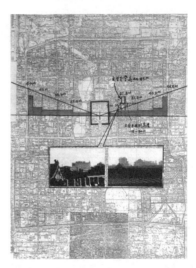

图 5-21　明清北京城市的中轴线与现代北京基于故宫视线分析的高度控制思想

来源：董光器编著.古都北京五十年演变录 [M].北京：中国建筑工业出版社，2006：80

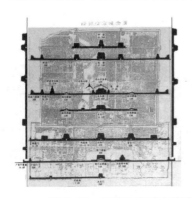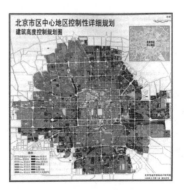

图 5-22　明清北京城市的建筑高度与现代北京高度控制

来源：董光器编著.古都北京五十年演变录 [M].北京：中国建筑工业出版社，2006：55,100

20世纪80年代末,借承办亚运会的城市建设契机,北京北段轴线得以打通并延伸,使整个中轴线长达13km,2001年申办奥运成功又给北京带来了更大的发展机遇,将通过对南段轴线的恢复(永定门)和扩展(至南苑机场),以及对北段轴线的整理(钟鼓楼)和恢复(万宁桥),将轴线的范围延展至天圆广场和奥林匹克公园。这期间影响轴线发展的深层结构,除了中华民族积淀千年的古老文化心理图示之外,还主要受经济发展迅猛、中外文化交流繁盛的大力推动。

培根曾经谈到过华盛顿中轴线与北京中轴线对于人视觉体验方面的差异:"如果一个人站在华盛顿纪念碑脚下、美国首都两条主要轴线的交叉点上,他只要绕基座移动,只不过几英尺,就能领悟纪念碑式的华盛顿的全部要素。在北京除非通过2英里通道的空间移动,否则就无法领悟它的设计。"

50年来,北京中轴线上最大最成功的城市建筑仍是故宫建筑群落,现代城市建筑总体发展是以此为中心向外延展的,并以建筑界面形成城市这样的空间体系向南北延伸。最成功的现代延续是天安门广场,亚运村、奥体中心作为整体是轴线上最重要的现代城市建筑,但同紫禁城建筑群落相比,艺术感染力逊色许多,也难以企及巴黎轴线现代篇章的精彩。2008年奥运会场馆建设原有规划中城市轴线的端点是一栋近500m的超高层建筑,在场馆建设瘦身的过程中,这个计划取消了。即使我们建起了高耸的超高层建筑,单凭一栋建筑也难以在绵长的北京中轴线上留下精彩的现代印记,时至今日,我们也找不到能与紫禁城辉映的现代构想,这是北京中轴线现代发展的最大遗憾。

这一课题难以突破的原因有以下两点:①北京传统城市建筑的城市尺度地平开阔,完全建立在完美的全城空间秩序之上,不能而且难以被打破、延续、平衡。传统紫禁城建筑群落是空间内敛的,秩序与意境在实虚交叠中发展延续,层次丰富、大气磅礴与细致统一。②现代单体建筑以建筑边界一层薄皮围合城市空间体量、形态、层次绝难达到这样的境界,在显示功能为其设计基础前提下,也不追求绝对的城市空间理想模式,更不会将追求城市建筑群落整体布局的艺术感受凌驾于城市功能、管理模式之上。

图5-23 明清北京城市的建筑高度与现代北京高度控制

来源:董光器编著.古都北京五十年演变录[M].北京:中国建筑工业出版社,2006:214,215

5.2.3 西安市中轴线上高层建筑的分析

明、清时期的西安城仍然采用传统的棋盘路网、轴线突出的城市格局，保持了由钟楼到东、西、南、北城楼的四条通视走廊。新中国成立以后，经过3次总体规划和50多年的建设，西安现仍保留了"棋盘路网、轴线突出"为特色的城市空间格局。现代西安明清城市格局、钟鼓楼、城墙遗址的仍然保存完整。回顾整个城市的发展变迁，在中心城市带上，城市轴线在不断变动，唐代大明宫含元殿至大雁塔南北轴线由于火车站建设选址与唐大雁塔遗址周边开放空间的建设，西安城市的生活型副轴线向东偏移，同时叠加在唐皇城之上的明清西安城市中轴以西的朱雀门一带则是汉唐长安的中轴线，与城市整体的人文地理格局相呼应。明清西安城以钟楼为中心主轴线向北绵延至渭河，向南延伸至秦岭，被誉为长安龙脉。这样一主两副的3条并行的轴线构成了西安城市发展的轴线带。

西安的中轴线同北京的中轴线相比，虽然都基于严整的城市秩序，"居中为尊"的传统理念与"低缓开阔"的城市空间意向。但其核心段并不是宫殿建筑群体，而是整体明城，城墙、街道等城市空间关系已在现代有所发展，并没有故宫（紫禁城）这样大片的传统建筑实体。其城市轴线的城市建筑基本尺度较北京小。同时，西安的中轴线串接了不同历史年代的传统建筑遗址、文化区域、城市结构性次级中心与现代大型城市综合体建筑，串接了老（明）城区；南向的小寨商业副中心、电视塔及大型公建群；北向的大明宫国家遗址公园西边界，经开区张家堡广场、西安市政府建筑群等，新旧叠合，充分表现了西安古代文明与现代文明交映、老城区与新城区并陈的城市特点，中轴线的软质内涵饱满，硬质城市内容丰富。

中轴线是西安城市空间构架核心的控制要素，既有西安山水格局的深远意境——贯通南北山原地貌，又极具人文历史纵深——综合汉、唐、明、清、近代多个重要历史时期的城市意象。

现已形成的重要城市高层综合体以南门广场的长安国际项目为代表。图5-24、图5-25是西安中轴线核心段建筑高度的发展情况，分别图示了高层建筑的类型及高度，

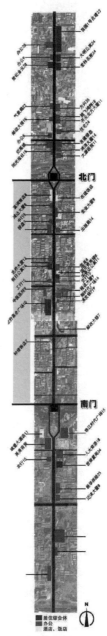

图5-24　西安中轴线核心段高层类型分布

来源：王彦芳、徐诗伟、林道果、郑捷　绘制

137

可以看到，其中办公比例很高，酒店居住比例较少，而商业则基本融合在建筑的底部；而高度的发育则完全突破了原有的老（明）城保护的理想状态。图 5-26 所示是南门到北门中轴线两侧城市街墙的天际线，其中在北大街中段现状建筑高度达 70m，远超过老（明）城区保护中对建筑高度的控制要求。

图 5-26　西安南门到北门段城市天际线

来源：王彦芳、徐诗伟、林道果、郑捷　绘制

　　如何在城市轴线上控制好节奏，在重要的节点创制现代与古典辉映的城市建筑是发展、延续、彰显城市特色最为重要的核心，也是对老（明）城区积极的保护。

　　城市高层综合体的规模、尺度与城市特色空间的融合是这一问题具体的展开。图 5-27 是西安南门外最大的城市高层综合体项目——"长安国际"设计效果图，图中右侧的项目是 20 世纪 90 年代建成的城堡酒店，采用了围合中庭的平面组织方式，立方体整体造型夸张了建筑体量，整体设计简洁，其墙身、屋檐都按照传统建筑形态特点作了修饰，比例匀称，是南门广场上风格比例

图 5-25　西安中轴线核心段建筑高度分布

来源：王彦芳、徐诗伟、林道果、郑捷　绘制

图 5-27　西安长安国际、城堡酒店项目效果

来源：西安市规划局

138

较好的高层建筑。长安国际项目还未完全建成，整体分为六个单体建筑项目，采用的是现代简洁的玻璃幕墙表皮，整体设计也采用的是体块简洁的设计思路，在第四章西安城市高层体分析中谈到了长安国际两个层次的建筑体量尺度控制，在整体空间上更好地与南门城市空间尺度相适应，抓到了稳重、开阔、厚重的西安地域建筑韵味，开创性地为西安城市高层综合体设计探索地域建筑风格，也使得南门城市节点同北门相比整体浓重清晰。

5.3 城市更新中的城市高层综合体发展

城市更新就是对城市建设区域的再开发。城市再开发广义上是指对城市建成区的改造，包括对建设用地性质的调整，合理补充新的功能；发展合宜的公共设施及改革相应布局；修补不适应的建成建筑并填充建设新的建筑。城市再开发通常发生在城市建设条件剧烈变动的背景中，出现在发展矛盾突出的城市建成区域，比如城中村、城市陈旧的中心区等已被利用的建设条件较差的城市区域。

城市再开发的目标是恢复城市旧区的运转机能，主要任务有以下几点：①建成区的功能再现（针对城市建设落后于需求）；②城市功能的创造（适应城市发展的根本性方向）；③城市功能的维持（需要延续的物质文化环境）；④活动的扩大（作为一个量质齐飞的中心，文化经济的影响力、带动力都会扩大）；⑤各个活动的重新组合（整合）；⑥环境生态性的恢复与改善。

环境恶化是伴生城市中心区域发展密度增加的通病，土地的使用强度增大是共同的趋势。客观上的直接原因是城市整体发展产生的高昂的土地使用溢价成本与建设的复杂性所带来的，但是市场和资本逐利的驱动并不能自主引导城市走向良好有序的发展，尤其是缺乏整合导致的重复低效与对公共利益的忽视是在这个过程中最为常见的问题。在这样的情况下，为了平衡公共利益和开发成本，政府与资本联合开发，出台相应的城市开发策略是必要的保障。城市再开发为了同时追求量、质的提升，普遍出现设施、地块的整合。而高尺度、高效率、精细化的密集使用使得建筑规模巨型化，建筑功能的综合化，客观上催生巨大的复合建筑。因此，鼓励大型的城市高层综合体发展，制定相应的限制或激励、奖励配套政策成为城市管理者最常见的选择。日本东京为了推动城市副中心——新宿新区的发展时制定了以下严格的开发条件 ❶：①利用干道将位于淀桥净水厂部分旧址上的 16.4hm² 核心区划分成 11 个街区，每一街区（1.5hm² 左右）要建一整体建筑，高度不超过 250m，如有困难，最多可分为 2 座整体建筑；②标高在 50m 以上的建筑水平投影总面积，不得超过用地面积的

---

❶ 黎雪梅 . 新宿——东京的副都心 CBD[J]. 北京规划建设，1997（2）。

50%（地平面标高为 34m，高架街路面标高为 41m）；③容积率大于 5；④建筑物在南北向和东西向分别退让道路红线 10m 和 5m 布置，并规定面临 3 号、4 号道路时，应设置与前面的街路同宽的绿地和空旷地（要求不以停车场为主要功能）；⑤建筑物以办公楼、商店、饭店或其他业务设施为主，仓储业以及游乐业不得使用。这些政策都是旨在提高土地利用效率，提供城市合理的开放空间以保障城市环境质量与效果。同时，新宿副都心规划坚持三项开发原则：①采取区域集中供暖；②交通方面实行步行、车行完全分离；③规划适当规模的停车场，并使之公共化，以增加总的停车能力。这些原则都能够促进设施共享提高使用效率，并使空间享受的权利不完全为投资所垄断，即保证开发的公平。

因而，城市高层综合体处于城市再开发中的引导性区域，这类开发与城市轨道交通等设施的建设过程紧密相连。

5.3.1 上海轨道交通廊道周边城市再开发

上海城市区域综合立体整合的城市再开发进程广泛地依托城市轨道交通的发展展开，图 5-28 是上海轨道交通 10 号线四川北路的立体城市空间示意，地下连续空间与立体交通成为转化城市车行道路分隔空间连续性的主要方式。将原本为地面交通分隔的破碎用地（约 9 个地块）利用地下核心空间重新组织起来，并将城市水平界面分成了四层，协调不同的城市公共活动。这将极大改变行人感受城市空间的尺度、规模与秩序，创立了城市综合开发项目土地利用的新模式。这一过程依附城市地下空间公共开发的过程，打破了原有使用土地、管理建设项目之间的界限，使城市开发走向立体、高效、开放。这也成为大部分城市高层综合体城市关系生成的先导条件。

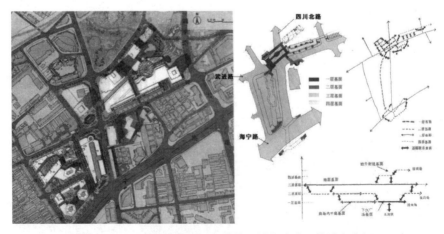

图 5-28 上海轨道交通 10 号线四川北路站立体城市空间

来源：董贺轩. 城市立体化研究——基于多层次城市基面的空间结构 [D]. 上海：同济大学，2008：159-160。改绘

图 5-29、图 5-30 分别是上海静安寺地段轨道交通带动的城市立体交通发展后，地下人行网络的编织与商业网络的再组织。

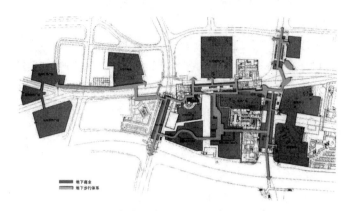

图 5-29　上海静安寺地段地下商业人行通道系统

来源：卢济威．城市设计机制与创作实践 [M]．南京：东南大学出版社，2004：57

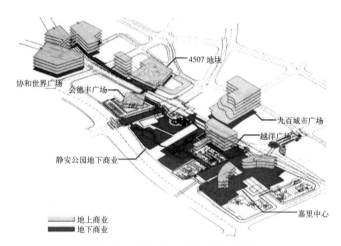

图 5-30　上海静安寺地段商业网络

来源：卢济威．城市设计机制与创作实践 [M]．南京：东南大学出版社，2004：57

　　地铁 R2、M6、M7 经过该地段，为地段商业发展带来了更多的机会，城市综合体项目的研究范围因而包含了整个交通换乘节点及相关的城市公共空间。地上、地下一体化的商业休闲空间基础框架就此生成，城市空间资源的区位被充分释放，促进更为紧密高效的建筑形态编织，连续、紧凑的步行流线在项目设计中成为考虑的重点。紧密的立体发展高效利用有限的空间资源，为静安公园等城市公共开放空间保护取得了平衡，促进城市地段可持续性发展[1]。

---

❶　卢济威．城市设计机制与创作实践 [M]．南京：东南大学出版社，2004。

5.3.2 西安纺织城区域发展基础比较

在交通带来的巨大人流支撑下，大量的商业服务设施自然集聚在城市交通廊道及节点周围。

西安的快速交通干道二环路建成后，周边地区曾经历几个发展阶段，由于交通便捷，首先汇集了西安其时最丰富多样、特色突出的餐饮、娱乐、服务设施，成为餐饮娱乐消费的知名地段，并逐渐带动周边地段其他产业的发展，如办公、居住等。总体开发建设量与发展密度迅速提高。前述南二环 2.5km 城中村改造近 200 万 m² 集中建设可见一斑。因此，不难预见随着西安城市轨道交通发展，下一轮城市公共生活的集中将跟随轨道交通发展，向交通便捷区域汇集。

西安纺织城地区，是新中国成立后工业规划布局的纺织轻工业聚集区。在国企改革的历史转型中，大型国有纺织工厂企业逐渐被破产转轨，地区发展逐渐衰落。2007 年，西安市提出促进纺织城地区全面振兴——作为实现西安国际化大都市战略的重要引擎，该地区的振兴与综合发展被提升为城市区域的发展战略。"未来 5 ~ 8 年，是纺织城综合发展区提速发展的关键时期，全区将投资 1100 亿元，全面启动 76 个建设项目。"❶ 纺织城地区成为西安最大的再开发区域。

其中，纺织城堡子村转盘及周边地段是核心地段，还是西安东部门户，也是进出纺织城的必经之地，是纺织城综合改造发展的前沿阵地，也是未来地铁 1 号线、6（7）号线东端点（图 5-31、图 5-32）。

图 5-31　纺织城区位

图 5-32　堡子村区位

纺织城堡子村转盘及周边地段西南毗邻半坡遗址博物馆，其北部是规划的开放空间，南部规划商贸旅游区（图 5-33）。东西展开的高架快速通道沿长乐路、纺北路通过，有五条城市道路汇聚于此，现状规划区段建设凌乱，用地细碎，商业配套基本处于市场沿街 20m 自发开发的状态，整体步行环境很

---

❶ 聚焦纺织城 [N]. 华商报,2010-8-6(A7)。

差（图5-34）。

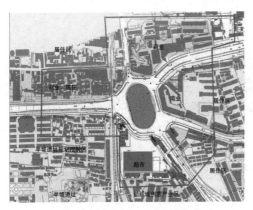

图 5-33 纺织城堡子村转盘周边现状

图 5-34 纺织城区域规划

来源：西安市规划院

这一地段的开发急需整合地面层的环境空间秩序，在整体上平衡用地开发强度与功能配合，适当转移开发权，建立起项目之间的联动，最重要的是借助轨道交通建设，合理进行联合开发，实现与地下空间步行系统连接与整合。

5.3.3 城市复兴、TOD与城市高层综合体发展潜力

城市快速轨道交通系统建设是城市结构性重组的综合发展机遇。

现代中国大城市的交通体系发展仍以车行交通为主干，这种主要以私人车行交通支撑的发展模式曾引发 20 世纪以美国城市为代表的郊区化蔓延，带来诸多不利与弊端。中国城市开发压力大，大城市中心密度普遍高于理论最佳密度（见附录 B），城市环境已经不堪重负，若仍以这种车行交通为主导的平面、低效、高耗的方式进入城市化迅猛发展阶段，将会进一步恶化已经很脆弱的城市环境。以公共交通为导向的紧凑、高效的城市发展模式探索广泛受到研究者的肯定。20 世纪 70 年代，随着西方大型城市公共设施建成使用，城市轻轨等新型环境友好的公共交通技术逐渐为人们熟悉，巴西库里蒂巴市（Curitiba）将轨道交通和土地利用结合，提出了"以公共交通为导向的开发模式"（Transit-Oriented Development, TOD）❶，希望通过公共交通来引导土地利用和城市发展，

---

❶ "以公共交通为导向的开发模式 (TOD)"由彼得·卡尔索普 (Peter Calthorpe) 在 1993 年出版的《下一个美国大都市》(The NextAmerican Metropolis) 一书中首先提出来的。罗伯特·瑟夫洛将 TOD 的本质概括为 3D，即密度 (Density)、多样性 (Diversity)、设计 (Design)。密度是指通过相对较高强度的开发，使得在交通站点的步行距离内有足够的公交客流量，达到开发的经济要求；多样性是指土地的混合利用、多种类型的房屋以及可选择的多种出行方式，以满足居民多样化的生活需求；设计是指在高质量的城市设计下实现紧凑的开发，建立高效的步行和公共交通系统，为人们提供一个适宜的居住环境。

回归传统紧凑，以自行车和步行为主导的城市发展模式，以达到控制城市蔓延、限制小汽车使用以及创造宜居性的高品质的生活环境的目标（图5-35）。

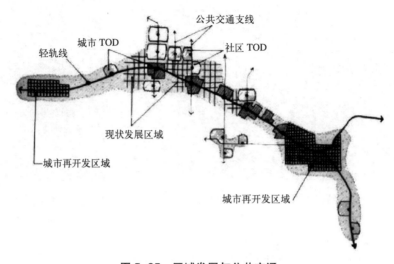

图5-35　区域发展与公共交通

来源：John A Dutton. New American Urbanism：Re-forming the Suburban Metropolis[M].Italv：Skira editore，2000：175

　　TOD模式的价值指向可持续的绿色城市发展理念，并建立在对现代汽车交通为导向的城市开发模式的批判上，成为新城市主义理想的一种实践探索。针对城市郊区化，结构松散的无序蔓延，城市中心衰落等城市病症，鼓励通过交通模式的调整，支持城市区域适当的密集，激发呼唤城市中心区的活力。传统上，人们认为具有活力的传统城市区域通常具有以下四个要素：①区域公共活动与精神感受的中心；②地域性主导产业区域；③步行尺度的开放空间体系；④联系要素。现代城市区域的复兴有赖于恢复具有上述四要素的场所与城市整体地域特色的精心培育，在这个复杂而长期的建设过程中，中心公共活动的综合与通达便捷的联系性是建筑师、规划师最易直接施与影响的环节，这二者与城市空间结构体系直接相关，在现代城市规划实践中，最缺乏的正是基于人行尺度而综合二者考虑的详细计划。在TOD模式中，利用人行尺度的公共交通系统建设作为主干，可以结合影响后三种要素的布局发展方式，为培育城市性中心提供良好的物质空间支撑。

　　紧凑、精明的发展道路无疑是中国城市首选的可持续发展方式。尤其在城市区域的再开发过程中，在轨道交通布局发展的关键环节，通过对步行公共交通及公共空间体系的拓展与精细调整，在具体设计中发挥其建筑尺度精细控制与城市功能的层次连接作用，就能够融合建筑与城市之间的隔膜，应对消费社会高密度、快节奏的都市生活需要，充分发挥中心地段的空间资源价值。

5.4 城市高层综合体与特色城市空间

5.4.1 《城市建筑学》研究中的实例研究

　　《城市建筑学》一书曾举例说明城市综合发展的过程中，形态与功能之间的背离、调整、反馈不仅记录了城市历史，并显现了"城市建筑体"的关键所在，反映出城市体类型的影响力。图 5-36 ～图 5-38 是罗西在书中列举的欧洲传统城市罗马时期建设的剧场在城市发展历史中变化轨迹的典型平面记录。剧场的

图 5-36　法国阿尔勒城的古罗马纪念物——剧场和竞　图 5-37　佛罗伦萨圣克洛斯
　　　　技场鸟瞰　　　　　　　　　　　　　　　　　地区平面图

来源：阿尔多·罗西. 城市建筑学 [M]. 北京：中国建筑工业出版社，2004

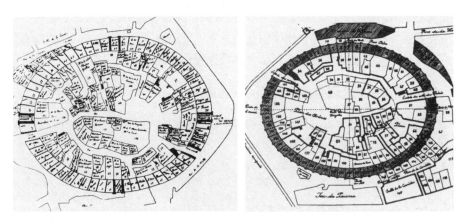

图 5-38　法国尼姆城的两张房产图（1782 年、1809 年）

来源：阿尔多·罗西. 城市建筑学 [M]. 北京：中国建筑工业出版社，2004

功能虽然被抛弃改变，但仍保留着城市发展的影响力，并在历史过程中，逐渐发展凝结成一种附着其上的城市建筑体"类型"价值，赋予这些剧场作为城市发展首要元素的质量和能力。"这种动力至今仍然存在于城市形式之中。……在尼姆城，西哥特人将圆形竞技场改为一要塞，使之成为一个拥有两千人的小城市，四个城市出入口在四个正方位上，市内有两座教堂。其后，城市重新围绕这个纪念物发展开来。在阿尔勒城也出现了类似情况。"❶即使阿尔勒的剧场在改变用途之后，城市的形态仍然与其关联，罗西依据这类现象提出了城市建筑体的概念，正是城市建筑体上力量的集合赋予城市一种独特的内涵。

当然，这种城市建筑体概念与我们日常谈到的建筑概念是有差异的："既是实际城市中可以考证的基本资料，同时又是一种自主的结构。"而且在辨别这种力量的过程中，区分于现代主义的"历史决定论"❷，罗西将历史类比为一个度量时间又被时间度量的构架。在其中城市已经发生的和即将要发生的事情都留下了印记，"构架把城市和历史联系在了一起，这种历史纯粹是关于以往知识的一部历史，而不带有决定未来的历史需求"❸。

通过这个实例，可以人感受到城市建筑体是参与城市演变的经久元素，城市历史发展的印记在其中重叠、交错、混合，滋养渗透出城市自主发展的构架性力量。这些印记和构架性力量蕴涵和凝结在建筑物上，难以通过现代城市专业研究要素分拆后再重新拼合复原，但这些却是构成城市的特色核心所在。这种对城市现象的观察研究方式，不存在"发展和保护"的区别，也不用辨别哪些是支撑性设施，哪些是功能性设施，更没有必要区分建筑设计过程中的功能策划和赋形创作，而只有城市建筑体的整体概念跃然纸上。

这恰与吴良镛教授解释城市文化特性时所强调的"发展"性概念类似，从不同角度阐释了城市特色的发展关键——城市特色不能靠单纯保护、限制未来实现，而要依靠城市建筑体的"质量"发展与建设来实现。历史形式虽与未来相关，却不能决定未来发展需求。面对西安城市大量现存的大型城市历史遗存，需要我们仔细甄别并且特别倾注创造力地建设城市建筑，增益城市的整体特色。这对于即将大量出现的城市高层综合体设计而言是最为关键的理念核心。

5.4.2　纽约中央公园与库里蒂巴的交通廊

虽然发展历史较短，但走入现代的城市近代发展中已经产生了"现代"城

❶　阿尔多·罗西. 城市建筑学 [M]. 北京：中国建筑工业出版社，2006：88-91。
❷　历史决定论：《城市建筑学》一书在英文版编者序言中解释：历史决定论研究原因和需要，这是现代主义的解释城市和建筑的核心方式；而历史学则强调结果和事实，如同混沌理论将偶然性纳入科学理性架构一样，我认为罗西的这个方法也说明了城市发展并不是全由原因和需要驱动，需要为形态本身留下一席之地，而这种来自形态的"架构"力量集中表现在城市建筑体上。因此放弃"历史决定论"的思维定式，我们才能找到城市建筑体的创作力量。
❸　阿尔多·罗西. 城市建筑学 [M]. 北京：中国建筑工业出版社，2006：88-91。

市建筑体。

现代城市纪念碑之一：图5-39是从经典的纽约式电影《欲望都市》截屏的纽约中央公园鸟瞰图片，作为纽约市生活的一种重要印记，中央公园无法让任何初识纽约城市的人忽略，也是生活在此地的纽约人重要的典型城市印记。纽约中央公园总体是一个规矩的矩形，边界清晰，如同是从鳞次栉比的高楼中切割出来的，是纽约市格网形态的自然发展结果。一眼看去，仿佛不同寻常的是公园的矩形形态，但细想纽约中央公园之所以能成为纽约城市空间的特色标志之一，其方正的形态本身并不能表现出纽约城市的独特魅力，而在于它与垂直发育的城市本底一起并置，反映了格网型城市发展的历史记忆，这种截然分明的边界使得中央公园空间界面具有了与众不同的张力，使得人们无法忽略中央公园在城市中的地标性，从这个意义上讲在这其中充分显示了"建筑体"所能传达出的城市"经久元素"的力量。这个实例再次显示，城市建筑体与功能无关，与形态相关，却不由形态主导。

图 5-39　纽约中央公园鸟瞰

来源：电影《欲望都市》截屏

纽约在历史的发展中，格网与垂直发展是一个丰富多面的概念，在中央公园中有了不同的质感表现。

现代城市纪念碑之二：库里蒂巴位于巴西南部，是第一批被联合国命名为"最适宜人居的城市"中唯一位于发展中国家的城市（其他四城市为温哥华、巴黎、罗马、悉尼）。与世界著名的大城市圣保罗和里约热内卢毗邻，是巴西发展速度最快的城市之一。1950年市区居民为30万人，到1990年猛增到210万人。在此期间，库里蒂巴市的经济基础发生了急剧变化，由过去一个单纯的农产品加工中心变成了现在一个实力强大的工商业中心。1974年，在前市长著名建筑师雅伊梅·莱内尔（Jaime Lerner，1937.12.17～）的推动下，库里蒂巴市开始对城市的发展进行变革。在迅速发展的三十余年里，库里蒂巴市极力保护原有的欧洲殖民风格居住环境，没有盲目地发展大而全的城市交通，着力打造堪称世界典范的 BRT 公共交通体系，使库里蒂巴市成为世界著名的生态城市。其名言"城市不是难题，城市是解决方案"（City is not a problem, city is solution）影响了整个世界。

库里蒂巴是世界上首先实现了优先发展城市公共交通设想的城市。城市规划部门在设计新市区时除了注重保持各种建筑风格的协调外，还力图把城市开发、土地利用与交通发展联系起来，只允许在交通主干道两边建设大规模项目，并给予土地开发商相应的优惠政策，以提高土地利用率。为改变老式城区不合理的布局，库里蒂巴市提出了线形交通的概念，也就是以市中心为起点向外辐射的交通网络，并于 1974 年当年就建成了第一条纵贯南北以公交优先为主的公交主干道。

今天，在公共交通廊道的两侧，速度与效率编织出城市发展的密集区，被称为 CORRIDOR（走廊）的"线形"发展区，平均容积率达到 6。整体高层建筑聚集廊道与低密度居住区成为库里蒂巴独特的城市特色景观形象（图 5-40、图 5-41）。这条南北贯通的城市轴线是现代库里蒂巴市 BRT 交通、城市空间、城市密度、生态城市发展模式的综合象征，其意义不仅在于 TOD 体系的成功，同时作为公共空间的汇集中心，也是库里蒂巴市极具特色的现代城市纪念碑。

图 5-40　巴西库里蒂巴城市鸟瞰　　　　图 5-41　库里蒂巴城市交通主干
来源：华南理工大学王世福教授　　　　　来源：百度贴吧巴西库里蒂巴的 BRT

通过这两个现代城市的实例中，我们可以体会在中观层次上，城市建筑性要素所产生的城市建筑架构影响力。

5.4.3　西安大明宫国家遗址公园及周边地段发展

大明宫是唐代长安城三大宫殿群（太极宫、兴庆宫、大明宫）之一，于唐贞观八年（公元 634 年）十月始建于唐长安城外龙首原，在经历近 300 年的岁月之后，大明宫毁于唐末的战火，之后历经千年逐渐荒芜。1961年，唐大明宫遗址被国务院首批公布为全国重点文物保护单位。遗址位于西安市的东北部，距离现在西安市中心钟楼约3km，保护区南边界距老（明）城北城墙边界不足半公里，与西安唯一的铁路客运站距离不足300m。与现状西安城市中心叠合关系紧密（图5-42），是一个历史层次丰富的城市特色地段。

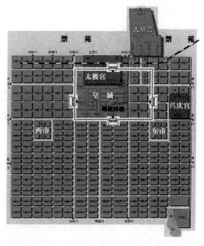

图5-42　唐大明宫位置与西安城市中心的关系

大明宫作为中国盛唐时期最大的皇家宫殿建筑群，规模宏大，气势雄伟。2007年开始开发建设的西安大明宫遗址公园，总占地3.84km²，南北约2.25km，东西约1.67km，恰好与纽约中央公园具有相似的空间尺度与规模（图5-43）。

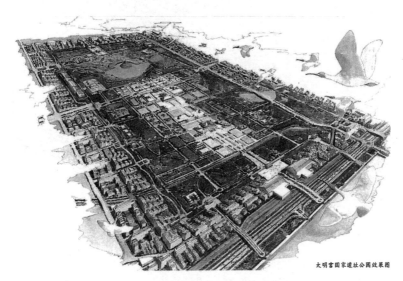

大明宫国家遗址公园效果图

图5-43　以色列阿里·拉哈米莫夫建筑事务所为大明宫国家遗址公园详细规划竞赛所作效果图

来源：大明宫国家遗址公园项目宣传册

这样一片大面积城市区域，处于国际大都市中心城区，大明宫周边保护性发展控制的牵涉范围必然巨大。最大的困难不在于整理、保护遗址的现有状态，难点与挑战在于实现遗址公园与现代西安城市整体融入——如何建立起有序良好的可持续发展构架才是保护和彰显这笔人类文化财富的关键，和谐融入就是最好的保护发展。要将这样的城市特色区域保护好，重点与关键在于要使它一直保有城市首要元素的质量与活力。这也是对当代西安建设者的智慧挑战。

随着西安城市构架的拉大，城市中心功能外迁、分散。西安重大的基础设施建设，对大明宫保护区域及周边建设区域格局发展带来了新的转机与潜力。2007年西安市政府以 3.2km² 的大明宫遗址为核心，划定 19.16km² 的土地作为唐大明宫遗址保护特区，平衡土地利用、基础设施建设等方面以保证大明宫遗址公园的保护与发展。图 5-44 是 2006 年西安曲江大明宫遗址保护改造办公室进行的"道北"地区区域规划研究方案。大明宫遗址区保护改造规划形成了"一心两翼三圈六区"的空间格局。新的城市客运站将于 2011 年建成通车，原有的西安客运站将改变原有线边场站模式，改为线上发展，在原有基地北侧建设火车站北广场，将直接改变原有大明宫闭塞的交通格局，为遗址保护区打开南部城市关系——火车站北广场与大明宫正南门——丹凤门相对，成为与大雁塔遥相呼应的西安迎宾轴线带重要节点，这也是西安近代形成的发育最为成熟的商业带。

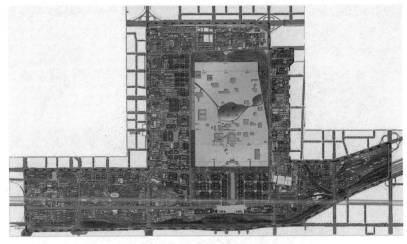

图 5-44　大明宫遗址保护区所在及周边地区规划研究
来源：西安曲江大明宫遗址保护改造办公室

保护区内的遗址是一笔无可替代的重要资源，遗址边界的环境如何规划、塑造需要深入研究，促进遗址周边地段发展与融合是更为重要的现实挑战。在这种理解下，大明宫遗址公园本身的保护与周边地段的发展关系，与纽约中央公园的留白空间性表达和概念传递一样，是同等重要的。在保护理念上以展览文物的方式将遗址、遗存"罩在玻璃盒中"的做法并不适于规模巨大，地面遗存又较少的遗址公园。这一历史文化的特色空间只有借助城市发展演变中的动力与活力，融入现代城市各个环节，植入整体、连续、卓越的区域建筑的创造力才能够使得这个大型空间焕发活力，使资源变为潜力，带动周边的良性发展。

这恰是城市建筑体、城市高层综合体创造力显现的最佳区域。

图 5-45　大明宫丹凤门效果图（实施方案）

来源：大明宫国家遗址公园项目宣传册

5.5　小结

城市高层综合体发育是大都市核心区域重新进行城市构架的重要方式。

（1）它是消化巨大的城市需求，展现城市魅力的综合发力点。在以经济开发规律为先导的城市商业更新发展中，同城市轨道交通发展密不可分，因此在开发的主体选择时明确联合开发的方式、制定与设立相应的鼓励政策，能够及早实现核心区域整合与高效，避免建设管理失控或者重复性再开发。

（2）城市高层综合体也是整体城市构架中精巧重要的关节。在巴黎城市轴线上，拉德方斯巨门作为现代拉德方斯区发展的象征与历史上的伟大创制——凯旋门、与现代重又熠熠生辉的卢浮宫博物馆等重要的城市建筑体相互辉映，构造了现代巴黎的主脊。

（3）城市高层综合体还是构建现代城市发展框架的首要元素。同城市发展的总体策略直接相关，与上海轨道交通发展伴生的数个城市高层综合体都说明现代城市新区核心、传统中心区、老区再开发，与轨道交通规划发展关系密切。

（4）欧洲城市罗马时期剧场建设的现代印记提示我们：如果从城市"建筑体"角度认识、认知、设计城市高层综合体，它能成为表达城市特色空间的重要手段。巴西库里蒂巴南北贯通的城市活力廊道与纽约中央公园及周边地段的实例表明，历史、近代、现代的城市建筑体发展都能实现城市建筑构架连续性发展。

西安具有独特的历史发展格局，正处在发展转型的关键时期，作为经营城市发展的策略，西安开创了特色空间独特的发展性保护道路，平衡土地利用，合理利用文化遗产的文化资本，以遗址周边土地的经济开发和合理利用来平衡文化遗产保护与展示的资金投入，这种发展性保护符合我国现有城市开发现实与西安独特的历史发展条件。城市高层综合体的整体布局与研究发展思路是具有巨大的发展能量与潜力的，是引发、带动城市构架质量提升的重要手段。

6 基于 GIS 的西安城市高层综合体空间布局模型分析

建筑也可以什么都不表现

而只有城市整体性显现其中

6.1 西安城市特色 GIS 因子分析构架

城市整体秩序的架构是影响城市高层综合体布局与设计的核心内容。《城市设计新理论》❶ 一书中总结了产生城市整体化的七条过渡法则：①渐进发展；②较大整体性的发展；③构想；④正向城市空间的基本法则；⑤大型建筑物的布局；⑥施工；⑦中心的形成。现代城市中渐进的有序发展已经很难在理想条件下实现——偶然影响因素与具体限制条件庞杂，市场利益也难以完全人为驾驭，城市空间建设、维护、管理、使用，所有者之间的矛盾，非一人之愿就可以调和。但是其中"构想"这一过渡法则特别值得注意，它连接了城市发展的客观趋势与城市空间、大型建筑物的设计愿景，并将城市这个日益走向客观精明决策的公共发展事件回归到"设计"这一模式上来，鼓励我们将情感与创造力投入城市发展，使二者成为一种能够相互支持的发展力量，消化及容纳了地方及具体问题的各个方面。比如我们在第四章所分析的中国传统城市的理想模型，在第五章的分析中提到的城市特色空间形成过程是城市场所凝聚力产生的核心阶段。

图 6-1 是巴西城市发展典范库里蒂巴市的总设计师兼执行官，其前市长雅伊梅·莱内尔的所解释的城市发展理念。他认为好的城市结构就像乌龟一样，结合了人们的生活与工作——家园由城市生活架构如同乌龟的壳，而工作体系核心在于城市交通，好比乌龟足，结构重点在于两者之间完美的结合。

按照这样的思维方式，城市高层

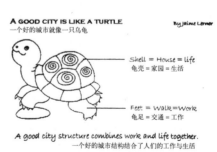

图 6-1 巴西库里蒂巴前市长雅伊梅·莱内尔的城市理念

来源：华南理工大学王世福教授

---

❶ C．亚历山大，H．奈斯，A．安尼诺等．城市设计新理论 [M]．北京：知识产权出版社，2002：55。

综合体就像现代城市中交通与城市生活之间的结合点与平衡点，也是城市运转、形成场所的关节处（图6-2）。对于他的规划布局，我们首先要面对是整体性平衡与发展。

在城市布局决策这个复杂的具体过程中，我们需要将城市构架与现实趋势融合在一起。在总体层

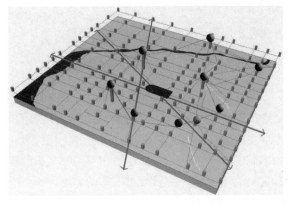

图 6-2　城市高层综合体在城市中的系统关联性示意

面决策时，需要客观地面对城市发展的趋势与可能，同时又能凭借建筑的城市空间架构力。GIS（地理信息系统）提供了这样一个可视、形态化的综合工具，这一章借用数字工作平台处理西安城市高层综合体布局中的各种要素，并融入个人对城市空间架构的期望，为愿景与创造力融入提供分析依据。

6.1.1　数理逻辑分析与综合决策并重

同其他研究相比，在西安城市高层综合体 GIS 数据分析平台构建中更强调数理逻辑分析与综合决策并重。

在一定程度上，我们已经证实数学模型可以描述出空间构建的大部分规律，在前述的空间句法研究中，基于对人与空间环境反应规律数学模型的建立，形成了对城市空间整合度的评价，并已应用在城市规划的空间分析当中。目前国内的控制性详细规划实践中，指标体系的研究已经全面实现了可测、可控、可视，软件开发也支持这一系统的实现，在系统闭合的指标模型中，极大地简化了人力工作，使得规划管理更有依据性、统一性、客观性。

但在设计思想的流动中，数字工具仍带有先天的机械限制与缺陷。我们所面对的城市发展现实在历史纵深中，在宏观区域大范围内，各个时期不同地域城市专项的问题与矛盾是不同的；而且，城市发展也具有偶然性，比如重大事件的发生，如果以抽象简化的理想空间模式规定城市，其结果必定是使城市发展模式化，陷入模型缺陷的困境。数据分析工具的手段与目的性，是需要谨慎对待的问题。因此，在具体决策中，综合分析与再权衡是对数据决策方法必要的修正与补充。

本书借用的理论架构基础——城市建筑学所强调的研究思路正是对建筑设计方法的延伸。这是一种理性、具体、形象的研究方式，与现代抽象的归纳、分解、结构、模式化研究形成对比。

因此，在 GIS 布局分析的研究思路上，在决策前期数据整理与分析中，

应尽可能发挥现代数据处理技术平台客观、高效的优势，并应实现一定的人工开放性，以便于后期的综合处理与调整。

6.1.2 同城市高度布局研究的区别与联系

高层建筑与城市相关的层面很多,美国高层建筑与城市环境协会编著的《高层建筑设计》一书系统总结影响高层建筑决策的 12 个主要因素:①人口密度和土地资源分布;②经济状况;③社会和文化因素;④象征意义和影响力;⑤发展的控制需要;⑥交通情况;⑦城市环境和气候的影响;⑧能源消耗;⑨地方资源和材料的使用;⑩安全性;⑪审美的考虑;⑫灵活性。表 6-1 中总结了国内相关研究中提出的城市高度布局的影响因素。其中土地价格是最突出的因素 ❶。

国内研究者提出高层建筑建设影响因子汇总　　　　　　　　表6-1

代表性研究主题	研究者	研究中提出的决策因子
长沙市高层建筑布局规划研究	中南大学	土地价格、轨道交通、历史文化、道路容量、商业潜力、城市形象
	罗曦、郑伯红	
以南京为例的高层建筑地域景观特征研究	陶亮、朱熹钢	土地级差地租、城市历史形态、文化生活习惯、规划干预、交通可达性
烟台城市高度控制的规划	洪再生、朱阳、孙万升	城市景观的保护和加强、土地利用的经济性、用地地质条件、其他
太原市高层建筑布局研究	范寂英	区位、经济、交通、历史文化保护、空间形态控制
城市设计视野下高层建筑	东南大学	借鉴美国高层建筑与城市环境协会八点:人口密度和土地资源分布,经济性,社会、文化和心理因素,象征意义和审美考虑,交通情况,能源消耗和气候影响,安全性,使用灵活性
	李琳	
宁波市高层建筑布局研究	太原理工大学	借鉴美国高层建筑与城市环境协会六点:城市规划对用地性质的要求,土地区位价值,道路交通,城市景观及天际线,城市生态建设,历史建筑与街区的保护
	苏敏静	
青岛市高层建筑空间布局专项规划中的应用	夏青, 马培娟	GIS重点分析9个宏观因子: 城市风貌、城市功能、视觉景观、历史文化、交通可达、土地价格、建设潜力、工程地质、机场净空 其他4个因子:视觉通廊、微波通道、日照采光、市政设施承载

资料来源:作者整理

城市高层综合体同高层建筑布局相比,评价逻辑的差异很大。

---

❶ 侯学钢. 长沙市湘江两岸滨水区高层建筑规划布局研究 [D]. 武汉:湖南大学，2007。

首先在第一个层次上，城市特性的凸显是城市高层综合体区别于一般高层建筑的关键和核心，使得其选址布局与城市其他的相关设施布局关系十分紧密，高层城市综合体布局研究更强调对活动密集的支撑性，与公共空间整体结构的协同与明晰性；城市高层综合体是城市中的首要要素，而高层建筑则是一般要素。可以这样理解：城市高层综合体是高层建筑的再次凝聚，是应该由城市架构理想推动的，需要精细地辨别与创制；而高层建筑则是人群的分布，以土地使用政策为导向。

在第二个层次上，高层住宅、高层公建（酒店、办公）表现出的外在特征是不应该被抹平的。因此，在针对城市高度的布局研究中，传统的限建思路更为准确妥当，有利于突出应保护和强调的要素。而针对城市高层综合体，它是城市发展的中心与重心，应该找到矛盾潜力结合的最佳点，积极实施干预。

同时，如果有必要进行城市高度控制的话，针对城市整体而言：这两方面的控制同样重要，禁建高层建筑区域与鼓励建设城市高层综合体区域的辨别同等重要，而在严格限制建设区域则需要更进一步的详细研究。

6.1.3　分析目标与分析方法技术路线选择

对于难以完全用客观封闭的数学模型描述的决策因素指标评价，常用分析方法有特尔菲法、层次分析法两种方式。

特尔菲法(Delphi Technique)❶ 是 20 世纪 50 年代由美国兰德公司与道格拉斯公司合作提出的，这种意见综合分析方法的核心是通过匿名方式经过有控制的几轮函询征求专家意见 [3]。特尔菲分析过程中要对每一轮意见都汇总整理，作为新的参考资料再反馈给专家，供他们判断分析，提出新的论证。在实际应用中，建立在对城市发展建设现状充分、细致、深入的调查研究和对高层建筑建设布局影响因素系统的正确理解基础上，是基于程序合理性的评价方式，因而对专家及征询程序有严格的要求。

层次分析方法（Analytic Hierarchy Process），简称 AHP 法，是美国运筹学家萨蒂（T. L. Saaty）于 20 世纪 70 年代提出的一种定性分析与定量分析相结合的多目标决策分析方法。层次分析方法可以对非定量事件作定量分析，以及对人的主观判断作出定量描述。该方法采用数学方法描述需要解决的问题，适用于多目标、多因素、多准则、难以全部量化的大型复杂系统，对目标（或因素）结构复杂并且缺乏必要数据的情况也比较适用❷。按照问题的性质和评价

---

❶ 特尔斐法最早是由古希腊特尔斐地区的预言家预测未来时经常使用的方法。20 世纪 50 年代，美国空军委托兰德公司研究一项风险辨识课题：若苏联对美发动核袭击，哪个城市被袭击的可能性最大？后果如何？这类课题很难用定量的角度通过数学模型进行分析，因而兰德公司设计了一种专家经验意见综合分析法，称为特尔斐法。60 年代中期后得到广泛使用，过程中经过多轮独立专家匿名征询与反馈。

❷ 王肖宇．基于层次分析法的京沈清文化遗产廊道构建 [D]．西安：西安建筑科技大学，2009：73。

的要求，将评价的问题分解为不同的组成因素或评价指标，并按照这些因素之间的相互关联、相互影响和隶属关系，将因素以不同层次进行聚集组合，形成一个多层次的、有明确关系的、条理化的分析评价结构模型。对于组成因素或者子系统的评价，实际上是最底层对最高层次的相对重要性权值的确定，或者是构成相对优劣次序的排队问题。

在高层建筑布局研究中，因子模型与权重是基于 GIS 研究城市影响分布和计算的国内通行方法。这种分析方案通过将抽象的影响因素转化为有形赋值的决策影响因子来评价空间要素的分布情况。在高层建筑的布局研究中广泛使用。在城市高层综合体的研究中，城市影响要素也是复杂交叠的，为了准确直观地描述分析空间布局影响，研究采用因子分析的方式进行。与前述研究不同的是，城市高层综合体的城市布局研究目标并不指向整体布局管理决策，而是重在对高层建筑客观需求强与客观限制大的矛盾点的暴露与揭示。因此，因素之间相互关联的模型并不要求完全闭合，对于因子相互比较权重要求也不严格。

本书展开布局因子的研究时，西安轨道交通的论证修编工作正在进行，对未来城市建设区域的需求分析基本要素是相同的，尤其是土地价格强烈受到轨道交通规划的影响，限于研究工作展开的重点，对客观影响要素的分析评价主要倚重轨道交通规划结果。

6.2 城市性指标等级及影响因子

城市高层综合体布局影响要素按照影响类型分为五大类，基础支撑性要素、城市空间架构影响要素、潜力发展要素、其他促进的集聚要素，以及特色空间保护影响范围。

6.2.1 基础支撑要素

自上而下的规划决策中，城市发展既有强烈的市场经济规律指向，又有强大的社会文化传统惯性，高层城市综合体在城市中的布局与分布更强烈地显现两者的规律性。其核心就是区位、地段的可达性，我们希望的布局优选条件是：①在需求的重点处；②在主要的交通重点处；③在地理上的重点处。最好的选址将上述类型集于一身。

也可以基于以下几个方面内容评价：

(1) 城市区位，指与城市中心的关联性；

(2) 人口密度；

(3) 可通过性，如轨道交通覆盖数量、车行道宽度、人行道通达性；

(4) 现实流通强度，如交通流量以及每天聚集、停留或经过的人次数；

(5) 现有功能复合程度；

（6）城市公共设施完善程度。

在第三章已经讨论了现代城市重要的特征就是流动聚集受基础设施的强烈影响。对于城市近期发展趋势而言，基础设施是支撑性的框架构成主体，城市高层综合体的布局首先体现了对这一情况的顺应。西安近十年最大的基础设施变化就是地铁规划，地铁的布局显现了大量统计结果的趋势指向，综合了城市的日常运转规律，因此城市高层综合体布局基础性格局应建立在轨道交通所呈现的城市密度及流动构成关系之上，因此此项因素权重最大（表6-2）。

城市高层综合体布局影响分析支撑性因子　　　　　　表6-2

因子类型	因子项	分项权重	因子指标构成	影响范围及权重，方法			估值
支撑因子	人口密度	10%		按照密度分布分八级			1-0.3
	通过性及可达性流通强度	70%	轨道交通覆盖影响70%	轨道交通站点叠加影响：分转换站点和普通站点两级	站点周边影响范围分两级（500m、2000m）		1 0.8
			地面车行交通通过影响30%	按照道路宽度分四类	<45m	100m	0.5
					45~60m	200m	0.8
					>60m	300m	1
					三环	200m	0.8
	公共服务设施配套	15%	铁路客运站综合三甲医院十二班以上中学大学校区周边	以类型设施为中心沿道路向外辐射，影响范围分别设，影响允许叠加	500m、2000m两级		1
					800m		0.15
					500m		0.1
					1000m		0.6
	现状功能支持度	5%	其他公共交通线路覆盖	公交站点密度分五级	轨道交通覆盖范围不加权		
			公共停车场密度	按照可停车车辆密度分五级	新建规划区不加权		
小计		100%					

可以看到其中突出了对轨道交通因素权重与平衡的评价依赖性，根据地铁站点通过线路分类，再依据地块与地铁站点的距离进行不同的赋值。轨道交通的兴建提升了沿线交通的可达性，带动房价升值进而促进高层建筑的发展，因此，地块与地铁站点的距离越近，对城市高层综合体的促进影响力越大。同时站点交叠的轨道数量越多，影响范围及强度越大。

在轨道密集覆盖的区域内部，公交服务的影响不进行加权。而新建规划的停车等配套服务设施依据现有的陕西省规定，办公类建筑停车位指标最低要求为 0.5 辆 /100m²，居住类停车位指标最低要求为 0.8 辆 /100m²。因而在新建区、更新区等规划中影响评价也不计入加权。

6.2.2 城市空间架构影响要素

城市现有商业布局与城市开放空间是最直接的空间布局影响要素，也会反映在土地使用价格成本中。因此，影响因子主要包含两项内容：

（1）城市公共开放空间，包括公园、广场、城市绿地、水体、自然保护区、遗址保护区、遗址公园等，依据其区位、开放空间面积及尺度等级、界面完整性、空间连续性评价其等级。

（2）商业布局影响，包括传统商圈、新发育的商圈，共分为三个等级影响布局。

表 6-3 是影响因子的汇总及描绘。

城市高层综合体布局影响分析影响因子 表6-3

因子类型	因子项	分项权重	因子指标构成	影响范围及权重方法
影响因子	城市公共开放空间	30%	公园	外围500m
			广场	外围800m
			城市其他游憩空间	外围500m
	商圈	70%	商业中心	由商圈层级、商业设施规模分为三级，并根据等级由中心向外辐射
			商业带	沿线形区域向外辐射
			专业市场	根据中心分两级向四周辐射
小计		100%		

6.2.3 潜力发展要素

主要包含两项内容，见表 6-4 所列。

以下述两种评价权重区分重要性及影响力：

（1）文化特色性，就是西安知名的大遗址区与文化旅游区，根据国家权威机构认定的等级划分来对具体对象的特色辨识度进行分级，如按照国家级、省级、市级的顺序来为遗址公园影响等级排序。

（2）旅游吸引力，包括文化遗产等级、知名度、认同度，主要依据国家旅游等级划分。

城市高层综合体布局影响分析潜力因子　　　　　　表6-4

因子类型	因子项	分项权重	因子指标构成	影响范围及权重方法
潜力因子	区域文化特色	65%	大遗址公园	周边范围街区并列影响，不作叠加
			文化特色区	
	旅游吸引力	35%	旅游景点等级	按照旅游排名等级的单独权重，前项并列，不作叠加
			旅游线路沿线周边	
	小计	100%		

6.2.4　其他集聚影响要素

城市的特色产业聚集是大都市影响辐射力的重要特点。资金与信息交换密集使得这些城市区域具有很强的发展带动能力，在城市发展密集化过程中，城市高层综合体布局同样受到产业特色发展区带动。如西安的电子市场、数码产品市场、轻工产品批发市场等重要的行业聚集区等。在现代城市发展过程中，还包括诸多偶然事件因素的介入与影响。如北京亚运会、奥运会的举办极大地影响了城市结构的发展与布局，迅速引导城市基础投入、设施建设与人口的空间分布。2011年西安世园会（世界园艺博览会）对浐灞地区发展起到强烈的带动作用，也间接影响了城市密集区域的发育与分布。政策的引导也会极大影响空间结构的发展变化。由于其影响力集中在决策层面，同时这种影响也会通过具体地段的土地、规划开发方式实施，因而不再对这类影响因子设权重。

表6-5列出这两类的因子情况。

（1）产业带动效应：包括特色行业，专业批发市场、物流集散地等。

（2）其他如重大事件，如2011年西安世园会建设、政策导向等。

城市高层综合体布局影响分析增益因子　　　　　　表6-5

因子类型	因子项	分项权重	因子指标构成	影响范围及权重方法
增益因子	产业带动效应	90%	地区产业特色影响点	
	其他	10%	世园会建设区域	
	合计	100%		

6.2.5　特色空间保护影响范围

最后，还有文化遗址保护区、重点景观视觉通廊、重要的自然及人文地理遗产等，这些区域由于保护、挖掘、整理、研究的立法要求，可以"一票否决"城市高层综合体的建设可能性，属于消控区域。

6.3　构建因子之间体系关系与权重

6.3.1　综合因子关系

表6-6汇集前述各项布局因子。城市密度的本质就是人们公共活动的密集程度，发生的根源与影响的机制异常复杂，也是城市区别于乡村、市镇的重要特征。这种密集活动经过物化才形成城市中大的公共生活文化活动及服务设施，形成了如医院、图书馆、大型市政建筑、火车站、商业中心、影剧院、综合体等这样大型公共建筑。反过来，这些建筑促进了城市文化生活发生、发展、交流、创新、形成了城市的公共文化气韵与特色。具备场所特色才能形成吸引力，正是这些构成城市发展中最核心的文化资源。

城市高层综合体布局分析的整体影响因子总表　　　　表6-6

因子类型	权重比例	因子项	因子指标构成	分项权重比例
支撑因子	60%	人口密度		15%
		通过性及可达性流通强度	轨道交通覆盖影响	70%
			地面交通通过影响	
		公共服务设施配套	火车站，综合三甲医院，十二班以上中学，大学校区周边	10%
		现状功能支持度	其他公共交通线路覆盖	5%
			公共停车场密度	
		小计	100%	
影响因子	15%	城市公共开放空间	公园	30%
			广场	
			其他公共开放游憩空间（商业街、城市绿地、遗址保护区、自然保护区、水面）	
		商业圈层	商业中心	70%
			商业带	
			专业市场	
		小计	100%	

160

因子类型	权重比例	因子项	因子指标构成	分项权重比例
潜力因子	15%	文化特色	历史遗迹周边	65%
			特色文化区	
		旅游吸引力	旅游景点等级	35%
		小计	100%	
增益因子	10%	产业带动效应	地区产业特色影响点	10%
		小计	100%	
消控因子	负影响	特色维护控制白区	遗址保护区	一次消控
			军事禁区	
		小计	100%	
合计				100%

6.3.2　因子权重

上述因子关系中最突出的城市高层综合体分布因素来自城市的基本需求，因此基于轨道交通规划描述的支撑因子起到了决定性作用权重60%，城市原有的空间格局基础也是我们进行决策的首要因素，因此影响因素与潜力因子权重相当，各占15%。

上述这些影响的权重最终的计算方式为：（60% 支撑因子 +15% 影响因子 +15% 潜力因子 +10% 增益因子）× 消控因子。

其中消控因子对城市高层布局具有一票否决的决策影响力，但其边界及周边地段则会表现出更强烈的需求压力，因而在权重赋值时将其定为负值相乘，意在计算中表现出需求的落差与矛盾。

6.4　城市高层综合体 ArcGIS 影响因子分布

总体分布分析基于两种城市尺度：150m、500m。分别代表现代与历史盛期西安城市规划的主要单元尺度。所有的因子分布按照两种尺度的格栅分别进行工作，在分项的计算分布表达中，150m 格栅因为较为精细，因而图示结果较为清晰，在总体因子权重计算分布表达中，500m 格栅较为强烈地表现了城市的整体格局。

6.4.1　城市高层综合体的城市支撑性条件分布

根据前述因子构成，利用 ArcGIS 软件平台根据支撑因子分布叠加计算生成的支撑因子分布，如图6-3所示。支撑因子所反映的主要是历史条件、现实状况与可预见的综合影响。从图中可以明显看到西安目前中心城区的边缘地带对城市高层综合体的支撑条件最为成熟。结果显示尤以南二环沿线及中央、东侧中轴带南段最为突出。由此可以推论，为了强化和整合现状发展的压力，现在条件具备、最为急迫的城市高层综合体再开发引导可以从这个区域开始。

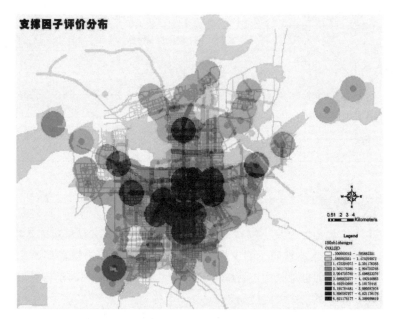

图 6-3　支撑因子评价计算分布（150m 网格）

制图：吴雷、张丽敏、陈景衡

6.4.2　西安城市高层综合体现有城市空间结构影响要素分布

影响因子重要的核心内容是区域布局的产业发展定位及规划的引导。

图 6-4 是 500m 网格的影响因子分布计算结果，从中可以清晰地看到，西安中轴线北端及西高新产业区在强大的发展导引与产业带动力下，配以规划中预期施与的发展支撑条件，所形成的两个未来城市高层综合体发展基础条件快速成长区域。影响因子所代表的是整体规划对城市近期发展方向的引导关系，从中我们还可看到城市东入口区域产业转型的再开发中所展现的发展可能性。

6.4.3　西安城市高层综合体潜力要素空间分布

潜力因子所归纳的是城市高层综合体最具西安城市构架特色的内容，其空间分布主要围绕在已形成正逐渐成熟的具有城市文化特色地段周边。这些城市开放空间的形成发展得益于西安丰厚的历史文化资源遗存保护与近十年来旅游

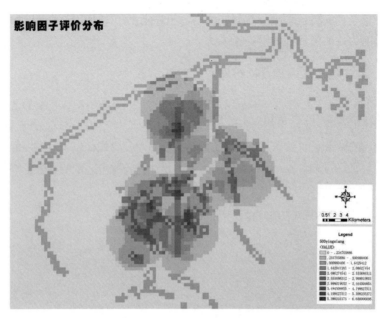

图 6-4　影响因子评价计算分布（500m 网格）

制图：吴雷

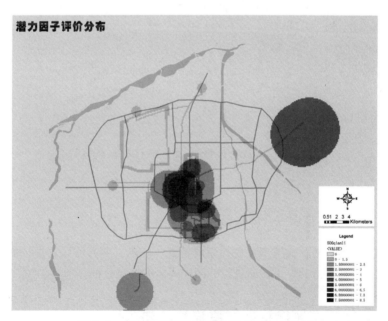

图 6-5　潜力因子评价计算分布（150m 网格）

来源：吴雷绘制

发展主导下大手笔、大投入的历史文化城市资源经营策略。图 6-5 所示即是这
类内容在西安城市格局中的分布关系。可以清晰地看到，中轴及城墙周边的集

中影响仍是西安特色构架中重要的核心，也显示出了未来汉、唐遗址构成的历史格局对中心城区周边的潜在影响力。

6.4.4 西安城市高层综合体布局增益因子分布

图 6-6 是城市高层综合体布局分析中增益要素的分布情况，反映的是偶然性大规模建设事件，如：世园会举办地，以及城市社会性结构、产业布局结构自发演化形成的城市空间影响力，在城市整体的演进中，它们代表了城市发展对空间结构进行修正的影响力，可以在有限时间内迅速提升城市区域的凝聚影响力。

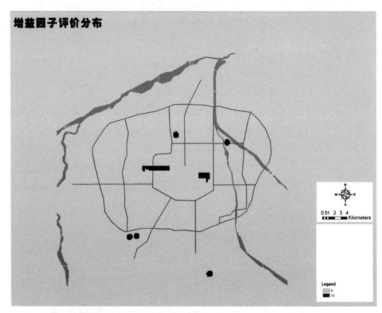

图 6-6　增益因子评价计算分布（150m 网格）

来源：吴雷绘制

6.4.5 西安城市高层综合体布局消控因子分布

图 6-7 是根据西安城市特色构架的特点，在老（明）城区高度控制规划、曲江区发展的理念启发下，所进行的消控要素的分布分析。

6.5 整体分布规律特征、格局及趋势

6.5.1 整体分布规律及趋势

图 6-8 是经过权重后的计算叠加分布结果，可以看到总体上仍以中心区分

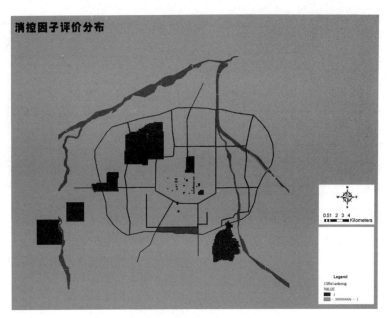

图 6-7 消控因子评价计算分布（150m 网格）

来源：吴雷绘制

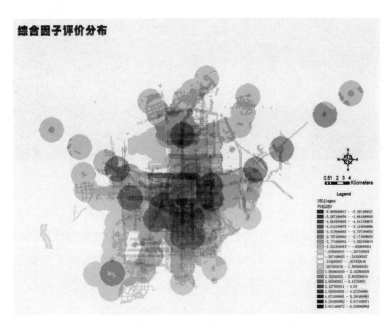

图 6-8 综合因子评价计算分布（150m 格网）

来源：吴雷绘制

布指标高，外围则以点状辐射形态分布。尤其在南二环为核心的城市南部连绵
成片，并沿两条城市轴线带状分布。

图 6-9 是根据 500m 格栅综合分析结果按照色阶值生成的发展需求示意分布。城市北侧组团中心聚集特征明显。色差最大的地方也是因子影响差值大的地方，因而在亮度最高的区域和色差明显的区域都是城市高层综合体分布较为有利的区域。

图 6-10 是根据 GIS 对城市高层综合体布局因子分布综合计算而生成的高度模型。阴影加深

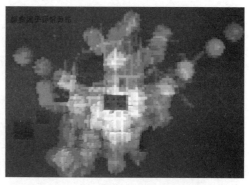

图 6-9　整体城市密集度发育分布
（根据 500m 格网计算结果修正）

的部分就是城市高层综合体开发建设需求突出的地方，有一部分是各种需求因子叠加综合作用表现出的高需求，有一部分则是以遗址区、特色空间的开发限制造成的需求反差表现出的高需求落差。

图 6-10　整体城市密集度模型

图 6-11 呈现的是选取不同赋值因子的权重范围布局计算结果，从中可以显示西安现有城市空间骨架范围内，高密度开发需求汇集的规律与趋势，以及汇集点的最终分布情况。图 6-12 则是根据同样思路，分析城市外围空间骨架发展过程中，密度汇集点凸显的分布情况。

6.5.2　禁建区、宜建区、可建区与白色地段

上述布局规律显示了西安整体发展格局背景下，城市密度聚集的发展趋势，也反映了在建设区域内城市高层综合体优先发展区域的分布格局。应根据这个分析结果进行管制和引导城市高层综合体的布局，明确鼓励、限制建设的不同要求。根据具体的计算、筛选，提出如下布局建议（图 6-13）：

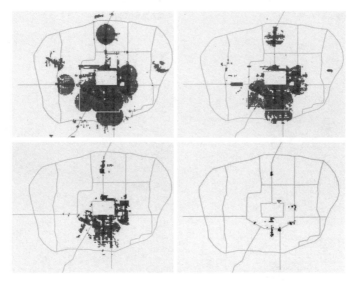

图 6-11　城市现有骨架内城市密度点汇集

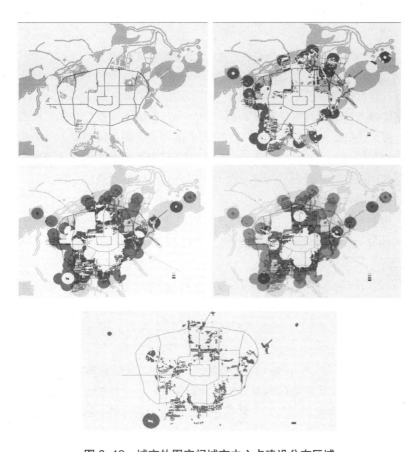

图 6-12　城市外围空间城市中心点建设分布区域

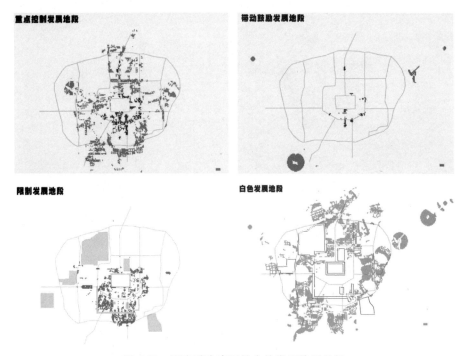

图 6-13　西安城市高层综合体发展格局分析

（1）重点控制地段

整体分布计算布局中反映出的需求矛盾点就是城市高层综合体发展的重点控制地段。这些地段的建设需求大，但却不适宜大面积松散布局，以免异化城市空间构架的清晰的秩序与层次。因此，应进行重点控制，根据地段情况，分别制定具体合理的开发计划，开展详细的联合开发研究与设计导引。

（2）鼓励发展地段

与规划布局结构、城市架构相匹配；符合建设需求的中心点区域是需要鼓励发展的区域。这些区域的凝聚与带动可以形成区域的吸引中心。分为两种情况：

1）在城市现有骨架内分布的地段：这些地段形成的城市高层综合体有利于平衡用地不断增大的空间需求，平衡城市用地与环境发展的矛盾，而这些地段城市更新置换的成本很高，容易为市场资本左右，因而应制定相应的开发措施。

2）在城市外围分布的地段：这些地段的城市高层综合体建设则有利于发挥其带动、辐射、凝聚效应。高效集约地利用土地，发展较好的空间构架。这些地段开发的土地压力不大，也需要外力的推介才能在较高的层次上发展。

（3）限制建设地段

在西安市众多的大遗址区、绿地、水域、特色景观区、视觉通廊等城市开

168

放空间，应严格限制城市高层综合体及高层建筑的发展，保证城市整体特色空间构架的完整性。

（4）白色地段

不限制类型，灵活发展引导区域。

整体城市的发展中有个调控空间的问题需要特别注意：城市是众多因素共同作用的结果，这些因素虽然在同一空间范围内共同作用，但是可能在不同的时间与条件下渐次显现和转化，并不是一成不变的。因此围绕限制发展地段与鼓励发展地段的周边地段，应确定其性质为白色地段，作为城市灵活发展地段，这些地段的城市高层综合体布局与设计应根据项目进行具体的专项研究。

7 西安城市高层综合体的发展策略与对策

建筑轮廓线正在逝去
中心与外围、内部与外部、公共与私人之间的区分正在逝去
显现的唯有城市整体

通过对比第五章、第六章的研究会发现：在城市总体尺度层次上的研究中，当我们将城市高层综合体抽象描述为城市中普遍的实体对象时，凝聚在建筑个体上由丰富多样、灵活综合活动所带来的地域文化场所特点被规划研究中"城市地段"的综合性、中心性模糊掉了。城市高层综合体的布局因素与城市区域中心布局因素基本是一致的，空间的"集聚"现象被抽象成了需求或者功能的集聚，因此凝结在城市建筑体上历时的整体城市性特质就被要素单一逻辑拆分稀释了。

而在具体城市地段的研究分析时，城市高层综合体在城市意象中的量、质独特性就能够以各种形态表达方式将其城市性潜力发挥出来，与城市整体意向融合在一起，充分显现出城市建筑体的类型特质。

这个现象说明，抽象的宏观研究对城市高层综合体现象的把握是不完整的。

在《城市建筑学》的研究中，罗西以意大利帕多瓦拉吉翁府邸这样的欧洲城市建筑为例说明：建筑功能的巨变不能掩盖城市建筑体的魅力，鲜明生动地指出城市建筑体类型研究中功能之外的形态重要性。这是罗西打开城市建筑体特质的钥匙，离开了这把钥匙，城市建筑体的概念将无从所依。因此，罗西特别提出对简单功能的功能主义的批判。同样，城市高层综合体的城市性的辨别、挖掘、整理、描述、表达、应用的方法不能依赖既往研究单纯要素分析的"分拆"思路，提示我们回归建筑学方法与视角观察城市空间对象，城市建筑的形态、尺度是非常重要的，这也是在强调要以人的尺度研究城市空间的问题。

围绕西安这一历史文化名城的城市高层综合体发展问题，本章提出了城市高层综合体的设计理念——情态和谐，一方面，这个概念是旨在强调以人的尺度理解城市空间整体，从主观体验的角度打破建筑与城市空间之间的界限；另一方面，这也是不同于现代主义激进变革与保守的传统继承主张的第三种发展方式，旨在实现城市传统整体构架的连续性发展；针对中观层面的城市意向进行区域梳理与建构，以微观而具体的形态手段支撑整体城市构架发展。本章还结合研究对象提出了具体设计策略，力求以此理念与方法的推进突破建筑研究、城市研究的边界，打破建筑用地的限制，强化建筑城市性，适应城市脉络发展，

将建筑空间融在整体城市构架中。

7.1 西安城市综合体的发展理念——情态和谐的第三条道路

　　如果以僵化的形态创新观念去评价文艺复兴时期的作品，那么向希腊、罗马时期建筑学习的创作实践，大部分都会被批评为"造假古董"，"穿靴戴帽"，"拼贴与杂烩"。文艺复兴时代诸多伟大成就因此而成为拙劣的抄袭。

　　美国环境心理学学者阿摩斯·拉普卜特在《建成环境的意义——非言语表达方法》研究中指出，环境理解线索的冗余度是形成环境评价的重要指标❶，冗余—熟悉—认可—满足—愉悦是人们对环境认识的情感变化，当环境理解线索的冗余度与期望形成落差时，人们就会对环境作出负面评价（图7-1）。

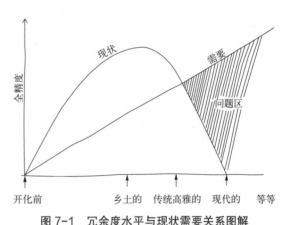

图 7-1　冗余度水平与现状需要关系图解

来源：阿摩斯·拉普卜特. 建成环境的意义——非言语表达方法 [M]. 北京：中国建筑工业出版社，2003：119

　　环境建构中的高"冗余"度对人与环境的良性互动有着重要的作用，这并不是建筑"适当美观"的理解所能涵盖的。建筑的艺术、文化属性也是在这一范畴内发挥作用的。传统城市的历史发展印记中包含着大量的信息与能量，我们通常用"文化"来概括这些无可替代的内容，也有学者借用语言学中的"符号"概念描述这些信息能量的辨识完整度，将其解释为观念模型，但是却没有指明延续与保护这些内容的有效方式。因此可以说，罗西的城市建筑学、类型学研究所代表的意大利的新理性主义所支持的形态研究并不是一个时髦的专业术语，而是建筑学源远流长的专业智慧，这条理性思维的光辉传统在建筑发展史上从来都不曾淹没过，也永远不会过时。拉普卜特的研究解释了这些内容的作用机制，而罗西的类型研究方法提示出了这些内容在城市中自然传承的方式。

　　也可以说，建筑设计的创作价值与影响力量就凝结在以形态类型为核心的理念下、方法中、过程里。

　　现代建筑设计理论曾推崇使用目的"合宜"性的机械理性，而忽略了建筑

---

❶　阿摩斯·拉普卜特. 建成环境的意义——非言语表达方法 [M]. 北京：中国建筑工业出版社，2003：56。

现象中所包含的"在场"、"愉悦"的固有文化内涵。现代消费社会将建筑过度客体化与符号化，建筑的场所性与深厚文化在人们的快速多元生活中逐渐变得稀薄。这就是我们今天所面临的建筑与环境建构的时代挑战命题，我们要在这样的挑战中找到一条道路，不全是开天辟地的新世界，也不是符号拷贝、多样拼贴的精神抚慰的堆积。这需要在一味相信物质决定说（现代设计理念所代表）与一味相信保护、继承、粘贴过程（传统符号化继承方法所代表）之间找到一条道路，需要开创在"现代之后"的社会中能够自我完备的建筑新文化。

类型学与环境心理学的解释都启示我们要回归到包含形态内涵的研究道路上。虽然以西安为代表的中国传统城市发展历程与西方相异，城市遗迹与西方城市存在的方式极为不同，难以以类型学发源之处——欧洲城市所习惯的方式寻找、总结与提炼建筑类型；同时现代的城市发展节奏也打破了传统城市形态传承的自然筛选沉淀过程。不过，我们仍然能够应用与类型概念相似的逻辑来理解并塑造城市中新的"经久建筑物"。在高密度城市发展环境中，新的空间需求与城市传统形态结合能够创造新的城市性场所。传统的城市构架与精巧复杂的城市高层综合体在城市空间层面的融合延伸所构建的正是现代城市中"量"与"质"齐聚，具有未来城市经久特性的新"城市纪念物"。这一概念包含了理解的三个层次：回归形态、超越形态、追求情态和谐。

7.1.1　回归形态

城市的进化都有一定的步骤 **❶**：

（1）城市历程的不同阶段与一座城市的功能历史相关，而与该城市时间顺序的历史关系不大。

（2）尽管这种都市的阶段随时间的流逝而改变，但是城市的物质特征却是持续的，一旦这种特征被建立，没有任何城市能绝对否定它的过去。

（3）城市变化就是发展进程中各阶段执行的城市功能的变化。

（4）城市功能的变化要求改变城市物质形式与其适应，因此，改变城市形态的过程是城市的一个明显特征，它让我们把城市与国家体制区分开。

（5）无论是城市物质形态的调整变化还是形式与功能之间的不断妥协磨合，都告诉我们，城市的进程是一个双向的转变过程，而不是由功能任意驾驭形式的过程。就是在这样的双向调整改变的重要持续过程中，我们找到了进化与延续的基础。

（6）历史证明，城市受扩张的影响，灾难在城市数量增长方面是主要的干扰因素，比方说罗马帝国的倒台或中世纪的瘟疫。

（7）持续发展的趋势让都市形态以及功能机体成了城市的特征。我们在城

---

❶　詹姆斯·E·万斯. 延伸的城市 [M]. 北京：中国建筑工业出版社，2007：6-7。

市中发现，它的物质形态（建筑和公共空间）以及社会经济体系（中世纪的资本主义、19 世纪的社会主义）是尤其活跃的人类实践。

（8）物本主义通过两个相关的过程来表现，即形态与人类活动的结合，形态与人类活动的分离。

（9）城市的这种物质增长与结构的复杂化让建筑、公共空间和人类活动如何联系、组成不同的结合体变得必要，越来越受到重视。

（10）城市进化的本性不仅包括形式和功能的变化，而且包括第三个主要的内容，即都市的物质结构——联系。

足够精练的论述仍有十条内容之多，从中我们可以清晰地读懂城市的功能、形态及其联系三者复杂的关系，也发现"形态"要比其他的二者更为具体与固定。对城市而言，成熟的形态不是单纯的形式，形态是综合之物。

"形态研究"中的"形态"一词的意义，来源于希腊语 Morph（构成）和 Logos（逻辑）。城市的构成逻辑反映城市形态发展演化的线索，包含城市演化发展的各种因素与机制以及各种客观与偶然因素的影响。不仅内容俱全，而且还体现了城市发展的历史过程。物质载体的构成特性能够反映这些综合内容，类型学的研究也因此能以形态为核心展开城市建筑研究。建筑学学科的根本方法就是围绕着形态的，城市变化发展的预言常常都是建筑师而不是规划师大胆提出的，"建筑师是一些改变城市结构的人，而规划师更像是为解决即成矛盾提供零碎的权宜方案。这样的区别就使得建筑师更像是前锋，而规划师像是后卫，在气质、教育背景和各自专业的实践环境中形成相当的差异。……由建筑师重新扮演规划师的角色，既有这样的可能性也有其必要性。"❶ 这话激进而显得偏颇，但却说明了形态设计的具体工作在城市发展演化中的重要作用。

在这个理解下，城市高层综合体作为一种空间现象研究应该回归"形态"领域。

一方面，围绕建筑形态层面进行工作能够使得设计实现城市空间的连续性。城市综合体的建构逻辑既能有效参与城市空间的整体构架，也能通过建筑空间设计过程最终实现空间场所的延续。城市空间体验是理解感受城市空间的核心，传统城市空间是在建筑设计实践的具体进化中实现质量而不是在空旷的城市框架下形成的，城市的现代高速人工制造与专业分工拆解了完整空间计划实现过程，于是设计师试图用最周密的想象代替这一过程，发明各种工具解释、模拟、还原城市中人们与环境的磨合过程，但这些模型都难以完全准确解释、模仿城市的整体性产生过程。城市整体性最终是在城市建筑体的形成中向前推进的。我们在各个专业中摸索方法与步骤，创立了城市规划学科、发明了地理信息系统，研究功能、交通，都是为形态工作的顺利推进，研究经济、商业活动的规

❶ C·亚历山大，H·奈斯，A·安尼诺，等. 城市设计新理论 [M]. 北京：知识产权出版社，2002：35。

律，也是为了更好地解释形态、控制形态。

另一方面，这也是微观城市方法的核心所在，只有在微观城市的层面上观察，并通过建筑设计的过程中实施这两个环节，才能体会城市空间构架的特征，实现完整的空间计划。严讯奇先生在香港受房屋署委托设计的好莱坞平台（Hollywood Terrace）项目❶，通过精巧的户型安排，由2栋35层塔式住宅组成的居住部分全部实现了南北向布局，避免视线

图7-2　荷李活华庭
来源：许李严建筑设计事务所主页

干扰并利于空气对流。图7-2是设计师在两栋住宅楼之间设计的公共平台的部分图示，线描的徒手草图是设计师理解的空间意向，从中我们可以体会到香港高密度环境中城市空间设计的细腻程度。规划中形成的两栋住宅之间的罅隙空间资源与人流经过的需要，被这个平台连接计划充分整合、消化、融合，这个城市空间设计在私有与公共的领域之间进行了复杂的协调，由一系列屋顶花园、楼梯、电梯构成了精巧的全天候步行公共空间系统，连接皇后大道与好莱坞大道，同时这个公共通道混合了通向住宅大堂和交流场所的私人通道。两条路线在空间中交叉，人流却保持相对独立，利用借景手法相互关联。

因此，如果我们设问：城市高层综合体对城市用地的具体需求：如开口数量、城市界面、可连接点与连接方式这些基本内容在城市建设程序中哪一个环节中完成最能确保城市空间建设的效果？是在建筑设计的过程中，修建性详细规划

---

❶ Hollywood Terrace（好莱坞平台项目）是由香港房屋署（Hong Kong Housing Society）委托的设计项目，项目介绍原文为 urban environment, and an intricate appropriation between private and public realms. A system of public spaces is developed in the form of a series of landscaped gardens and terraces that, together with the punctuating stairs and lifts, form an elaborate twenty-four-hour pedestrian access connecting Queen's Road Central with Hollywood Road through and within the site. This public thorough-fare interweaves with the private pathways that lead to the lobbies and amenity areas for residents. The two routes intertwine spatially and the movements remain physically independent, connected only though an interesting play of visual empathies.
The residential portion comprises two towers of thirty-five-storey each. The units are carefully configured so that they all face predominantly towards north or south, avoiding overlooking and encouraging cross ventilation at the same time.
资料来源：许李严建筑设计事务所主页

的图则中还是在规划师想象过程中？答案显然是我们更信任建筑设计的过程中能更好地实现城市空间效果，因为只有在最终设计过程中，在人的尺度下，各种愿景才能通过具体、完备的空间组织来实现，最终激发出城市性场所特质的聚集。

7.1.2　超越形态

"类型"是建筑意义的启发器，而形态则是我们认知城市、环境，理解分散的要素之间联系方式的线索，也是建筑师对城市环境施加影响的唯一方式与途径。对形态研究的回归其重点是指向实施与实践，它化解了地域性、历史性、与凝固在城市物质实体上的文化传承难题。但是，从根本目标上讲，我们所追求的并不是形态本身，而且形态并不能决定一切——"人类既能在乐园岛中悲惨度日，又能在贫民窟中其乐融融"。凯文·林奇在《城市形态》 ● 一书中开宗明义地提问"什么才能造就一个好的城市？"规划的历史证明了"单从形态中不能实现好城市"。这似乎是一种概念游戏，我们着力追赶时，却发现方向消失了。

通过城市高层综合体的解释与建构过程来认识这个问题，就会了解：城市高层综合体是现代城市发展过程中的核心关键环节，由于其自身的特点而能够汇聚城市的发展宏观动势与建筑创想力量。所以，通过城市高层综合体建筑综合布局与建设，可以实现城市整体构架的延续，建构新时代的城市场所，连接建筑与城市空间，连接城市的历史、现在与未来。而形态只是手段之一——形态研究的回归并不是寻找一种完美的答案，而是利用城市形态内在延续的解释机理来建构新的城市联系，成为探索一种延续性的设计方法。因此，城市高层综合体回归建筑空间形态的设计工作是合宜的、必要的。但是要求这样的工作必须站在对城市整体框架理解的高度上，要求设计者对城市的宏观视野与历史发展纵深的探求。城市高层综合体设计所关注的形态：①是一种综合物；②是历史过程，城市中的形态不能够片段地理解，它既是历时的又是共时的，参与解释也同时建构，在这个意义上也解释了形态从来不可能完美，城市形态有其滞后发展的特点。③历史地看形态是过滤器，现实地看形态是发生器；④认识形态的目标就是超越形态的束缚，为时代创想留出空间。

以这种概念来看城市高层综合体建筑设计的创新性与创造力是集中体现在对形态超越之上的，这种超越基于：①对城市共同生活的理解；②城市愿景；③对现有矛盾的化解，对存在问题的修正。

城市高层综合体是位于城市空间秩序层面的结构性要素，城市构架的整体性与建筑自明性统一在这一建筑类型上。因此它是超越历史形态限定的时代建

● 凯文·林奇. 城市形态 [M]. 北京：华夏出版社，2001：7。

筑类型。其创作方法与步骤有以下重点环节：

(1) 充分认识理解城市历史与现在；

(2) 整体评价分析与找寻机会；

(3) 通过建筑功能空间穿插与融合实现城市场所性的创新与创造。

7.1.3 追求情态和谐

现代对建筑形态的研究中，有一种"符号消费"的理解观念，认为形象即商品。类型学另一位重要学者克里尔认为："风格是一种弥合知识与人工劳动两者距离的意识形态，这是一种消费。现代建筑放弃风格不足为奇，但它却激进消化了这种消费过程。因为现代运动没有给建筑和城市以自主性(autonomy)，相反仅仅把它纳入社会经济的领域和渠道，促进了建筑工业生产，成为'最大利润追求对象'，这样风格虽然被放弃，却以'媚俗'的方式生存下来。现代社会疯狂的消费欲望将艺术的永恒价值出卖为商品价值，以不顾一切的方式，事无巨细地把城市环境中社会功能的贫乏掩盖起来。"[1] 这种批判不仅指出了后现代对历史文化符号形式进行消费的问题，而且也指出了现代社会对建筑形式异化的一种内在矛盾。

形式与其存在发生的状态成为隐喻的关联物，而分裂开来独立存在。形态一词本身就包含了"形（式）"与"（状）态"，但是中文中形式、形态用词极为含混，大家常常当作同一个词来使用。为了解决中文用词的模糊性，此节内容特意提出了新的名词——情态，用以突出强调研究中谈到的形之外内容。

"城市中的古迹被广泛地研究，但却隐藏了那些关于现代都市物质结构的分析"。这种研究倾向起因于没有对影响城市形成的那些环节给予充分的重视。这就是对城市遗迹"形"的执著，而失了"态"的研究。建筑研究的精髓虽在形态，但是图绘思考的习惯，也会让建筑工作者常常忘了形之后的"态"，这个"态"就是情态——是使房子变成建筑再转换成为环境场所的冗余之物，是建筑物质体存留的场景、环境，是与整体中其他部分的关联方式，或是文脉，还有……，情态中的情还道出了主体人的存在。很多种城市空间、城市设计的研究笔墨着落在此，为的都是补上这一环。

因此，面对前述西安城市快速发展与历史遗迹保护的矛盾现实，我们应明确：

一方面，保护不能一地的限制发展形态富有现代逻辑的建筑。城市不断向前涌动变化，城市生产生活方式、制度文化等方面，不仅是功能与方式，连目的都在发展变革。在此理解上，城市中的传统物（物质与整体形态）强烈地限

---

[1] 汪丽君. 广义建筑类型学研究——对当代西方建筑形态的类型学思考与解析 [D]. 天津：天津大学，2002：55。

定了既有的格局与基础，但不能成为完备的发展终极目标。城市可以像博物馆一样文化物质氛围深厚浓醇，但是城市绝对不是博物馆，其意义与价值要更复杂艰深。

另一方面，理想空间的塑造需要现实基础的支撑。发展是基于"传承"这一基础的，不仅在物质层面，不仅是精神口号，还在于现代城市生活方式的密切契合。这一方面现代主义已经进行了丰富多样的探索实践，有教训——苍白雷同的集合公寓所构成的社区的失败，也有经验——如巴西利亚、库里蒂巴这样的城市建设。

城市发展历史亟待开始新一轮探索，融合功能需求，消解形式的棱角并能渗透城市文化与公共生活方式。追求情态和谐就是西安这个传统城市发展城市高层综合体的最终目标。要求情——以准确的形态表达，精准地楔入城市构架以获得城市文化表达的质，也要求态——以良好的空间构架、空间组织构想实现城市公共性聚集的物质形态，更要求通过建筑设计创想将二者有机融合。

7.1.4　核心理念——走向融合的城市建筑体

因此，城市高层综合体的设计总体上可以概略地表述为两个方面：一方面是各种需求的密集综合化，这一过程使得城市高层综合体获得了总体上的"量"，是形成吸引力，消化空间矛盾的过程。另一方面需要基于人的尺度进行精细的梳理架构，以使不同功能并置关联并与城市中其他系统充分融合，获得空间架构上的"质"，达到对密集并置的负面效应的消解，同时形成地段辐射力、影响力，参与城市发展的整体性。这个聚合分解的过程就是城市高层综合体嵌入的过程。也是增益城市整体性的过程。

在这个简单理念下的是城市空间复杂的建构过程，其中需要注意以下几个层面的问题。

（1）城市的整体架构与建筑空间的精细骨架是两个不同的层次。观察、评价、操作的理念与方法都有差异。

尤其应注意，规划设计通行做法——对人们活动的抽象与简化模式——是为了显现总体结构的清晰性，但是这种简化淹没和掩盖了微观尺度的丰厚内容，应在设计中特别留出空间与精力调整。

尺度的转换是非常必要的，尤其对城市中观尺度的关注，将对城市高层综合设计实践有更为重要的意义。

（2）类型、原型的广泛缺失与情态的编织补充。

通过对类型化形态的尊重，达到对区域共同生活记忆的植入，引发地域性感情注入，可以在整个形态系统的不同层次进行。这是一种回归建筑学的设计思维方式，能够在设计过程中有效实现对地域情态的尊重，避免对其他社会过程的过分倚重而使建设现实性受到严重的挑战。

但是，类型学的发展思考是基于欧洲城市历史发展状态基础上的，对于中国城市的现状而言，存在广泛的类型与原型不够明晰的困难。

我们在实践作品中能看到香港的高层建筑夹缝中的生活是一种对当地生活的理解，建筑设计应对此问题有较高程度的认知，香港建筑师严讯奇先生的多个作品反映了这一现实。这种情态的编织与设计的结合准确表达了城市空间发展的地域特性与通过类型所传达的核心价值，因而对情态要素的提炼挖掘可以弥补类型的缺失与实现对现代城市空间发展现实的融入。香港的中银大厦与北京的中银大厦所采用的文化符号相同，空间组合的方式却很不一样，既是空间类型的差异，也是环境情态的不同。

（3）与其他城市建筑类型的发展策略区别。

高层住宅的底层空间公共性不强，不牵涉更复杂的公共活动，除了形态上的视觉及空间关系，难以影响到更大的城市范围，公共建筑则不同，即使是功能最为单一的办公建筑，它的城市公共性与城市参与性都会较普通公建更为明显。显然，高层公共建筑与住宅建筑的区别说明：高层建筑城市公共性的本质是城市公共活动密集与高质量公共空间，而不单是指人或交通的数量叠合与集聚。

因而，区别于一般的建筑设计，对彰显城市高层综合体城市性提出了要求，建筑城市功能、开放度、密集性指标评价都应指向城市性的构建。尤其是分区规划为了控制开发强度，保持环境品质的"容积率"指标，同样的容积率，可以导向高耸的塔形建筑，也可以导向连绵的巨构。它们的出发点与效果是截然不同的。城市容量的平均密度、合理密度、最大密度研究对城市高层综合体而言，与一般的高层建筑具有不同意义，应在总体的城市控制中提前区分。同样的逻辑也适于对城市高度的控制方法，这对城市开发的制度设计与控制方法提出了新的研究课题。

（4）构想与创想的价值。

城市高层综合体是一种历史上的"新"建筑类型，有待我们注入创想，增益城市整体空间特色，编织城市公共空间体系的凝结力，摈弃消费社会连续空间无差异化蔓延。

7.2 西安城市高层综合体融合发展的原则与框架

根据上述城市综合体的总体发展理念，针对西安城市的具体对象，分为以下几个层次梳理城市高层综合体与城市的融合。提升城市中轴线的整体西安化与意向特色。

7.2.1 制定建筑与城市设计相融合的原则与方法

（1）整体连续性原则——保持城市原有合理结构脉络的连续。尤其是对城市功能空间的连续性，对交通环节的改变等等。

（2）增益性原则——所界定的新城市空间有益于加强修补原有的场所关系及城市空间架构。

（3）构想及艺术性原则——创新性是设计最大的核心支撑。

（4）保护多样性原则——不仅是对现有的，而且对即将发生的城市空间、城市活动，必要的综合是实现计划的前提与标准。这对实现有活力的城市空间是非常重要的。

（5）生态绿色环保原则——在建筑物本身全生命周期低碳低能耗，而在整体城市中综合、循环、高效地利用能源，以保证环境友好。

7.2.2 多个层面的控制与引导

城市高层综合体牵涉城市发展多个方面，需要在各层次控制与引导。比如：规划控制城市区域的开发强度，特别要协调形态控制与指标控制两个方面；纳入城市公共空间规划框架，将其作为城市设计支撑体系构成部分来评价和权衡其影响与作用；制定相应的土地、开发政策，推进联合开发的可能；在具体规划研究中，注意协调与平衡尺度控制要求，在矛盾突出、敏感区段进行多方案咨询比较等等。

7.2.3 西安城市高层综合体与城市开发制度协调

控制城市高层综合体建筑形态生成的两种影响力量：①政府的鼓励与引导，主要是通过制定政策、制度来施加影响，重点是对公共利益的保证与对城市空间质量的推动；②来自商业投资的力量，追求投入资本的现实收益最大化，间接促进城市活力的形成与发展。在这两种力量的平衡中有两条道路选择：①政府主导；②城市联合开发。

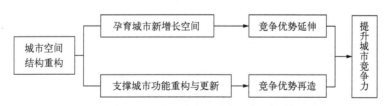

图 7-3 城市空间结构重构与城市竞争力提升的关系

来源：何建颐，张京祥，陈眉舞. 转型期城市竞争力提升与城市空间重构 [J]. 城市问题，2006，129(1)：18

（1）西安的城市经营策略

2003 年，西安开始探索城市复兴的发展道路，与中国城市政府积极推广的土地储备为重点的城市经营、城市营销道路不同之处在于，西安利用独有的文化资源开拓了内生性的可持续增长方式。面向发展实现增长与城市竞争力提升，积极实施城市空间的结构重构，提升城市整体的竞争力（图 7-3）。

从曲江新区、浐灞新区的城市开发模式中我们看到行政区划、基础建设投资引导，城市文化空间打造、城市生态空间预留 ❶ 等城市空间结构转型的组合拳所推动的城市发展效果。

未来西安城市空间构架的发展必定延续这种以文化资源为本底的城市空间基础。城市高层综合体总体布局发展也应顺应这种由政府主导的构架布局，在具体实施中发挥潜力，促进城市空间结构优化，营造文化特色空间

（2）鼓励城市多系统联合开发

西安城市轨道交通的建设发展是城市空间转型的另一重大契机。城市高层综合体建筑极深地参与城市公共空间的系统元素构成，与城市公共部分运营密切相关，正是展开联合开发的良好机遇。日本、加拿大等国家的城市建筑与轨道交通联合开发实践涉及了交通部门、土地管理部门、公共交通运营者、各个房产所有者、各个地产所有者、规划部门、相关公共设施或市政设施管理部门、地方政府、物业经营者等相关方面构成的开发委员会进行联合开发、管理与运营。

联合开发可以有效地规避风险，平衡与保障公共利益，降低开发的资金门槛，迅速推进项目实施与进展，有利于远期运营与维护。城市高层综合体开发正是联合开发的利益交接点。西安政府应积极开展这一专项内容的研究工作，制定政策，在城市需求聚集区域因势利导，鼓励联合开发，利用基础设施建设促进城市区域更新。

（3）完善相应的具体规划与管理制度

巴西的库里蒂巴著名前市长雅伊梅·莱内尔总是强调："我们不能为了解决一个问题，而引发更多的问题，要努力把所有问题连接成一个问题，用系统的眼光去对待，用综合规划的办法去解决。"

城市发展具有很强的不确定性，在局部有自主发展的可能。因此，城市的规划与管理工作应发展出综合互动的良性政策促进城市自主、灵活、整体地发展。

1）规划加强对城市总体构架愿景引导。方向明晰，举措才能得当。西安的唐皇城复兴规划，号称"百年规划"正是属于这种指导性概念规划，唱响了西安城市文化复兴发展道路的主题，但是其对城市空间的构架定义仍然较为模糊，更像是总体发展策略的广告宣传。应明确具体的城市构架层次与要素构成，还应体现对城市可持续发展、鼓励土地集约发展、空间立体化等总体策略及思路。

2）从管理技术上来讲，应建立西安基于 GIS 的城建档案管理制度，建立开放的动态控制管理，实现对城市区域建筑密度、开发强度、城市高度的实时信息更新，以便提供更精确的动态监测，为科学的决策提供依据。

---

❶ 何建颐，张京祥，陈眉舞.转型期城市竞争力提升与城市空间重构 [J].城市问题，2006.129（1）：18。

3）从制度建设的角度上来讲，应制定对于用地性质灵活调整的制度，借鉴香港、新加坡等地的开放调整制度，尤其是应结合用地现实与市场情况、保护规划、交通规划、景观规划等专项规划的研究设施。包括鼓励相邻地块统一开发，容许地块间容积率转移、调整的政策制度等。

4）城市规划编制应加强城市高层综合体建设布局的有效控制与引导。

传统的区划控制主要以用地性质、指标性规定来体现，但是抽象的容积率、高度等指标，虽然符合控制管理技术的简洁易操作的要求，却缺乏对同一城市密度要求的不同空间表现的理解，也无法兼顾城市场所的二维厚度、场所意向、立体连绵空间、精巧的城市空间构架设计等类型调试。从概念上讲，我国现行的控制性详细规划所借鉴发展的区划概念，其性质是一种治安权，这个概念最初起源于德国并在 20 世纪早期被介绍到美国，作为控制密度和土地使用情况进行分类的一种办法，以减少负面问题，并不适于城市高层综合体的控制与引导，应积极在制度和方法上弥补完善。

7.2.4　城市高层综合体引导城市的可持续发展

（1）通过城市高层综合体的发展布局引导城市集约高效地利用土地

从建筑设计的角度对城市的重点地段进行城市建筑一体化的可行性研究，促进多系统、多层次高效集约的发展。如对城市设施的复合利用、空间的高效使用、公共交通的优先发展、土地的集约、单位面积能耗的控制等。

（2）开发时序提倡——中心地段后开发的城市建设发展时序

因为，高密度城市公共中心的建设需要成熟稳定的城市生活群体与生活，而资本投机开发的规律都是根据成本收益率最大化的顺序进行的。往往与现实的公共发展需求相背离。

（3）促进对城市资源的珍惜与循环利用

城市资源不仅包括自然资源、还包括空间资源、历史文化资源。

7.3　西安城市高层综合体尺度控制

城市空间的尺度直接影响城市空间的感受，是城市地域性特征之一。

城市空间的尺度形成是一个历史过程，城市街廓尺度在城市建成区通常是通过复杂的历史变化形成的，因而可以讲传统城市的尺度形成是一个人与城市环境磨合的过程，因此城市空间肌理尺度是城市传统空间研究重要的工具与内容，成为城市历史发展中积淀的大量文化人文因素的背景空间框架。城市空间尺度首先由城市道路及街区的尺度先规定出来。

各种发展实例表明，在土地空间高强度开发利用的情况下，城市高层综合体通常会占据整个街区。因此，城市高层综合体的尺度首先取决于城市地段的街区轮廓与高度的控制。在形成城市空间构架的层面上，高度分区的整体性是非常重要的，巴黎老城严整的城市空间控制制度中有一个突出特点——对街墙的形成十分看重，严格规定了建筑边界位置（是限定了具体的位置，而不是限定范围）与具体的檐口形式、比例及高度。大面积相似的建筑构成城市肌理的本底，与街道、广场和重要的公共建筑共同形成了城市空间的秩序与节奏。

城市高层综合体尺度应表现出其在整体城市构架中的控制性作用与中心影响力，因此，它的尺度应同城市空间的尺度感受形成对比。

7.3.1　西安城市街区的尺度

（1）西安的格网街区

西安市的历史规划建造源自汉唐理想城市空间模式，尺度宏大，在明清两代有新的发展，相比自然商业交换活动中心形成的城市具有完全不同的格网尺度结构。唐代里坊尺度约在 500 ~ 1000m，最小尺度的里坊面积也接近 30hm²（表 7-1）❶。清代满城的主次街道所围合的街区街廓尺寸（东西长 × 南北长）多在 180 ~ 360m×110 ~ 400m 之间，街廓面积为 6 ~ 8hm²❷。民国时期，在老（明）城区逐渐形成了现代西安的街廓尺寸基础，现代西安街廓尺度大约在 150m 左右（表 7-2）。总体上街区格网的尺度不断缩小。

唐长安里坊尺度分类　　　　　　　　　　　　　　　　表7-1

类别	位置	南北长度（m）	东西长度（m）	面积（m²）
最小	皇城以南、朱雀大街两侧的四列坊	500~590	558~700	28~41
较大	皇城以南其余六列坊	500~590	1020~1125	51~66
最大	宫城、皇城两侧的坊	838	1115	93

来源：刘继.里坊制度下的中国古代城市形态解析——以唐长安为例[J]. 四川建筑科学研究，2007，33（6）：172

西安城市的街廓尺度　　　　　　　　　　　　　　　　表7-2

城市区域	街廓尺度（m）		平均面积（hm²）
	最小	最大	
老(明)城区解放路地段	90×120	180×120	1
经开区	120×120	200×180	2

---

❶ 刘继.里坊制度下的中国古代城市形态解析——以唐长安为例 [J]. 四川建筑科学研究,2007.33（6）：172。

❷ 梁江，孙晖. 城市中心区的街廓初划尺度的研究 [C]// 规划 50 年——2006 中国城市规划年会. 论文集（中册）2006.

城市区域	街廊尺度（m）		平均面积（hm²）
	最小	最大	
高新区	100×120	200×180	1.8
曲江新区	100×120	200×300	2.6

（2）格网城市的尺度参考

方格网城市发展的历史有几千年。由于它们在城市形态上总是能适应新的社会经济功能，因此它们虽然历经时代风雨的考验，却始终长盛不衰。方格网城市在许多国家，特别是在美国的成功运用，显示了其极强的适应性和长久的生命力。美国城市的许多中心区，街廊初划尺度基本在60～120m上下（表7-3）。在随后100～200年的开发建设过程中，这些街廊与街道空间模式大都能完好无损地保存和继承下来，说明了60～120m街廊尺度的现代适应性和稳定性。❶

美国格网城市的街廊尺度		表7-3
城市	街廊尺度（m）	面积（hm²）
波特兰	60×60	0.36
西雅图	70×75	0.5
芝加哥	95×120	1.1
印第安纳波利斯	125×125	1.6

来源：梁江, 孙晖. 城市中心区的街廊初划尺度的研究[C]//规划50年—2006中国城市规划年会论文集（中册）. 2006：165。

由表7-4可以看到小汽车、地铁、快速轨道等现代交通工具对城市空间的距离感的影响，是城市尺度发生结构调整的最大影响因素，由此也可预见，西安轨道交通的实施将对城市整体结构尺度感受带来影响。

不同交通方式0.5h行程计算的市区面积						表7-4
交通方式	步行	自行车	公共汽车	地铁	快速轨道	小汽车
速度范围（km/h）	4～5	8～15	10～25	20～35	30～40	35～45

---

❶ 梁江, 孙晖. 城市中心区的街廊初划尺度的研究 [C]// 规划50年—2006中国城市规划年会. 论文集(中册). 2006.

交通方式	步行	自行车	公共汽车	地铁	快速轨道	小汽车
速度取值（km/h）	5	10	20	30	35	40
0.5h形成的距离（km）	2.5	5	10	15	17	20
建成区面积（km²）	20	80	320	710	910	1300

来源：陆化普 解析城市交通[M].北京：中国水利水电出版社，2008：132

7.3.2 垂直高度的层次

（1）基于保护而形成的高度分区

西安总体高度规划在明城区保护中形成了基础格局，以下是垂直方向几个重要的数据：

9～12m：城墙高度12m，西安高度规划中视觉通廊的限制高度，传统建筑的一般尺度（2～3层）。

24m：高层建筑与多层建筑之间的界限。

36m：钟楼宝顶的高度，城市公共活动关系系统，对街墙的贡献——这是获得人行尺度整体性观感的重要原因，36m边界尺度的城市活动密集区域构成了城市主街墙，是获得城市整体空间意向的敏感区。

50m：上下之间的连接层，建筑向上渗透，规划向下溶解。

70～80m：形成大体量建筑的临界尺度。

100m：高层与超高层建筑的高度界限。

100m以上：高耸的街道立面，峡谷似的街道空间感受。

（2）高度控制要点

当代规划的城市主要街道根据道路等级与交通类型大致可以划分为12m以下、18～24m、30～50m、60m、80m、100m等。而大型高层公共建筑的临街城市道路红线宽度大致为30～60m的范围内。

根据试行的《陕西省规划管理办法》规定：一般高层建筑退后红线的基本要求是15m，也就说在街道对侧观察高层建筑的尺度为60～90m。在街道同侧观察高层建筑的距离是20m左右。这也形成了高层建筑同城市环境最常见的比例尺度关系。

高层建筑后退道路红线25m以上时，会在其入口前形成一个接近于广场的心理感受的前空间。如果这样的空间沿街道连续绵延，对于步行的人而言是非常不舒适的。前空间的整体设计或者景观设计需要划分层次，形成节奏。

超过70m以上的高层建筑在街道上需要后退20～30m，才能在街道另一侧较为舒适地观察到建筑的整体形象。同时也不会造成街道峡谷的景观，对街道的日照、空气流通才能较为保证。因此，这样规模的建筑其室外空间必定带有城市空间的特质，在设计中必须将其前空间作为城市开放空间的一部分，形成建筑整体设计。

7.3.3 尺度的共同规律

（1）中国传统建筑理论对于建筑设计尺度论述

"千尺为势，百尺为形"。指的是场所尺度（势）中建筑设计控制其体量、态势，求得完美的整体印象，其中千尺的尺度大约是 200m。建筑尺度（形）下观察建筑则需要刻画建筑具体的形态关系与造型，其中百尺大约为 20m。

（2）其他理论

在芦原义信所著的《外部空间设计》一书中对建筑外部空间的尺度中提到两个重要的结论：一是十分之一理论，认为室外与室内的尺度关系大约是 8 ~ 10 倍；二是根据人们眼睛的客观生理条件与观察心理习惯确认 20 ~ 25m 是形成"广场"的外部空间感受的最小尺度，并且认为室外空间应以此为模数。

从中可以得出城市尺度是分层次发生关联的结论，同时建筑形态也是分尺度层次来被感知的。以前述理论推理粗略来分可以分为三个层次：一是轮廓层次，二是形态层次，三是细节层次。在相同的绝对尺度下，人们对城市空间的尺度感受是不同的。城市空间所在场所的封闭程度、观察时的视野角度、易达程度、构成界面情况等都可影响城市被感受到的尺度。

从主观意向的层次来考虑，城市的尺度印象取决于心理习惯与观察者对观察目标心理可控的程度，首先肯定同城市环境的绝对尺度相关，尺度越大心理可控的程度相应越低。例如：以车行规律规划建设的城市新区通常尺度较传统城市环境大，因此对于步行的观察者而言，容易造成较为疏离的心理感受。

（3）高层建筑的一般尺度

高层建筑的标准层是有强烈的经济规律性的，在我国现阶段，以钢筋混凝土芯筒外框结构形式为代表的办公类高层建筑塔式标准层平面经济尺寸大约是 35 ~ 40m×35 ~ 40m，标准层面积约 1500m^2。表 7-5 汇总了 100m 以下一般的高层建筑单体的尺度。城市高层综合体一般都是多个单体的组合，底部发展通常以街区尺度展开，从单体到城市高层综合体之间尺度构成差异也是建筑计划展开时协调的重点与难点，需要在不同的层次之间转换线索与条件。

100m以下高层建筑的一般平面尺度		表7-5
类型	平面尺度（m）	标准层面积（m^2）
办公（塔式）	35~40×35~40	约1500

类型	平面尺度（m）	标准层面积（m²）
酒店	进深20~25	-
	35~45×35~45	1500~2000
娱乐综合体	整个街区	-
住宅	18~32×33~40	540~700

资料汇集自：美国高层建筑与环境协会.高层建筑设计[M].北京：中国建筑工业出版社，1999；维尔弗里德·王.SOM专集2[M].天津：天津大学出版社，2005；于里安·范米尔.欧洲办公建筑[M].北京：知识产权出版社，2005.

7.3.4 西安城市高层综合体尺度控制策略

（1）从城市到街道，从街廓到地块，方格网城市在解释空间层面均表现出优越的秩序性、模数化、标准化等特点。对城市街区方格网形式与百米尺度的延续是优先考虑的策略。

（2）150～200m 垂直总体高度，超越了西安城市现状高层建筑的平均高度层，能够在几公里的城市区域内形成视觉焦点。

（3）适当地夸张城市高层综合体尺度是必要的。通过集群、巨构、群组的方式在150～500m 范围内形成整体形态尺度有利于对现有城市空间骨架的延续。因此。在上一章的 GIS 布局分析中，所采用的栅格尺度有两种：150m（现有的街区平面尺度）、500m（唐长安城里坊的尺度）。

（4）街区尺度的修正。综上，基于唐长安里坊历史格局的定位影响，兼顾未来轨道交通支撑下的城市空间操作潜力，在西安未来整体城市格局更新中，可以考虑局部打破现有的街廓边界，依据城市构架形态需要，连同街区作为意向单元进行统一设计开发，强调中观尺度的感受体验，增强城市整体性。

7.4 西安城市意向分区与城市高层综合体

7.4.1 西安城市特色空间骨架发展与调整

"城市的结构与形式在可感知的程度上是与生俱来的，而不是瞬间的环境赋予的。长期看来，虽然存在变化，但它们具有历史传承性，而不是典型的时代突变，调整的过程是一种进化，而非突变。"❶

---

❶ 詹姆斯·E·万斯.延伸的城市[M].北京：中国建筑工业出版社，2007：7。

大型文化遗址及其周边地段构成了西安独特的城市特色文化空间基质，现代西安的发展在与这些特色空间的保护、增益、平衡中形成了不断发展的西安特质。近年来在文化复兴的总体政策指导下，在城市经济腾飞，产业发展道路转型、空间结构转型等城市重大机遇中，以创新曲江模式为范本，对遍布城市的传统遗址区整理、恢复、保护走上了文化复兴的良性道路（图7-4、图7-5）。

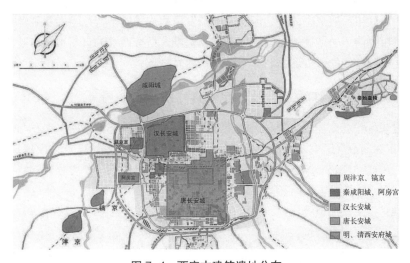

图 7-4　西安古建筑遗址分布

来源：西安市规划局.西安城市设计 [R].2004

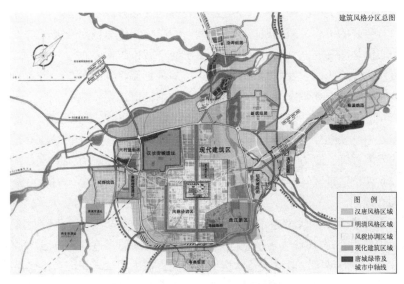

图 7-5　西安城市设计中的建筑风格分区

来源：西安市规划局.西安城市设计 [R].2004

187

这些古建筑遗址遍布在城区范围内，整体尺度大都可以比拟城市区域。例如，汉代长安城遗址规模近 35km²，比一般的县市中心区还要庞大。唐城墙遗址公园现状则沿城市绵延近 13km 长，待整理保护还有约 10km。唐长安城中的大明宫遗址区约 3km²，加之城市周边的保护协调区域、影响区域等，其空间范围几乎超过明城区面积 2/3，尺度也超出一般意义上的文物保护区，完全超越了一般意义上的街区尺度。这些"大遗址"群是西安城市发展的重要历史空间构架元素，从近代开始，在历次规划中参与勾画西安整体空间构架，成为现代西安城市发展形态的规定要质，逐渐发展构成了城市特色空间基础骨架。

以唐、明历史遗迹构成的空间骨架为基础，结合西安的自然地理形胜与现代发展格局编织的西安城市整体空间架构独具特色。

7.4.2 西安各"城市意向分区"与城市高层综合体布局

这些自然产生，因势利导逐渐能分辨的风格分区就是解读西安现在与未来的"城市意向分区"，它基于城市历史地理概念形成，在行政分区、产业发展定位、密度、尺度、色彩、风格上经历了城市发展的演替，形成了西安独有的特色空间，其突出特性是：

（1）空间尺度超大；

（2）城市层次跨越；

（3）线状面状结合；

（4）交错互补"共营"。

根据西安的现状整体城市构架及国际大都市发展格局，城市高层综合体在如下发展热点与关键区域面临以下几种代表性的发展条件和问题：

（1）传统的中心区面临城市总体转型后的职能转化与空间升级。

中心区是西安的老（明）保护区，由于处于城市结构中心，一直面临巨大的建设压力，成为西安发展的关键核心。历届规划都将降低中心区的密度作为重要的保护策略，并制定了详细的高度控制细则，但是现状城市中心发展矛盾仍然突出。为了疏解中心区的人口密度，城市中心区的铁路客运站、市政府、省级重点中学相继外迁。作为未来的西安大都市的核心，传统的中心区更需要宏大的发展视野、魄力与精细布局以加强整体的可持续影响力、带动力。

（2）大型遗址区及其周边发展地段急需进行的保护、培育、引导、建设与发展综合规划。

西安数量众多的大型遗址总面积占主城区面积的 28%（图 7-6）。这些遗址区面积尺度大，如汉长安城遗址区面积达 54km²，大明宫遗址约占地 3.84hm²，且大都处于中心城区，对城市整体构架影响大。在中观城市层面，不仅保护展示、维护困难，如何实现与现代城市环境发展整合也是挑战。要将这样的城市特色区域保护好，关键在于要使它一直留存城市纪念物的质量与活力，和谐融入城市就是最好的保护发展。因此，在这些地段适当疏解开发压力，通过具体分析，合理植入城市高层综合体，构架中观城市空间秩序至关重要，亟须进行保护、培育、引导、建设与发展的综合性城市设计。

（3）城市旧区再开发区域的调整重组转型，城市总体空间结构骨架调整延伸后的新增建设区域发展引导。

（4）长安龙脉、唐长安城遗址公园、曲江南湖等西安特有城市文化空间的地域化、特色化培育与现代发展。

7.4.3 城市高层综合体的风格导向

图 7-6 是根据建筑风格分区制定相应的建筑色彩及建筑风格分区示意，根据不同时代、性质的文化遗址群落，西安的总体规划不仅有相应的保护规划，还按此执行建筑风格的区域控制。

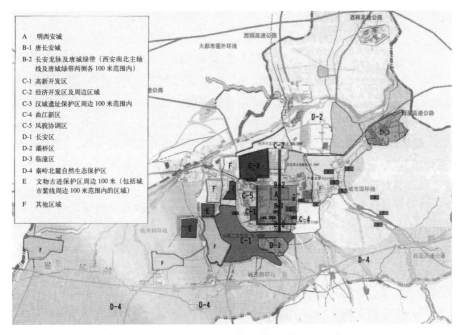

图 7-6　西安城市色彩与建筑风格分区示意

来源：西安市规划局 . 西安城市设计 [R]. 2004

西安的现代新区高新产业开发区（图 7-6 所示 C-1 区域）与曲江新区（图 7-6 所示 C-4 区域）则代表了西安城市外延扩大的两代历史条件与两种发展模式，高新产业开发区是 20 世纪 90 年代以高新技术产业为导向的开发园区发展道路，集聚了作为西北中心城市所汇集的产业发展能量。以"现代"、"高效"为城市开发价值理念，经过近 20 年发展，成为高层公共建筑汇集的现代城市区域，在制造业、高新技术产业发展的推动下，向城市外围继续扩大，将城市西部原有的工业区一并纳入整体发展范围。曲江新区则是 21 世纪初在文化复兴的理念下，以大型公共项目大雁塔北广场、大唐芙蓉园及基础投入等带动区域整体发展，以文化产业"软"性力量，挖掘整体城市旅游、商贸等第三产业的城市需求与潜力，引导城市区域发展，也随着西安城市骨架的拉大向外延伸。这条城市特色为先导的开发之路在曲江新区的建设中取得了很大的成功。

2005 年，随着西安申办摩托艇世界锦标赛、世园会等重大项目的推动，以生态发展为理念的浐灞生态旅游区正式启动建设。2008 年随着西咸一体化的推进，泾渭新区、沣渭新区发展也登台亮相。

7.5 西安城市高层综合体设计对策与方法

7.5.1 西安城市高层综合体的发展对策

城市构架的辨别与渗透，把握西安城市的网脉与不同区域。达到情态和谐的目标，城市综合体既是合理的地段中心，又是理想的空间结构标志，还是城市构架的核心，得到城市中各种运转体系的支持。

（1）从总体布局的层面来讲：根据城市地理数据分析所显示的布局趋势（图6-9、图6-10）。在城市传统中心区域节点引导发展城市高层综合体，推动城市更新中的再开发区域空间质量的提升。在城市向外拓展的新区中积极鼓励促进城市高层综合体的布局，推动城市新区高效集约、节能节地的可持续发展。

（2）在总体规划层面进行专项设计环节，并同城市轨道交通发展等研究穿插进行。

（3）根据不同的区域布局发展基础，给予不同的发展政策支持，促进市场联合开发的实现。制定开发权益转让、土地统一开发等政策及举措，分区域定制鼓励、限制、控制的具体政策及细则。

（4）针对西安城市意向空间总体结构，从尺度上、形态类型上加强整体的空间秩序。精细梳理中观层次的城市特色空间及地段。如：中轴线，大明宫及周边地段。促进标志性城市建筑体的形成。

7.5.2 西安城市高层综合体的设计方法

（1）总体层面的设计方法

1）对比突出——集中立体多层面综合城市功能，夸张建筑体量，形成连绵的建筑空间，与其他的建筑形成对比。

2）地段平衡——共享地段内整体开发权，打破地块限制，平衡地段整体的城市职能、空间容量与开发强度。

3）层次添加——依托城市关系，添加中观层面的辅助体系，理顺地段的整体结构，也指在建筑设计中添加空间层次、形态尺度层次，以增加场所的信息冗余。

4）秩序嵌入——将建筑与群体空间关系、流线、功能进行层次跳转，直接嵌入整体城市秩序中。

（2）设计层面的方法

1）层析点穴（图7-7）

在城市分析的基础上，从不同层面找到矛盾问题的激发点，释放城市地段的潜力。从微观上来讲，拥挤点，公共生活功能集中之处，就是与城市动线对接的良好位置，无论是需求集中处、

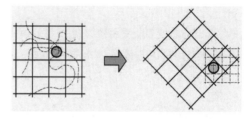

图7-7　层析点穴概念示意

交通的重点处、地理的重点处都具有城市高层综合体发育的条件，也是城市线索丰富多样的地段，对它们的顺应、彰显、强调就成为城市高层综合体城市性产生的最佳途径。在新旧城市并置的区域，城市再开发、城市更新中，大量适用这种方法。如在纺织城城市区域的更新中，重要的城市地段——堡子村转盘，既是西安的东入口、交通咽喉、城市增长极，又是轨道交通的东部节点，城市副中心、纺织城区域中心，还毗连半坡遗址，引导商贸文化步行街，是重要的办公、商业中心。城市高层综合体发展应对三层次的城市关系进行关联性的梳理，形成具体空间结构。

2）群组巨构（图7-8）

将不同功能、形态、空间方式组合在一起，形成完整的形态族群，强化整体性与空间体量。从而创造丰富多样的空间层次，增强标志性。

尺度的增加常常有利于发展出增益整体构架的创想，也是挖掘城市高层综合体城市潜力的常用方式，在重要的城市意象特色空间，这种改变通常都能创造一种结构上的明晰性，使二者都从结构中更清楚地浮现出来。如对明城墙、大明宫、兴庆

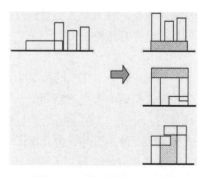

图7-8　群组巨构概念示意

宫这样的超越城市街区尺度的特色地段，城市高层综合体需在地段整体角度理解尺度，要么积极消解尺度，融在整体肌理中，要么扩大体量以能够与这些空间平衡，形成相辅相成空间标志。

3）嵌入整合（图 7-9）

从城市的宏观上简单来讲，综合体与城市关联的关键就是将建筑合理加入城市的各种流线中，在流线中编织定位各种功能的性质、规模与形式。反过来讲，在城市综合体设计前期的调查中，观察城市有效的方法，也在于将分析各种城市动线的具体构成与影响作为核心任务。

空间和功能的线索也是编织城市关系的重要线索。对这些系统性地重新布局，能够

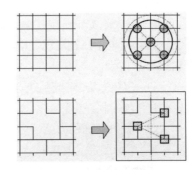

图 7-9　嵌入整合概念示意

增益城市构架的整体性与秩序性，也能在这个过程中形成城市场所建构的基本轮廓。

在传统的商业中心区，如小寨、赛格等地段，通常具有清晰且惯性很强的整体秩序，这些地段的城市综合体发展需要精细地嵌入原有的城市关系，改善修补原来的缺憾，重要的目标是使得原有地段的整体关系得到提升。

4）链接共生（图 7-10）

城市地段的片段通过城市高层综合体的介入，能够展开新的局面，发展新的区域关系与格局，凝结松散场景与要素。在新形成的城市中心，如西安高新区的中心地段，城市整体构架已经形成，

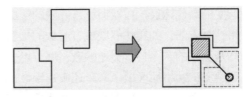

图 7-10　链接共生概念示意

但是催生高质量、高密度聚合反应的影响还未明了，该地段的城市高层综合体最需要发挥的潜力就在于整合分散的力量，增强城市中心的自明性，启动中心的再次聚集与完善。

5）消解融合

高层建筑城市意象的分层断裂主要发生在人行尺度层面，在城市空间常态下就是在街道的人行道空间中——建筑下部与城市低层建筑肌理相互挤压，形成界面；而其上部因影响范围与感受习惯不同，更多地以一种城市纪念物的方式来表现，被感受与评价。因而，高层建筑底部形态与城市公共生活融合性较高，直接构成城市公共生活空间节点的主要限定要素，影响城市空间的质量，使得建筑设计的总体概念越来越强调这一方面的影响，建筑的底部应强调对城市公共活动的适应与引入——这既是人们连续的活动体验对建筑空间与城市空间融合的需求，也是对建筑概念、设计方法、评价准则的一种突破。而变化补充的核心正是城市建筑的公共性、城市性所在，如果注意到并回应这一建筑发展的趋势特征，将高层建筑的上下矛盾统一，各自对应的设计逻辑就会有所突

破，并在整体的城市空间秩序中重新衔接。这是所有的城市高层综合体都要面对的两个相辅相成的城市化过程，是消解功能、活动不同需求与尺度矛盾，整体融合的方法意义所指，也是建筑设计与城市环境形态、感受统一的一种设计策略层面的重要方法。

不仅垂直集聚影响下的使用方式的改变需要在设计中突破传统平面模式的限制，贯彻消解融合的策略，更为重要的是在项目整体功能配置、形体单元的拼合中尤其应该将城市动线张弛有度地融合在整体布局中，打破垂直、水平的二维空间思考方式，将城市功能所需要的空间体量"化整为零"，凝结在动态的城市秩序链条之上。

8 西安城市高层综合体设计示范性探索

历史的高度，城市的视野
景观地理还有建筑创想

根据前述方式，如果以城市建筑体的角度梳理西安城市发展的整体构架，以建筑学传统的主观意向感受辨别城市空间对象的自然边界，可以发现西安城市建筑体在城市中观尺度表现层次丰富突出，具有独特的发展基础与潜力。而在具体的设计关键地段上，各种类型发展问题在不同的位置有各种重叠、交错与影响。本章汇集了对西安城市高层综合体在其中代表性区域发展所作的可能性探索，强调城市高层综合体适度标志性与城市整体和谐性之间的平衡。

8.1 老（明）城区边界——城墙——整合核心价值区域与城市发展前沿

明城墙围合的区域一直处于是西安城市发展的中心。它的意义超越了老（明）城文物遗址意义上的文化价值：一方面它是历史上唐长安的皇城所在，即公元 7 世纪（盛唐时期）的世界文明的中心，在整个华夏文明历史上具有重大意义；更为重要的是它仍是近代西安的中心，现代西安的中心，而且还指向未来的西安城市的中心，连接了整个西安的历史，因此它具有无可比拟的地域核心价值，是西安总体特色与空间构架的灵魂。在城市发展即将翻开新一页的历史机遇中，城墙及其周边地段处于城市发展的前沿（图 8-1）。

8.1.1 城墙——城市中的超级建筑

西安的明城墙遗址是中国现存保护最完整的城墙遗址，平均高约 12m，共 13.5km 长，城墙遗址所限定的城区面积约 13km² （一环道路中心线范围内）。根据 2009 年历史文化名城保护规划，老（明）城区域总人口远期目标为 38 万人。

西安的明城墙是中国城市建设史

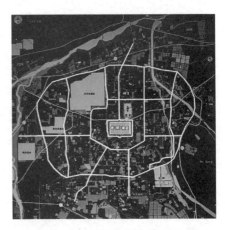

图 8-1 明城墙与西安现代城市结构

中最重要的原型建筑，带有中国城市形
式的基因型内容。最具城市建筑特质：
首先是与一般的文物建筑相比，它具有
尺度与意义上的特殊性，尺度超越一般
建筑遗址，图 8-3 是西安城墙与世界其
他城市的尺度关系比较。它与西安旧城
区中心的钟、鼓楼等明代文物建筑一起
标识、构建了西安历史空间中心构架；
经过 20 世纪 80 年代老（明）城保护规
划内外有别的高度控制与城墙外护城河
绿带环城公园改造项目的建设实施（图

图 8-2　西安城墙

8-4、图 8-5），以及一环道路的建设，城墙地段的发展已完全融入现代西安城
市中，是重要的现代城市公共生活场所；其次，其形态边界勾画定义了西安城
市空间发展过程的原点，不仅在二维平面布局中成为现代西安城市格局的重心
与核心，在三维立体空间形态上也成为城市区域形态的重要界线概念，在城市
发展中勾画城市形态（图 8-6）。

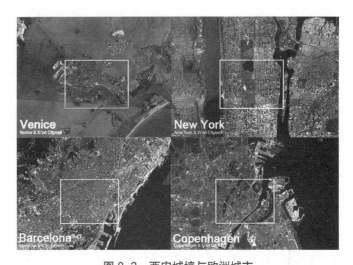

图 8-3　西安城墙与欧洲城市

来源：西安建筑科技大学与丹麦 TRANSFORM 工作室威尼斯双年展项目组

8.1.2　破题——城市大规模旅游带来的地段可持续发展机遇与潜力

　　西安城市中心组团发展一直以老（明）城为核心，其保护性发展在 20 世
纪 80 年代已经完成，对其保护性的总体规划策略在历届规划中都明确体现，
因此在其限制性发展与西安快速城市化的背景中，核心区增长的需求压力主要

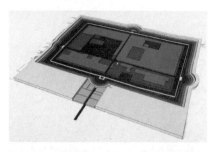

图 8-4 西安历史文化名城保护规划所
做的明城区高度规划模型示意

图 8-5 环城公园

图 8-6 城墙在快速城市发展中勾画城市形态

释放在老城外围,一、二环之间逐渐发展成为城市人口生活最密集的区域(图8-7)。

西安 2009 年第四次城市总体规划确定的城市性质为"西部地区重要的中心城市,国家历史文化名城,并将逐步建设成为具有历史文化特色的现代城市"。未来西安实现现代转型,迈向国际大都市的发展道路中,第三产业的发展与提升是必然的,而西安数量丰厚的高等级、高

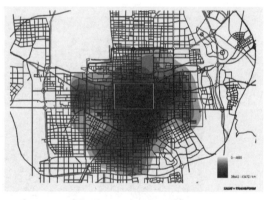

图 8-7 西安城市人口密度分布(2006 年)
来源:西安建筑科技大学与丹麦 TRANSFORM 工作室威尼斯
双年展项目组

层次历史文化资源使得旅游产业发展具有得天独厚的条件与潜力,按照目前的趋势预计 2020 年将有 6200 万旅游者,所消费的 456 亿元是 2008 北京奥运会的 2 倍(图8-8)。基于城市文脉的发展策略是西安城市的长期发展策略,旅游产业升级与推进已经被列为西安发展的基本纲要。

在城市提质升级的转型过程中,2006 年西安政府公布了一期包含六条线路的地下交通轨道体系建设规划,将会引发城市空间格局的巨大变化,西安城市发展态势迎来了建设从数量到质量提升的发展机遇。丰厚的历史文化遗存如

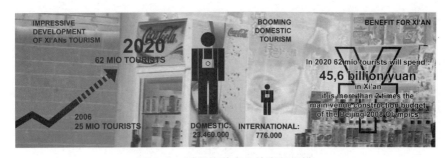

图 8-8　西安旅游产业的发展规模

来源：西安建筑科技大学与丹麦 TRANSFORM 工作室威尼斯双年展项目组

何在城市的快速更替中实现现代化地域发展道路是西安城市发展的关键矛盾之一，也是今天建设面临的最大挑战所在。城墙及周边（包括环城公园及一环路）地段的发展问题尤为典型与突出。

　　针对这一地段及周边用地在未来城市格局中的潜力与可能，面对城市可持续发展的大课题❶，我们提出了从五星旅游胜地到五星级城市的创意（图 8-9）。以发展性保护为基本设计策略，全面实现城墙地段的现代功能意义转化；以提升城墙地段城市场所品质，扩充转化未来这一地段的定位与目标——将其纳入全市的旅游服务系统，借由西安市轨道交通规划实施的机遇，融入现代西安城市的整体空间体系。利用地段与城市核心同构的独特形态，取消一环路，规划轻轨与综合服务设施，将其与现有的城市运转体系连接在一起（图 8-10）。

图 8-9　西安旅游产业的发展规模

来源：西安建筑科技大学与丹麦 TRANSFORM 工作室威尼斯双年展项目组

❶　2006 年丹麦政府筹备第二十届威尼斯双年展建筑展丹麦馆的项目，丹麦建筑师学会（DAC）策展主题选取了"可持续发展的中国"，计划与中国 4 个城市高校联合规划设计当地的城市区域，西安作为其中之一，题目选取的是"西安的城墙"。

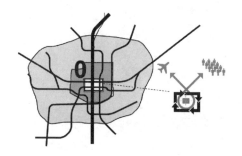

图 8-10　沿城墙圈轻轨同轨道交通计划关联

来源：西安建筑科技大学与丹麦 TRANSFORM 工作室威尼斯双年展项目组

8.1.3　解题——构建新的城市纪念碑

我们提出要在这一极具挑战与潜力的区域创建西安城市新的"城市纪念碑"（图 8-11）。轻轨环路构成的活动城墙＋古老的文物建筑城墙＋现代文化旅游休闲娱乐新巨构建筑＝新的城市纪念碑，为全世界游客、市民、创造了一个连接传统与现代的城市公共生活场所。通过这个"纪念碑"创想，从形态、意义、功能三方面提升与彰显老（明）城区在现代西安城市中的核心价值与标志性；同时借助轨道交通发展计划的再整合，转变区域功能，对接未来西安旅游产业宏观发展战略，与现有城市开放空间系统整体衔接，引导老（明）城区职能转化与空间升级（图 8-12）。

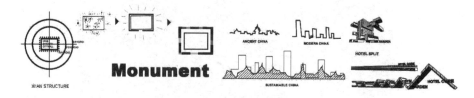

图 8-11　城市纪念碑构想

来源：西安建筑科技大学与丹麦 TRANSFORM 工作室威尼斯双年展项目组

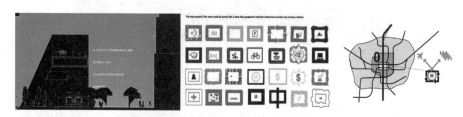

图 8-12　新城墙的功能与城市功能

来源：西安建筑科技大学与丹麦 TRANSFORM 工作室威尼斯双年展项目组

这个设计解答不仅尝试在城市总体意向的层次上关照历史、现在与未来的西安，培育新时代城市文化的成长点，而且力求遵循可持续发展的原则。无论是来访者还是西安本地市民，无论是老人还是孩童，无论是打工者还是投资人，无论是游客还是居民都将能从中受益（图 8-13）。

图 8-13　可持续发展的城市之核

来源：西安建筑科技大学与丹麦 TRANSFORM 工作室威尼斯双年展项目组

这个答题思路是对于找寻建筑城市情态和谐的第三条道路的启示，城市纪念碑这个现代西安的城市建筑体，其尺度、形态、建筑功能、城市职能都大大突破以往建筑的概念范畴，也超越了城墙本身这个历史建筑体之外。以城市遗址建筑及周边地段为整体，将城市发展战略、建筑功能产业类型、历史建筑、公共开放空间、轨道交通体系糅合在一起，在中观城市尺度上形成了整体答案，而形成了城市整体性的进化。

建筑方案充分利用尺度上的优势，在空间的城市不同层次间来回转换，突破单一的建筑城市界面关系。在绵延 13km 的建筑带上利用建筑推拉（push）、透（open）、升（lift）的手法，充分与城市空间渗透交混。形态上既追求城市建筑体的整体连续，又在不同的节点空间对城市关系进行不同的处理（图 8-14）。

8.2　北大街金懋广场——强化历史区域中的现代发展轴线节点

显要区位：西安金懋广场金融商贸综合体建设用地位于城墙圈内北大街中段，北大街十字西北角，是西安市中轴线上的重要建筑，属于风貌控制的敏感区域，处于西安市地铁 1 号线、2 号线换乘节点，与整体的地下公共空间系统相通（图 8-15）。

城市关系矛盾：北大街是长安龙脉——南北中轴线核心段之一，虽然处于老明城区风貌控制带上，对建筑高度要求严格，但现状建筑中高层建筑的比例很高，在北大街西华门段陆续建成凯爱大厦、时代广场、交通银行等多个超过 70m 高度的高层建筑，宏府大厦一、二期建筑也超过 50m，形成了北大街金融

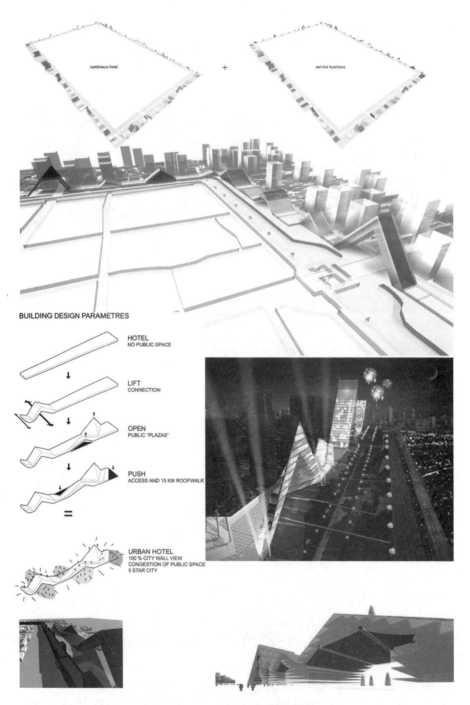

图 8-14　MetaWall（超级越墙）

来源：西安建筑科技大学与丹麦 TRANSFORM 工作室威尼斯双年展项目组

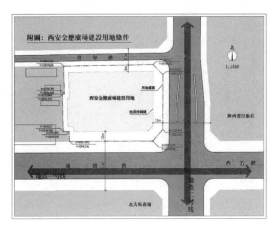

图8-15　西安金懋广场金融商贸综合体建设用地

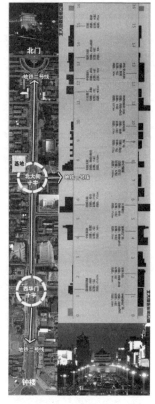

图8-16　西安北大街建筑现状

来源：汤烨绘制

商贸办公建筑群（图8-16）。

综合性功能构成：金懋广场金融商贸综合体建设项目用地面积约$1.1hm^2$，按照前期项目策划分析：总建筑面积超过8万m^2以上时纯市场经济测算才能基本满足投资目标。以地上总建筑面积要求6万m^2计算，容积率大约在5.3左右。高层主体功能为金融类兼顾其他商务办公，其定位应是为金融企业提供高效、舒适的办公空间，同时可为当前正在高速发展的中小型企业办公服务。近地考虑商业娱乐功能开发，并要求结合城市地铁出入口，打造城市公共空间。作为城市中轴线上的大型建筑，设计要求结合城市地段整体设计，体现地域性、前瞻性、现代性，综合考虑商业、办公商务的复合开发要求。

8.2.1　地段规划研究：最大化开发空间利用平衡

空间的效益最大化是进行地块开发的主要诉求，图8-17、图8-18所示规划研究方案是合理平衡各方要求后所作的基础方案研究，是根据用地条件分析优选得出的方案组合方式——用两组板式高层办公楼的体形组合，在满足自然采光通风的条件下最大限度利用了场地建设办公主体的空间可能性，并给下部商业空间组织及简洁动线提供了条件。

这个方案思路基本满足设计功能各方面的条件与要求，然而对于一个城市节点上的重要建筑而言，这个高层综合体设计并没有创造多样的空间可能与层次，也没能赋予场所新的城市特征，方案进行的探讨集中在商业空间计划的可行性上，而无任何城市整体层次的理念与创想投入。概念的苍白与城市性的缺

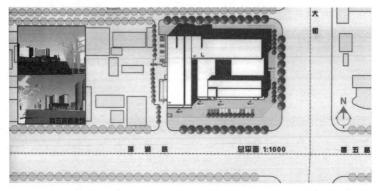

图 8-17　西安金懋广场金融商贸综合体设计规划研究思路 01

来源：汤洋绘制

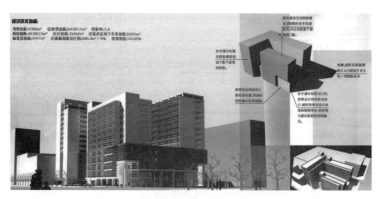

图 8-18　西安金懋广场金融商贸综合体设计规划研究思路 02

来源：汤洋绘制

失，与地段发展的巨大潜力相比有很大的落差。

8.2.2　探索思路一：立体城市空间可持续延伸

城市高层综合体高度综合的垂直方向发育是建筑类型中蕴涵的特质，地段的两条地铁转乘站的设施条件，使得北大街十字未来无疑将是西安中轴线上人流汇集的公共场所，这也是地段条件中最为明显的城市性优势。图 8-19、图 8-21 所示的城市高层综合体创作思路的突破方向集中在建筑公共性的延伸可能性探索上。方案的概念发源于折叠的城市公共空间（图 8-19），并且将建筑设计的手法重点集中在这个概念之上，将建筑空间与城市空间的"随意切换"作为对建筑地段最直接的回应，也是对城市建筑可持续发展的最大尊重。

方案的空间结构关系非常简单，沿北大街是开放性最强的公共广场，利用倾斜的剖面处理立体交通关系。交通核心都布置在四周以创造中间灵活的空间尺度，延续整体设计概念（图 8-20）。

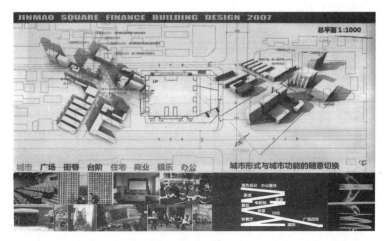

图 8-19　西安金懋广场金融商贸综合体设计探索思路—01 总体概念

来源：孟广超绘制

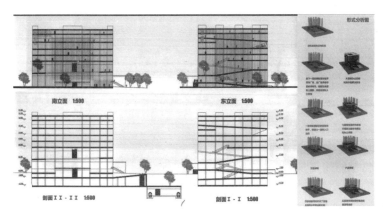

图 8-20　西安金懋广场金融商贸综合体设计探索思路—02 空间组织

来源：孟广超绘制

　　方案放松了建筑形态的刻画，建筑形体是被玻璃幕墙表皮包裹的方盒子（图 8-21）。

8.2.3　探索思路二：垂直界面空间层次的可能性探索

　　城市高层综合体的尺度巨大，其空间形态的多层次性是其重要的特点，围绕不同层次之间空间关系的差异，整合其空间、形态转化可能与潜力也是设计创作构思的重要探索方向，雷姆·库哈斯设计的北京 CCTV 总部也是利用创新的空间结构突破在此方向上作了探索。城市空间与建筑空间的融合，可以在这个层面作很多尝试。图 8-22 ～图 8-24 所示的创作思路的突破方向就集中在建筑公共性空间形态延续的可能性探索上。

图 8-21　西安金懋广场金融商贸综合体设计探索思路一 03 形态

来源：孟广超绘制

图 8-22　西安金懋广场金融商贸综合体设计探索思路二 01 概念核心

来源：梁小亮绘制

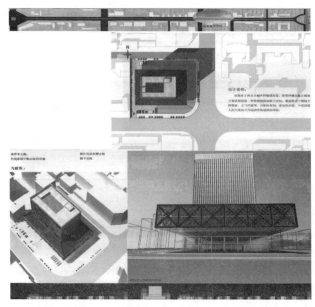

图 8-23　西安金懋广场金融商贸综合体设计探索思路二 02 总体方案

来源：梁小亮绘制

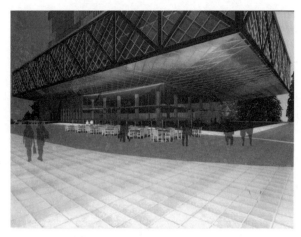

图 8-24　西安金懋广场金融商贸综合体设计效果

来源：梁小亮绘制

中国传统建筑最显著的形态差异来自屋顶，相应的空间上重要的空间体验感受源于"檐下空间"，在这个媒介空间里融合了很多建筑理念，并且在纯粹的空间关系上增加了空间体验的层次。基于这一认识，方案核心的概念集中在建筑沿街高度 36m 以下范围内的城市空间与链接手法上，用灰色的中层尺度空间柔化建筑的城市界面，颠覆了高层裙房通常的空间关系，并以此来回应地段的城市性、地域性与标志性。

8.2.4　探索思路三：传统空间图示现代表达

城市高层综合体规模特异，使得在建筑计划推进中有条件进行各种空间组合可能性的探索。

图 8-25 ～图 8-29 是两个根据中国传统空间意向理解所作的空间形态探索。方案 A 九宫格局的图示试图建立使室内空间秩序与西安地区方正的棋盘街道空间对应起来，这个概念并非独创，却在方案中对建筑与城市关系、形态与街道关系方面作了创新性的探索。方案放弃了建筑高度，尽可能利用现有场地空间，将整体城市的街道关系表现在空间组织关系上（图 8-25）。

方案形态组织用整体的桁架意图将体块组织在一起，并延续与明城区中心的文物建筑钟楼里面尺度，遗憾地破坏了原有概念的纯粹（图 8-26）。

"建筑意"是中国传统建筑理念、形态创作的一种文化特质，整体时代的文化潜移默化于其中，同样的构建与结构概念能够表现出迥然相异的艺术风格——唐风建筑斗栱雄大，出檐深远。而同为木构的清代传统建筑则精巧华丽，装饰繁复。西安中正厚重的地域建筑风格虽然在现代建筑拼贴、复制、模仿中现代建筑建筑迷失，但是仍能在整体城市空间以及具有特色的城市建筑中捕捉到地域意味。方案 B 即以方正敦厚的形态组合方式，特别强调地段项目的中心感与标志性。其形态关系的概念来源于对西安核心老（明）城的空间模式演绎。

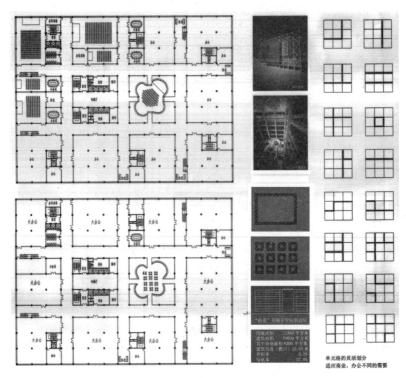

图 8-25　西安金懋广场金融商贸综合体设计探索思路三方案 A01 空间关系

来源：职扑绘制

图 8-26　西安金懋广场金融商贸综合体设计探索思路三方案 A02 形态关系

来源：职扑绘制

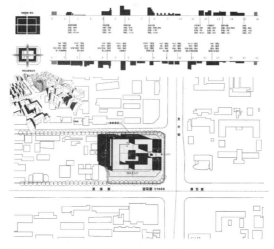

图 8-27　西安金懋广场金融商贸综合体设计探索思路三方案 B 总体关系

来源：贾子夫绘制

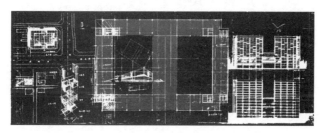

图 8-28　西安金懋广场金融商贸综合体设计探索思路三方案 B 方案构架概念

来源：贾子夫绘制

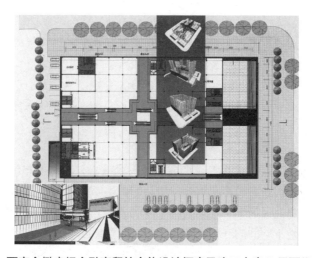

图 8-29　西安金懋广场金融商贸综合体设计探索思路三方案 B 平面组织及形态

来源：贾子夫绘制

8.2.5 探索方案总结与地段城市高层综合体的城市构架潜力

北大街金懋广场作为西安城市中心区的重要建筑，地处西安城市南北历史文化中轴线长安龙脉、地铁2号线与城市东西大动脉1号线交会处，是显赫、重要、敏感的城市地段，同时也是商业建设开发投资压力大，风貌控制严格即保护发展矛盾大的区域。

上述方案具有各自明确的概念诉求，表8-1汇集了方案基本内容的比较。

北大街金懋广场金融商贸综合体方案比较 表8-1

方案编号	方案主要诉求及特点	建筑高度	建筑面积（m²）	建筑密度（%）	容积率
研究方案	各种功能的合理实施性，建设总量的保证	63m 17楼	71897	55	6.32
思路一	城市功能延展的可能性，下调办公功能比例	48m 10楼	60660	53	5.32
思路二	注重整体街道、建筑空间层次，以此平衡建筑商业空间与城市空间	60m 15楼	55713	58	4.89
思路三A	强调空间形态地域性表达，街道尺度融入建筑内部，严格控制高度体量	檐口 43m	70830	56	5.25
思路三B	对场所标志性的高端诉求，严格控制形态比例。	60m 12楼	48917	58	4.29

通过上述方案探索可以看到这个重要城市地段成为西安地标中心的潜力与矛盾。具体方案控制难点在于对建筑标志性与开发定位的平衡，对此我们建议：

（1）根据北大街现状建筑高度情况，从西华门至北大街段，可以适当突破建筑高度的限制，但通过视线分析，结合 GIS 分析，不宜高于 65m。

（2）现有容积率超过 6 时，建筑的体量不平衡，不利形态良好控制；但过低则开发收益受限，因鼓励通过地下开发的补偿，以联合开发等方式平衡。容积率约为 5～6 为佳。形态以方正关系为佳。

（3）综合功能、扩大规模，形成区域凝聚重心，有利城市区域关系整合。用地规模应适当扩大，以符合 100～150m 城市网格。

（4）建议将北大街十字地段的四个地块一并考虑，尤其是西南角的建筑与东南的广场及地下空间的开发，利用轨道交通节点的开发潜力，融入公共空间，提高场所认知程度，将极大改变地段空间构架的可能性，有利中轴线城市构架发展。

8.3 大明宫及周边区域——凸显历史区域与现代发展印记的结合点

8.3.1 现状与发展框架

唐大明宫遗址具有重要的历史文化价值，同时作为大型的城市空间区域，由于地面建筑的损毁、湮灭与漫长的发展历史，大明宫国家遗址公园及周围地段的发展走过了极其复杂的历史。1934年陇海铁路自地段南侧通过。自1961设立保护区以来，该地段范围内发展受控，但其外部城市关系历经西安铁路客运改扩建，20世纪80年代城中村发展，20世纪90年代后太华路建材市场的繁荣，二环路建设对城市地段的影响渗透，西安铁路客运站北广场的建设开发等等。

作为经营城市发展的策略，西安开创了独特的特色空间发展性保护道路，平衡土地利用，合理利用文化遗产的文化资本，以遗址周边土地的经济开发与合理利用来平衡文化遗产保护与展示的资金投入，这种发展性保护符合我国现有城市开发现实与西安独特的历史发展条件。2007年西安市政府围绕大明宫遗址为核心，划定19.16km² 的土地作为唐大明宫遗址保护特区。因此大明宫区域发展同城市发展的协同是地段发展的战略选择。

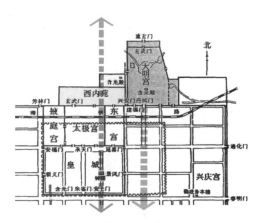

图 8-30　大明宫历史、现代城市区位关系

来源：刘敦桢．中国古代建筑史 [M]．北京：中国建筑工业出版社，1980（改绘）

大明宫区域与城市的重要发展要素叠合，图8-30是大明宫在唐长安城与现代西安区位关系，南侧与明城区城墙边界周边发展地段重合，与现代西安铁路客运站及城市商贸带轴线相对。图8-31是大明宫保护区在现代西安城市中的发展关系，北侧是北二环城市开发廊，南侧是铁路客运站北广场为核心的商贸旅游带，西侧是西安南北中轴线发展带动的区域。图8-32是大明宫

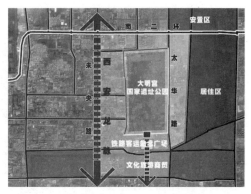

图 8-31　大明宫保护区域在西安城市中的发展关系

宫门及遗址公园的出入口分布。在公园发展中，周边地段城市开发压力与潜力巨大。

8.3.2 周边地带发展策略

在具体的设计专题研究中，周边地段的发展策略成为选择比较的重点。刘宗刚在大明宫国家遗址公园的边界研究中认为唐大明宫遗址公园边界的整体形象有三种基本模式：锅底型、界面型，以及将两者结合的混合型（图8-33）❶。

图8-34是第六章GIS分析中大明宫城市关系。整体遗址公园的形态标志性在未来大明宫遗址公园的发展策略上是一个重要的问题，并不单为遗址保护的研究所笼罩，而是地段整体发展的策略选择。这一地段的场所情景是一种城市地段的历史过程。现代城市开放空间概念下的场所感与历史遗址保护的原真性是两种价值取向。本书认为历史原真性要求并不强求宫殿遗址与现代环境的隔绝孤立，并置、融合本来就是历史发展中城市的面貌。

○ 遗址公园新增入口
○ 大明宫宫门遗址入口

图 8-32 大明宫宫门及遗址公园出入口分布

来源：刘宗刚.唐大明宫遗址公园边界初探 [D]. 西安：西安建筑科技大学，2008：71

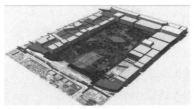

图 8-33 遗址公园边界的整体形象锅底型、界面型模式

来源：刘宗刚.唐大明宫遗址公园边界初探 [D]. 西安：西安建筑科技大学，2008：74，77

8.3.3 多层次历史回应与地段活力注入

大明宫保护区距离西安中轴线平均不足 1km，与唐代长安里坊尺度相近。现状周边城市发展充分，土地使用强度很高。因此

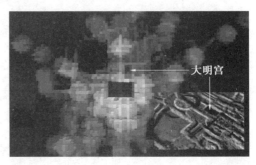

图 8-34 GIS 分析中大明宫遗址公园城市关系

---

❶ 刘宗刚.唐大明宫遗址公园边界初探 [D]. 西安：西安建筑科技大学，2008

设想将根据未来南北中轴线的整体空间开发，打开一个街区，利用容积率转移的方式，规划城市高层综合体，打通城市发展的气脉。

（1）根据视线分析，间隔提高大明宫边界其他地块的开发强度。

（2）规划地面轻轨环线与城市地下轨道2号线、4号线的龙首原站相连。以此围合的大明宫遗址公园西侧存疑的街区控制用地强度形成研究范围（图8-35）。

（3）在遗址公园西界地段形成下沉广场等立体城市场所空间，构建城市开放空间节点，融入城市公共生活。

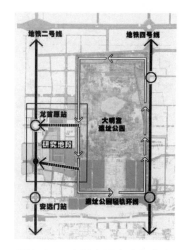

图 8-35　大明宫历史地段城市高层综合体现代整合总平示意

（4）依据现有遗址保护发展具体情况规划博物馆、主题艺术馆、影剧院文化公共建筑。

（5）利用城市文化资源与设施，开放空间、轨道交通设施等条件，合理配置商业街等城市活力功能。

（6）根据现有用地基本轮廓在龙首原站（未央路与龙首北路十字）规划城市高层综合体，打造点线面结合的城市建筑体（图8-36）。

图 8-36　大明宫历史地段城市高层综合体现代整合鸟瞰示意

城市高层综合体的高度根据长安龙脉上现状高层的整体高度关系来确定。未央路此段沿街城市界面高度梯度分三级：55m、80m、100m，此地段的综合体东北角体量最大，高度最高（180m），以取得最好的视线关系。建筑轮廓不追求高耸的视觉冲击力，而以整体关系形成城市界面，容积率控制在10，并平衡东南角大片的公建及地下商业街的开发（图8-37）。

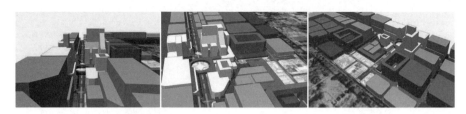

图 8-37　西安中轴线未央路大明宫历史地段城市高层综合体现代整合示意

8.4　纺织城区域中心——强调城市增长极中的城市高层综合体中心性

8.4.1　位于"城市东入口"的城市增长极

在没有传统建筑及遗址分布的城市区域，规划设计形态相对自由。西安堡子村转盘地段作为纺织城区域转型发展的前沿，对于区域发展而言具有重要的意义。其核心区域规划的长乐坊国际广场建设用地，位于长乐东路、纺北路、纺西街、纺建路、动力东路的交叉区域，是进出西安快速交通的门户，也是地铁规划 1 号线一期建设的东端站点，可以被称为西安东侧发展端与东入口（图 8-38）。

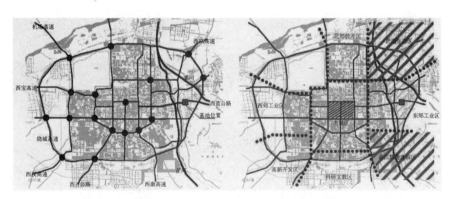

图 8-38　西安堡子村城市地段城市区位

来源：李琨绘制

根据 2009 年西安市规划院所做的堡子村城市重要节点详细规划，该区域 5 个地块被道路分隔，成为各自独立的开发项目（图 8-39）。地块 8 兼容金融商贸及居住，根据 2009 年的地下轨道交通规划，地铁站主要交通关系，沿地段南部展开。规划的堡子村立交则主要向沿东北纺北路延伸（图 8-40）。

该地段对南部规划的现状商贸旅游区、创意产业区、半坡遗址保护区辐射

编号	用地性质	容积率	建筑密度
DK-1	C2	5.41	35.2%
DK-2	C2	8.23	41.9%
DK-3	C2	1.66	25.2%
DK-4-1	R2	7.08	22.1%
DK-4-2	C2	2.81	47.1%
DK-5-1	R2	5.71	17.3%
DK-5-2	C2	2.28	45.8%
DK-6	C2	5.71	37.0%
DK-7	R2	3.27	25.0%
DK-8	C2/R2	5.97	35.9%

图 8-39　堡子村城市地段地块划分、范围

来源：西安市规划院

图 8-40　堡子村城市地段研究的总平面与效果

来源：西安市规划院

带动关系突出。地块 6、8 相对完整，发展城市高层综合体的条件相对突出。其中地块 8 的生活性高于其他地块，与地铁站规划关系紧密，人流量大。同时还是地块西侧规划步行街的起点所在（图 8-41）。商业价值大，适于规划大型商业设施。

8.4.2　活动重心——地块 8 方案比较研究

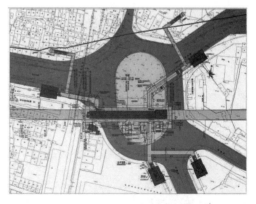

图 8-41　西安地铁 1 号纺织城站地下交通关系

图 8-42 是针对地块 8 用地条件的重点城市关系分析——是南侧纺织城商贸核心区的开端，是重要的城市标志性节点的城市界面，同时还是城市重点地段的开放空间核心部分。图 8-43 汇集了为地段发展所确定的基本功能构成，

基地位于规划中的纺织城商贸核心区的开端，处于堡子村转南北次轴线上	长乐东路——纺西街 这条生活性道路以及地铁口的出现为基地带来了巨大的人流与商流	周边环境对建筑开放空间的要求——面对转盘和步行街的开放空间以及公园景观的渗透

图 8-42 地块 8 用地城市关系要点

来源：李琨

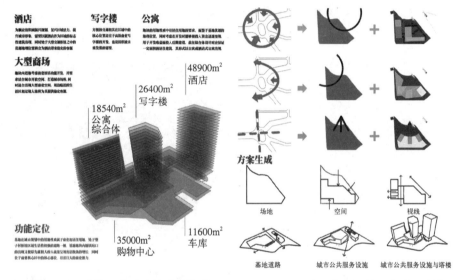

图 8-43 地块 8 用地建筑功能构成

图 8-44 用地 6 方案比较及方案一生成

来源：李琨

图 8-44 示意了地段方案研究的空间构成三种方式及方案一的生成示意，图 8-45 是方案一最终的形态表达。

图 8-46 是根据对地块 8 城市分析后所做的"国际广场"城市高层综合体建筑方案概念。根据不同的垂直布局关系整理项目整体空间开放度与姿态。

图 8-47 是另一组概念探索，将城市主要轮廓界面退后，前部引入商业街等城市功能与开放空间要素，突出其场所内聚性，并根据不同的形态母题研究讨论高层建筑集群形态连接的统一性。三角形方案利用共生的边界，形成了紧密的功能链接；而放射状的组合则强调出了用地北侧的公共空间的重心，使得地块 6 的辐射力与核心感更为突出。

图 8-48 是以连接为概念对地段进行的方案探索，在地块 8 中部引入城市景观空间，控制形态强调塑造丰富的城市公共空间，加强了基地的人行动线，

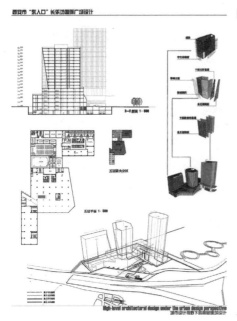

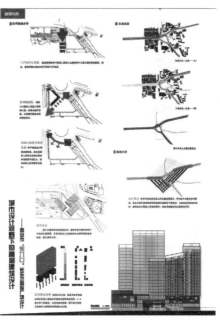

图 8-45　用地 6 方案一

来源：李琨绘制

图 8-46　西安市东入口"国际广场"城
市高层综合体设计方案二

来源：张敏红

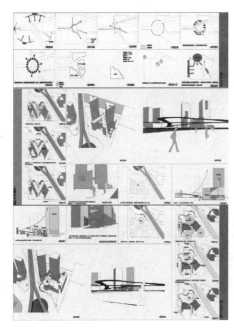

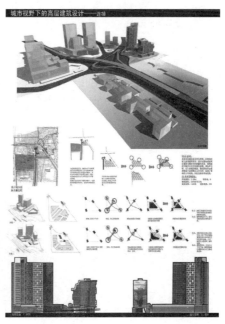

图 8-47　西安市东入口"国际广场"城
市高层综合体设计方案三

来源：王贺绘制

图 8-48　西安市东入口"国际广场"城
市高层综合体设计方案四

来源：曲珩绘制

同时为商业带来契机，融合连接建筑与城市公共空间，增加参与性。同时方案也较为强调同其他各地块的形态呼应，两部分建筑之间的裂缝在底层用景观手法织补，暗示出了规划中南侧大面积商贸结构的线形延展，并且协调突出了居中的地块 6 的空间统帅效果。

8.4.3 视觉核心——地块 6 方案设计研究

堡子村城市地段中的地块 6 位置显赫——是整体空间节点长乐东路东端的视轴终点，对于纺织城地区发展及堡子村地段空间意向而言，处于城市空间的核心位置，对未来建筑的形态统摄具有较高的要求。

图 8-49 表达了根据城市设计的理念，基于地段城市级影响力，对地块 6 城市高层综合体设计的流程与方法。图 8-50 是建设地段的城市视觉关系分析，可以看到整体格局设计、梳理、理解的复杂性。综合上述分析，由于建设地段及其突出的整体形态重要性，在地块开发的体量、规模的压力下，要平衡方案的纪念性、公共性及商业活力及开发现实，同时还需消化场地现状大约 4m 的高差，因此综合的功能布局相对复杂。图 8-51 集合了在方案设计中所讨论的各种形态组合城市关系及建筑潜力的比较，以双塔、多塔、超高层、整体建筑四种思路

图 8-49 地块 6 地段设
计流程

来源：范小烨绘制

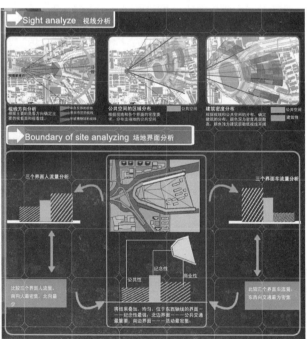

图 8-50 地块 6 地段城市视觉关系分析

来源：范小烨绘制

分别展开，单独的超高层建筑在体量、意向、形态、功能组合上都难以支撑地段设计的期望；双塔和多塔的方案发挥了高层建筑群体的优势，但是对于地段复杂的视觉关联而言，稍显生硬；而综合体的整合优势在设计方案中要特别突出，通过多尺度的层次空间计划，利用二次空间，很好地协调单体建筑与地段形态意向两个层次的矛盾，平衡纪念性、公共性、商业开发的要求。最终的整体方案设计特别强调了建筑形态的空间层次性与界面连续性（图 8-52）。

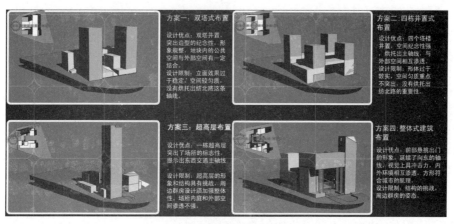

图 8-51　地块 6 多方案选择比较

来源：范小烨绘制

图 8-52　地块 6 城市界面连续性

来源：范小烨绘制

9 结语

曼哈顿以外的任何地方当然都不是曼哈顿，那样以高楼林立为特色
但是密度已经成为每一个大城市的基本要求
所以，每一个城市都需要找到一条高层建筑发展道路

现代城市发展已告别自然有机的形态产生方式，而是各种因素控制下的精确调控。在城市更新中，可持续理念渗透下的规划设计行为与市场概念下的城市开发模式成为影响城市发展的决定性影响力量。城市高层综合体在这两个环节中均超越了建筑单体的意义范畴，参与了城市重构的进程，影响城市的整体发展。

西安处在城市化发展转折时期，作为中国二线城市的典型代表，发展目标定位于国际化大都市，正面临引领西部城市经济带发展的再次跨越性发展转折，城市产业结构调整引发的空间形态转型压力巨大。同时，西安具有无可比拟的历史文化遗产资源，城市体架构内涵丰富饱满，极具特色与潜力，从 2003 年的城市文化复兴战略实施开始，在城市经营上得到了很多肯定，引发了城市发展模式的思考，也遇到了一些问题，西安城市发展格局进入了结构性调整期。在迈向国际大都市的历史发展过程中，城市构架的扩张不可避免，发展面临诸多新旧矛盾与挑战，在轨道交通发展计划即将全面展开的城市空间结构转型机遇中，城市高层综合体的研究能够发挥重要的协同作用，是未来城市发展中，控制理解城市空间发展变化的"关节"建筑，因此西安的城市高层综合体研究具有重要的现实价值，参与城市整体发展层面上的空间重构过程，对于探索具有西安城市特色的可持续发展道路具有重要意义。

9.1 研究主要结论

针对前述城市建筑发展现象，结合当前西安城市高层建筑发展的矛盾及需求，本书的研究明确提出如下几点：

基于城市发展历史的城市高层综合体建筑类型概念。根据城市中高层建筑综合、巨构、嵌入的演化发展趋势，借用城市建筑的研究视角，提出城市高层综合体概念，一方面解释今天城市与高层建筑发展的现象，回应亚太地区紧凑城市模式建筑实践与研究；另一方面有助于设计者把握西安具有地域特色的城市整体构架，以城市高层综合体建设引导为关键环节，实现高层与城市发展高

度协同。

城市高层综合体建筑是高层建筑与城市协同发展的方向与典型，对其类型理解应站在技术性、现代性、城市性三个递进层面来理解。通过大型城市高层综合体建筑实现城市密度的适度集中，有利于实现可持续发展理念下紧凑城市的发展模式。通过对城市管理体制的调整与城市联合开发的实施能够实现城市高层综合体布局的控制与轨道交通等城市公共设施的连接。基于发展与保护并重的城市发展战略，追求情态和谐的整体发展基本理念，对城市空间中观区域的划分是控制分析西安城市设计的重要环节。在此研究框架上，城市高层综合体的布局设计能够起到良好的引导疏解作用，同时提升城市区域的形态空间质量。

在具体研究中尝试将城市与建筑的研究边界融合，针对西安的现实，提出了西安城市高层综合体的发展对策与西安城市高层综合体的设计原则及要点。通过对比日本东京六本木、法国巴黎拉德方斯"巨门"、上海轨道交通站若干实例、北京中轴线城市空间控制的经验，受纽约中央公园、巴西库里蒂巴等现代城市空间形成的启发，紧扣西安大规模轨道交通开始起步的发展机遇，扩大城市建设研究的观察尺度与设计单元尺度，以传统现代融合的城市建筑架构、情态和谐的理念梳理城市发展格局，形成以下主要结论：

（1）西安城市高层综合体的布局策略。

a. 尺度控制：以 150m、500m 两种尺度适应现代、汉唐历史特色空间的城市空间构建，并融入整体布局的分析与具体地段的设计中。

b. 根据城市地理数据分析所显示的布局趋势，在城市传统中心区域节点引导发展城市高层综合体，推动城市更新中再开发区域空间质量的提升。在城市向外拓展的新区中积极鼓励促进城市高层综合体的布局，推动城市新区高效集约、节能节地的可持续发展。

c. 针对西安城市意向空间总体结构，从尺度上、形态类型上加强整体的空间秩序。精细梳理中观层次的城市特色空间及地段，如：中轴线，大明宫及周边地段，汉城遗址及周边地段，促进标志性城市建筑体的形成。

（2）提出包含凸显建筑设计力量的构想及艺术性原则在内的五点建筑与城市设计相融合的原则，形成了如下西安城市高层综合体的总体设计策略与方法：

a. 对比突出——集中立体多层面综合城市功能，夸张建筑体量、形成连绵的建筑空间，与其他的建筑形成对比。

b. 地段平衡——共享地段内整体开发权，打破地块限制，平衡地段整体的城市职能、空间容量与开发强度。

c. 层次添加——依托城市关系，添加中观层面的辅助体系，理顺地段的整体结构，也指在建筑设计中添加空间层次、形态尺度层次，以增加场所的信息冗余。

d. 秩序嵌入——将建筑与群体空间关系、流线、功能进行层次跳转，直接嵌入整体城市秩序中。

（3）阐明西安城市高层综合体建筑增益城市构架，链接城市基础设施，消解城市开发压力的具体五个设计重点：层析点穴、群组巨构、嵌入整合、链接共生与消解融合。

（4）根据西安市不同意向分区进行分类。选取西安城市明城墙及周边地段、中轴线上北大街金戆大厦、大明宫及周边区域、纺织城区域中心地段等进行城市高层综合体发展的示范性探索，强调突出城市整体构架特色，引导城市更新的发展进程。

在城市高层综合体布局分析中，研究根据层次分析法，以数理逻辑分析与综合决策并重，构建西安城市高层综合体布局因子分析评价框架，包含 5 大类、12 小类、24 项。按照现代西安城市的街区尺度与唐里坊空间意象的尺度分 150m、500m 栅格进行城市高层综合体布局因子的 Arc GIS 分析；针对西安城市特色空间密集的布局特点提出了"消控因子"的概念，在 GIS 布局分析中权重为负值，以差值凸显城市特色空间的边界效应；并根据权重计算分布，得出集聚发展特征明显的区域分布，提出禁建区、宜建区、可建区与白色弹性控制地段。

9.2 研究有待深化和拓展的问题

（1）本书虽然借鉴阿尔多·罗西《城市建筑学》中对于城市建筑体研究的思路，提出了城市高层综合体这一建筑类型的概念，如对西安城墙地段这一研究对象的解释正是基于这样的城市建筑体概念展开设计研究工作的。但是由于本书的研究主旨与容量、深度，没有进行这类城市建筑现象研究的整体框架建构基础理论工作，如何在中国传统建筑大量实体淹没的现实中发现、整理、汇集"原型"，创制现代新"类型"是非常有益于现代中国城市建设特色建设的研究工作，具有连接历史、现在、未来的重要意义。在类型的挖掘整理方面，仍有很多工作亟待整合。城市高层综合体的研究与这个研究框架联系紧密。

（2）城市居住区是重要的城市建筑类型，也是多数现代城市发展中面积大，数量多的基底性建筑，因此，城市居住区是最为重要的城市建筑体类型之一。对高层居住体也应站在城市高层综合体建筑的角度开展研究。

高层居住建筑设计研究现状处于追求市场价值与终极城市理想价值的夹缝中。大部分执业建筑师可以被等同视为商业建筑师，也就是直接面向市场服务的专业技术人员，其立足市场的核心价值就是为资本最大化提供专业技术服务，因此在追逐市场利益与建筑合宜性二者相冲突的时候，背离城市公共利益价值倾向是毫无疑问的。住宅是市场化最完全的建筑类型，高层住宅的实践设计前沿与技术专业性体现在设计与房地产项目营销的配合上。由此可以推断，对于高层住宅建筑在建筑层面的理论性建设作用有限；主要是依据规范管控引导。因此，在目前现实条件下，需要在宏观的总体城市设计中有所要求、引导，并在控制性详细规划实现具体管理。

因此城市高层住区虽然应该纳入整体的城市高层综合体研究框架，但并未在本书有针对性地展开。

（3）基于 GIS 数据表达的高层建筑城市整体布局研究工作是现实中实现城市管理、评价的科学手段。对于城市空间的发展，数理逻辑所依托的发展理念更为核心与重要，海量信息的处理、基础数据的融合这些技术前沿与核心应同建筑学空间形态的直观思考连接在一起，才能实现技术与理念的共同发展。

（4）有关学科发展的困惑也如实地反映在本研究中：

城市高层综合体是典型的现代城市建筑类型，它的研究框架辐射出现代建筑研究的困境：现代生产方式、高新技术的渗透、集合公寓普及、消费社会中的城市建筑空间发展都表明：建筑的本质意义与建构方式在近代、现代社会中几经涂写，而学科的研究未能全面解释回应这种改变。城市世纪建筑文化的后工业发展将是长期的研究课题，城市高层综合体的研究无法回避这种变化。

历史发展进入城市世纪后，城市的拔根文明中所酝酿出的各种社会文化新变化催生出了激烈复杂多元的新价值观，新思维与传统之间的对立矛盾随着社会变革的深入愈演愈烈，冲突与不适扫荡每个物质与精神角落。1887 年德国 F·托尼斯《集合与社会》一书中区别了农业社会的扎根文化与工业社会的拔根文明，揭示出了现代与传统之间巨大的裂痕。面对以技术为主要特征的现代社会，海德格尔曾惊叹"无家可归成为一种世界命运"，认为人现在已被连根拔起。

新世纪技术发展所展示的无尽可能改变了人们对环境对世界的看法与评价体系。在这样的背景中，建筑的概念也不断地修正变化，尤其是技术的工具性哲学在建筑发展中也起到举足轻重的影响。面对变化总会出现不同的态度：有热情的迎接态度，比如未来派对技术的浪漫称颂，"高技派"建筑师对技术积极地消化与利用。现代主义的"机器"设计理念核心也是在此观念基础上的一种发展与延伸。也有人认为这无所谓好与坏，是一种社会发展方向，阿道夫·鲁斯（Aldof Loose）认为"已撕裂的将继续撕裂"，他在一篇名为《建筑学》的论文中断言：拔根的大城市中的人们，不可能自觉地培育或感受文化的深层意义，不管他或她受到多少教育，并在他的建筑实践中也正面回应这一变化。另有人预测"技术"即将绑架人类的理性，创造一种"技术"的而非"人性"的发展逻辑。他们悲哀地指出，这一变化将颠覆与瓦解传统建筑学。

工业革命后城市急剧变化，建筑学以积极的态度进入新世界，面对从构造技术、建构逻辑、思想观念直至哲学根基的挑战，建筑作为重要的文化精神与物质形态载体，建筑学研究逐渐成为纵深跨度很大的一些观念集合：既有先锋性的认识，也是传统的象征物；既可以表现自然增长的自在形态，也可以追求一种严谨的工具理性的抽象逻辑语言；可以回归乡土、民族、地域，也需要同时适应全球化的现实；既是一种文化环境表象，也可以像商品一样被消费；既是一种生活方式，也包含地区经济模式的特征；可以追求超越现实局限的高尚理念，也能在快速传播复制中生生不息。这些多元对立正反映了建筑学发展在走向现代的过程中所面临的不同方面的矛盾与问题。而这些问题是还未在现代社会中形成统一答案的综合性问题。

期望兼顾建筑自主性的城市建筑研究方式能够为未来建筑本体研究提供有益的思路。

（5）最后，需要特别指出的是后工业时代有关现代城市建筑的基础研究亟待更新整理，尚未成体系，本书虽然围绕高层综合体进行了城市建筑理论构架上的梳理，仅作为类型研究简单推论，而城市高层综合体数据分析平台建设、技术分析、评价、管理工具开发等后续研究都需要站在坚实、系统的理论框架基础上才能有效展开，限于研究展开深度与广度，这些内容并未在本书中展开。

附录 A　高层建筑与城市环境协会（CTBUH）1999 年后历届高层国际会议与交流活动的议题与内容

高层建筑与城市环境协会代表大会(△ CTBUH Congress)每 4 年举办一次；国际会议(■ Conference)几乎每年一次；期间穿插若干次不定期主题会议(□)。

□ Kuala Lumpur, 1999, the Tall Building and the City.

■ Sao Paulo Conference, 1999, International Conference on High Technology Buildings

■ Los Angeles Conference, 2000, Fifth Conference on Tall Buildings in Seismic Regions

■ London Conference, 2001, Technology, Livability, Productivitiy

△ CTBUH 6th World Congress, Melbourne, 2001, Cities in the Third Millennium.

■ Stuttgart Conference, 2003, Tall Buildings and Transparency

Kuala Lumpur, 2003, CIB-CTBUH Conference on Tall Buildings, Strategies for Performance in the Aftermath of the World Trade Center

■ Seoul Conference, 2004, Tall Buildings in Historical Cities - Culture & Technology for Sustainable Cities

△ CTBUH 7th World Congress, New York, 2005, Renewing the Urban Landscape.

□ Nanjing, 2005, International Symposium on Innovation & Sustainability of Structures in Civil Engineering.

□ London, 2006, Sustainable Planning, Design, Development and Construction of Tall Buildings.

■ Chicago Conference, 2006, Thinking Outside the Box：Tapered, Tilted, Twisting Towers.

△ CTBUH 8th World Congress, Dubai, 2008, Tall & Green：Typology for a Sustainable Urban Future

■ Chicago Conference, 2009, Evolution of the Skyscraper：New Challenges in a World of Global Warming and Recession.

■ Mumbai Conference, 2010, Remaking Sustainable Cities in the Vertical Age.

■ Seoul Conference2011, Central theme "Why Tall? - Green, Safety, and Humanity"．

附录 B　世界及中国城市与地区的密度

1.中国城市中心区域人口密度

北京:城市区域总体人口平均密度1033人/km²(2009年),中心城区15752人/km²(2008年统计数值),中心城区11500人/km²(2010年福布斯全球人口最稠密城市排名列表中的数值)。

2000～2007年北京市各区域人口分布变动情况　　　　附录B-1

区域	人口 (万人)		人口密度 (人/km²)		人口 (万人)	人口密度 (人/km²)	增长率 (%)
	2000年	2007年	2000年	2007年	2000～2007年		
全市	1356.9	1633	827	995	276.1	168	20.35
中心城区	211.5	206.9	22888	22394	-4.6	-494	-2.17
边缘区	638.9	805.4	5007	6312	166.5	1305	26.06
郊区	506.6	620.7	337	413	114.1	76	22.52
近郊区	341.1	446.2	542	709	105.1	167	30.81
远郊区	165.5	174.5	189	200	9.0	11	5.44

资料来源:王宇.当代中国大城市人口分布变动新形势、新特点研究[D].上海:华东师范大学,2009:30-31。

上海:城市区域总体人口平均密度2638人/km²(2009年),中心城区13400人/km²(2009年中心城区平均值),最高区域5.1万人/km²(黄浦区2007年统计数值)。

广州:荔湾区3.2万人/km²(2007年统计数值),越秀区4.7万人/km²(2007年统计数值)。

深圳:城市区域总体人口平均密度4340人/km²;17150人/km²(2010年福布斯全球排名表的数值)。

重庆:渝中区31338人/km²(2006年)。

2000～2007年上海市各区域人口分布变动情况　　　　附录B-2

区域	2000		2007		2000～2007		
	人口 (万人)	人口密度 (人/km²)	人口 (万人)	人口密度 (人/km²)	人口 (万人)	人口密度 (人/km²)	增长率 (%)
全市	1640.77	2588	1858.08	2930	217.31	343	13.24
中心城区	206.94	40136	182.37	35370	-24.57	-4765	-11.87
边缘区	486.09	20434	466.91	19628	-19.18	-806	-3.95

区域	2000		2007		2000~2007		
	人口 （万人）	人口密度 （人/km²）	人口 （万人）	人口密度 （人/km²）	人口 （万人）	人口密度 （人/km²）	增长率 （%）
郊区	947.74	1566	1208.8	1998	261.06	431	27.55
近郊区	560.07	3418	728.03	4443	167.96	1025	29.99
远郊区	387.67	879	480.77	1090	93.1	211	24.02

来源：王宇.当代中国大城市人口分布变动新形势、新特点研究[D].上海：华东师范大学，2009：28。

2000~2007年重庆市不同区域人口分布变动情况　　　　**附录B-3**

区域	2000		2007		2000~2007		
	人口 （万人）	人口密度 （人/km²）	人口 （万人）	人口密度 （人/km²）	人口 （万人）	人口密度 （人/km²）	增长率 （%）
全市	1273.21	631	1278.64	634	5.43	3	0.43
中心城区	66.49	30223	71.09	32314	4.6	2091	6.92
边缘区	311.73	2206	350.5	2481	38.77	275	12.44
郊区	894.99	478	857.05	457	−37.94	−20	−4.24
近郊区	227.37	564	250.03	620	22.66	56	9.97
远郊区	667.62	454	607.02	413	−60.3	−41	−9.08

资料来源：王宇.当代中国大城市人口分布变动新形势、新特点研究[D].上海：华东师范大学，2009：35。

武汉：江汉区 17857 人/km²（2007 年）。

2. 世界大城市的中心城区平均人口密度

法国巴黎：核心区 20150 人/km²（1999 年法国人口普查结果，之后巴黎的人口持续下降）。

美国纽约：中心区 9912 人/km²。

英国伦敦：4679 人/km²（2002 年全市平均人口密度数值，其中内伦敦为 8980 人/km²，外伦敦为 3582 人/km²，内外城区人口密度差距大致为 60%）。

巴西圣保罗：7149 人/km²。

印度孟买：29650 人/km²（2010 年福布斯全球排名数值）。

新加坡：1000 人/hm²。

中国香港：6280 人/km²，最高区域 50390 人/km²（2002 年）。

韩国首尔：19835 人/km²。

日本东京：平均 5630 人/km²，中心商务区 1.3 万/hm²（2006 年）。

3. 20 个全球人口最稠密的城市及概况 ❶

No.1 孟买，印度

密度：29650 人 /km²，土地面积：484km²。孟买是印度最大的城市，是该国马哈拉施特拉邦的首府，有人口 1435 万，是印度的金融和娱乐中心(宝莱坞)，有很多的跨国公司，是一个沿海城市。

No.2 加尔各答，印度

密度：23900 人 /km²，土地面积：531km²。加尔各答是印度的第四大的城市，拥有人口 1270 万。主要集中了金融和信息技术企业，城市中心经常交通拥挤。

No.3 卡拉奇，巴基斯坦

密度：18900 人 /km²，土地面积：518km² 卡拉奇，人口 980 万人，是巴基斯坦最大的城市，作为国家的主要出海口，它是巴基斯坦经济中心，拥有金融、商业服务、出版、教育、旅游等产业，还是巴基斯坦主要的文化中心。

No.4 拉各斯，尼日利亚

密度：18150 人 /km²，土地面积：738km²。拉各斯是尼日利亚第二大城市，人口 1340 万人，是尼日利亚的金融中心和制造业中心，拥有教育、汽车、机械、纺织、食品加工和电子设备制造等多个产业，但交通拥塞仍然是一个严峻的问题。

No.5 深圳，中国

密度：17150 人 /km²，土地面积：466km²。800 万人口的深圳市，是中国的第二大港口城市，它是中国的制造中心和中国的一个主要经济特区。

No.6 首尔，韩国首都

密度：16700 人 /km²，土地面积：1049km²。首尔是韩国的首都，也是韩国最大的城市，人口 1750 万，是纽约市人口的 2 倍。

No.7 台北，中国

密度：15200 人 /km²，土地面积：376km²。台北是世界上最大的城市之一，总人口 570 万人。拥有庞大的科技中心和科技企业，其设计能力、电子制造业是世界一流。

No.8 金奈，印度

密度：14350 人 /km²，土地面积：414km²。金奈是印度泰米尔纳德邦的首府，人口不到 600 万，是印度的第四大港口城市和重要的制造业中心，主要进行汽车生产和信息技术的研发。

No.9 波哥达，哥伦比亚

密度：13500 人 /km²，土地面积：518km²。波哥达人口 700 万，是该国的

---

❶ 资料来源：2010 新浪乐居，全部集中在发展中国家和地区，亚洲占据大多数。

商务中心、银行中心和政府机构所在地，主要从事制造业和电信业。它拥有现代化的交通运输体系，有助于缓解市中心的交通挤塞问题。

No.10 上海，中国

密度：13400 人/km²，土地面积：746km²。上海拥有 1000 万人口，是中国最大的城市，也是我国的经济发达地区，金融、工业、交通、通信等行业是增长最快的产业，拥有世界最大的货柜港口码头。

No.11 利马，秘鲁首都

密度：11750 人/km²，土地面积：596km²。秘鲁的首都和全国最大的城市，拥有人口 700 万，利马位于南美洲海岸紧靠主要海港。贫民区和旧房子，以及落后的交通设施是这个城市的主要特点。

No.12 北京，中国首都

密度：11500 人/km²，土地面积：748km²。北京，是我国政治、文化和教育的中心。日益现代化的运输系统，公路和铁路已经跟上城市新兴的经济增长脚步，但仍然遭受很大的交通拥堵和空气污染。

No.13 新德里，印度

密度：11050 人/km²，土地面积：1295km²。印度首都新德里的人口 1430 万，是印度的第二大城市。主要行业包括银行业、电讯及资讯科技，随着制造业的发展，导致城市人口急剧膨胀。新德里的交通运输基础设施尚未达到可以满足城市发展的需要。

No.14 金沙萨，刚果

密度：10650 人/km²，土地面积：469km²。金沙萨拥有人口 500 万，金沙萨是刚果的政府和教育中心，拥有一个陈旧的交通运输制度，只有旅游业勉强满足城市发展的需要。

No.15 马尼拉，菲律宾

密度：10550 人/km²，土地面积：1399km²。马尼拉是菲律宾的首都和第二大城市，交通情况非常差。

No.16 德黑兰，伊朗

密度：10550 人/km²，土地面积：686km²。德黑兰是伊朗最大的城市，人口刚刚超过 720 万人。城市占主导地位的是国家的制造业部门（电子、兵器、化学和纺织），是全国的铁路和公路枢纽。

No.17 雅加达，印度尼西亚

密度：10500 人/km²，土地面积：1360km²。雅加达是印度尼西亚的政治文化中心。人口 1420 万，并且还在继续上升。全市的交通基础设施建设非常落后，已成为世界上一个交通堵塞情况最严重的城市之一。

No.18 天津，中国

密度：10500 人/km²，土地面积：453km²。天津是中国的一个主要港口城市，人口 480 万。制造业，石油生产和盐业生产是该市的主要工业。该市现正经历重大的经济发展，其海洋运输网络遍布世界。

No.19 班加罗尔，印度

密度：10100 人 /km^2，土地面积：534km^2。班加罗尔是印度卡纳塔克邦的首府。人口 540 万，是印度的第三大城市。越来越多的 IT 行业人士造就了班加罗尔成为印度的硅谷。但相对于其所取得的繁荣，城市仍然面临着大塞车和污染问题。

No.20 胡志明市，越南

密度：9450 人 /km^2，土地面积：518km^2。胡志明市是越南最大的城市，拥有人口 490 万。高科技、电子产品和轻工业逐步发展、但是该市的道路和铁路系统还处于非常落后的状态。

参考文献

[1] 美国高层建筑与环境协会. 高层建筑设计 [M]. 北京：中国建筑工业出版社，1999：3-4.

[2] 宋晓军. 中国不高兴——大时代、大目标及我们的内忧外患 [M]. 南京：江苏人民出版社，2009：485.

[3] 李津逵. 中国：加速城市化的考验 [M]. 北京：中国建筑工业出版社，2008：6.

[4] 美国城市土地协会. 联合开发——房地产开发与交通的结合 [M]. 北京：中国建筑工业出版社，2003.

[5] Richard Plunz. A history of housing in New York city[M]. New York ：Codumbia University Press, 1992.

[6] Mario Campi Basel. Skyscrapers：An Architectural Type of Modern Urbanism[M]. Berlin：Birkhauser-Publishers for Architecture, 2000.

[7] 雷春浓. 现代高层建筑设计 [M]. 北京：中国建筑工业出版社，1997.

[8] 吴景祥主编. 高层建筑设计 [M]. 北京：中国建筑工业出版社，1987.

[9] 雷春浓. 高层建筑设计手册 [M]. 北京：中国建筑工业出版社，2002.

[10] 许安之，艾志刚. 高层办公综合建筑设计 [M]. 北京：中国建筑工业出版社，2001.

[11] 张宇. 论城市设计与高层建筑的近地空间 [D]. 天津：天津大学，2001

[12] 张振彦. 城市与建筑的共生——具有城市意义的高层建筑控制方法探析 [D]. 太原：太原理工大学，2004.

[13] 梅洪元，梁静. 高层建筑与城市 [M]. 北京：中国建筑工业出版社，2009.

[14] 李琳. 城市设计视野中的高层建筑——高层建筑决策、规划和设计问题探讨 [D]. 南京：东南大学，2005.

[15] 阿尔多·罗西. 城市建筑学 [M]. 北京：中国建筑工业出版社，2006：31.

[16] 理查德·罗杰斯. 小小地球上的城市 [M]. 北京：中国建筑工业出版社，2004：2-42.

[17] 罗杰·特兰西克. 寻找失落的空间——城市设计的理论 [M]. 北京：中国建筑工业出版社，2007.

[18] [美]凯文·林奇. 城市形态 [M]. 北京：华夏出版社，2001.

[19] 詹姆斯·E. 万斯. 延伸的城市 [M]. 北京：中国建工出版社，2007：6-7,5,23.

[20] [美]凯文·林奇. 城市意象 [M]：华夏出版社，2001.

[21] 埃德蒙·N. 培根. 城市设计 [M]. 北京：中国建筑工业出版社，2003.

[22] 简·雅各布斯. 美国大城市的死与生 [M]. 北京：译林出版社，2006.

[23] 南·艾琳. 后现代城市主义 [M]. 上海：同济大学出版社，2007：12,87-90.

[24] 比尔·希利尔. 空间是机器——建筑组构理论 [M]. 北京：中国建筑工业出版社，2008：87.

[25] 段进. 空间句法与城市规划 [M]. 南京：东南大学出版社，2007.

[26] 罗曦. 高层建筑布局规划与方法研究——以长沙市为例 [D]. 长沙：中南大学，2007.

[27] 朱顺娟 . 高层建筑布局与城市形象研究——以长沙市为例 [D]. 长沙：中南大学 , 2008.

[28] 侯学钢 . 长沙市湘江两岸滨水区高层建筑规划布局研究 [D]. 武汉：湖南大学 , 2007.

[29] 苏敏静 . 太原高层建筑合理化布局研究 [D]. 太原：太原理工大学 , 2006

[30] 夏青 , 马培娟 . GIS 在青岛市高层建筑空间布局专项规划中的应用 [J]. 测绘通报 , 2008（4）：31 ~ 34.

[31] 范菽英 . 城市高层建筑布局研究——以宁波市为例 [J]. 规划师 , 2004（1）：35.

[32] 张赫 . 城市摩天时代——基于数理模型的高层建筑建设布局决策研究 [D]. 天津：天津大学 , 2008.

[33] 阳毅 . 高层建筑与城市场所建构 [D]. 上海：同济大学 , 2007.

[34] Rem Koolhass,Bruce Mau.S，M，L，XL[M].New York：The Monacelli Press,1995.

[35] 中华人民共和国质量监督检验检疫总局 , 中华人民共和国城乡建设部 . GB 50016—2014 建筑设计防火规范 [S]. 北京：中国计划出版社 , 2014 .

[36] 齐康 . 城市建筑 [M]. 南京：东南大学出版社 , 2001.

[37] 马里奥·盖德桑纳斯 . X- 城市主义：建筑与美国城市 [M]. 北京：中国建筑工业出版社 , 2006：43.

[38] 克利夫·芒福汀 . 街道与广场 [M]. 北京：中国建筑工业出版社 , 2004：143.

[39] 柯林·罗 . 拼贴城市 [M]. 北京：中国建筑工业出版社 , 2003：57.

[40] 庄宇 . 作为一种管理策略的城市设计 [J]. 城市规划汇刊 , 1998（2）.

[41] 窦以德 . 诺曼·福斯特 [M]. 中国建筑工业出版社 , 1997.

[42] 迈克·詹克斯 , 伊丽莎白·伯顿 , 凯蒂·威廉姆斯 . 紧缩城市——一种可持续发展的城市形态 [M]. 北京：中国建筑工业出版社 , 2004.

[43] 缪朴 . 亚太城市的公共空间——当前的问题与对策 [M]. 北京：中国建筑工业出版社 , 2007：217.

[44] 格哈德·库德斯 . 城市结构与城市造型设计 [M]. 北京：中国建筑工业出版社 , 2007.

[45] 斯坦·艾伦 . 点 + 线——关于城市的图解与设计 [M]. 北京：中国建筑工业出版社 , 2007：145,21.

[46] 克莱拉·葛利德 . 规划引介 [M]. 北京：中国建筑工业出版社 , 2007.

[47] 陈双 , 贺文 . 城市规划概论 [M]. 北京：科学出版社 , 2006：78.

[48] 肯尼斯·弗兰姆普顿 . 20 世纪建筑学的演变：一个概要性陈述 [M]. 北京：中国建筑工业出版社 , 2006：10，12.

[49] C. 亚历山大 , H. 奈斯 , A. 安尼诺 , 等 . 城市设计新理论 [M]. 北京：知识产权出版社 , 2002.

[50] C. 亚历山大 . 建筑的永恒之道 [M]. 北京：知识产权出版社 , 2002.

[51] 阿摩斯·拉普卜特 . 建成环境的意义——非言语表达方法 [M]. 北京：中国建筑工业出版社 , 2003：40,119.

[52] 克里斯·亚伯 . 建筑·技术与方法 [M]. 北京：中国建筑工业出版社 , 2009.

[53] 陈嘉映 . 海德格尔哲学概论 [M]. 北京：生活·读书·新知三联书店 , 1995：360.

[54] 孙翔 . 新加坡 "白色地段" 概念解析 [J]. 城市规划 , 2003, 27（7）：52-56.

[55] 程开明 . 我国城市化阶段性演进特征及省际差异 [J]. 改革 , 2008（3）：79-85.

[56] 熊国平 . 当代中国城市形态演变 [M]. 北京：中国建筑工业出版社 , 2006.

[57] 张京祥. 体制转型与中国城市空间重构——建立一种空间演化的制度分析框架 [J]. 城市规划, 2008, 32（6）: 57.

[58] 西安市人民政府. 西安市国民经济和社会发展第十一个五年规划纲要 [R]. 2009.

[59] 西安市规划局. 西安城市设计研究 [M], 2004.

[60] 张瑾, 徐欣然. 高层建筑布点今后将相对集中 [N]. 西安日报, 2010-11-18（3）.

[61] 郑凌. 高层写字楼建筑策划 [M]. 北京: 机械工业出版社, 2004.

[62] 孙群郎. 20世纪70年代美国的"逆城市化"现象及其实质 [J]. 世界历史, 2005（1）: 19-20.

[63] 宋洁. 郊三区增长势头猛 四县经济仍需努力 [N]. 西安晚报, 2010-06-17（3）.

[64] 萧默. 建筑意 [M]. 合肥: 安徽教育出版社, 2005: 5.

[65] 山本隆志. 东京中城的诞生 [J]. 建筑与文化, 2008（3）: 94.

[66] 董光器编著. 古都北京五十年演变录 [M]. 北京: 中国建筑工业出版社, 2006.

[67] 黎雪梅. 新宿——东京的副都心 CBD[J]. 规划建设, 2006. 33.

[68] 卢济威. 城市设计机制与创作实践 [M]. 南京: 东南大学出版社, 2004.

[69] 西安灞桥区: 纺织企业入新园 老产业焕发新活力 [N]. 经济日报, 2010-06-18.

[70] 郭栋. 高层综合建筑外部空间环境中地域性的思考——以呼和浩特、包头、鄂尔多斯为例 [D]. 西安: 西安建筑科技大学, 2006.

[71] 汉斯·斯蒂文. 从规划到建筑——柏林城市建筑规划 [M]. 沈阳: 辽宁科学技术出版社, 2003.

[72] 勒·柯布西耶. 走向新建筑 [M]. 天津: 天津科学技术出版社, 1998.

[73] 刘建荣. 高层建筑设计与技术 [M]. 北京: 中国建筑工业出版社, 2006.

[74] 佘海峰. 高层公共建筑基地环境要素的设计表达——以银川兴庆市为例 [D]. 西安: 西安建筑科技大学, 2006.

[75] 王肖宇. 基于层次分析法的京沈清文化遗产廊道构建 [D]. 西安: 西安建筑科技大学, 2009: 73.

[76] 汪丽君. 广义建筑类型学研究——对当代西方建筑形态的类型学思考与解析 [D]. 天津: 天津大学, 2002: 55

[77] 何建颐, 张京祥, 陈眉舞. 转型期城市竞争力提升与城市空间重构 [J]. 城市问题, 2006, 129（1）: 18.

[78] 刘继. 里坊制度下的中国古代城市形态解析——以唐长安为例 [J]. 四川建筑科学研究, 2007. 33（6）: 172.

[79] 梁江, 孙晖. 城市中心区的街廓初划尺度的研究 [C]// 规划 50 年——2006 中国城市规划年会论文集（中册）. 2006.

[80] 维尔弗里德·王. SOM 专集 2[M]. 天津: 天津大学出版社, 2005.

[81] 于里安·范米尔. 欧洲办公建筑 [M]. 北京: 知识产权出版社, 2005.

[82] 刘宗刚. 唐大明宫遗址公园边界初探 [D]. 西安: 西安建筑科技大学, 2008

[83] 阿摩斯·拉普卜特. 文化特性与建筑设计 [M]. 常青, 等, 译. 北京: 中国建筑工业出版社, 2004.

[84] 艾伦·科洪. 建筑评论——现代建筑与历史嬗变 [M]. 北京: 知识产权出版社, 中国水利水电出版社, 2008.

[85] 覃力 . 日本高层建筑的发展趋势 [M]. 天津：天津大学出版社 , 2005.

[86] Kenneth Frampton. Modern Architecture a critical history [M].London：T&H, 1997.

[87] Catalyst for Skyscraper Revolution - Lynn S. Beedle：A Legend in His Lifetime [R]. CTBUH, 2004

[88] Rem Koolhass. Delirious New York：A Retroactive Manifesto for Manhattan，[M]. New York：the Monacelli, 1997.

后记

美国高层建筑与环境协会编著的《高层建筑设计》一书提到过一个鲜明的观点——城市是追求密度的。这话振聋发聩，我对高层建筑人云亦云的习惯性批判态度被轻而易举扭转颠覆。让我意识到思想里很多定势与习惯其实会让我们离真相更远。也让高层这样一个特殊设计对象成为我的研究兴趣所在。

研究生第一次的创作课上导师为我打开了另一扇门，对城市与建筑议题的研究兴趣从那时开始，十多年间从未间断过。因为依赖城市关系的分析所展开的前所未有的建筑设计格局别开生面，很让我为之着迷。受那些感受与粗浅思考的激励，结合平日的设计积累，我在硕士研究生的毕业论文中将建筑设计分成不同的设计层次，特别为城市关系的梳理协调留出时间与空间。2005年威尼斯双年展中与丹麦知名建筑事务所（Transform）关于西安城墙的交流完成的"新城市纪念碑——± 城墙"项目的思考不断回响、激荡我的思考方向。

但是，想要在飞速变化发展，未成熟定性的领域上凭一时勇气完成研究，对于个人是一项艰巨的挑战。本书所呈现的内容几乎全部来自博士论文研究工作的成果，研究真正让我吃足苦头，觉得艰辛是开始动手准备论文的时候，我陷在城市设计的泥淖中打转，在规划局的档案室中面对西安的建筑档案茫然搜寻高层建筑的规律与踪迹，不知该在哪个程序、什么位置进入角色。

期间我去德国汉诺威大学交流一学期，我的论文基础框架在那时粗劣组合在了一起。去华南作访问学者的一年中把两年间所思所想结合调研资料组合串缀成集。

数年间，建筑与城市融合已渐渐成为公论。

所幸，这些工作与思考最终能汇聚成意。

在研究中我第一次清晰地感到一个建筑师掌握的技能手段与丰富的建筑概念之间那遥远又紧密的距离。由此能想象出大师们独立前行时的孤独与艰难。对文艺复兴、现代主义那些伟大的时代和伟大的人物倍感向往与敬意，也觉察到了今天令人沮丧的境况后面那不绝如缕的希望。建筑总是复杂的，建筑的确很复杂，却总是盛世强音中最美最智慧的集成。

艰难，是所有完成博士学位论文的工作者最强烈的共同感受，我想本书最令人煎熬的困难来自于城市与建筑的选题。罗西先生的"城市建筑学"长期被忽视，吴良镛先生的"人居环境"、齐康先生的"城市建筑"主题在国内建筑学发展历史上的价值体系一直模糊不清。完成后的强烈心愿即是：在新世纪的城市现实中，这样急迫又重要的工作平台需要更多的智力、时间与信念。我在此也呼吁对这些重要问题的长期投入与建设。为了避免空泛庞杂的抽象讨论，研究具体落位于西安城市，惟愿本研究超越西安一地，超越城市高层综合体一物，对新世纪中国城市转型思考有所提示。

终于，今天能欣然相告本书的完成。虽然和前面苍然群峰相比不值一提，于我确实是跨过了研究道路上的一座山梁。